"十四五"职业教育国家规划教材

航空运输类专业系列教材

航空工程材料

（第 3 版）

程秀全　刘晓婷　主　编

刘传生　副主编

吴诗惇　主　审

U0281161

电子工业出版社

Publishing House of Electronics Industry

北京·BEIJING

内 容 简 介

本书针对航空工程材料,结合高等职业院校航空机电设备维修专业的学生及相关专业技术人员对相关知识的需求,深入浅出地介绍了航空工程材料的基础知识、常用航空工程材料的牌号和性能及其应用情况,包括黑色金属材料、有色金属材料、非金属材料及一般材料的选材原则。在材料工艺方面,重点介绍了几种常用的热处理方法,并根据飞机维护及修理方面的需求,介绍了材料的无损检测技术、零件表面防护技术等知识。本书还结合地勤人员的工作特点,介绍了航空燃料等航空消耗材料的常用知识,强调了飞机在维修、保养过程中的注意事项。

本书内容简洁,通俗易懂,可作为高等职业院校航空类专业学生的教材,也可作为相关专业技术人员的参考用书。

图书在版编目(CIP)数据

航空工程材料 / 程秀全,刘晓婷主编. —3 版. —北京:电子工业出版社,2020.8(2025.1重印)

ISBN 978-7-121-38030-3

Ⅰ. ①航… Ⅱ. ①程… ②刘… Ⅲ. ①航空材料—高等学校—教材 Ⅳ. ①V25

中国版本图书馆 CIP 数据核字(2019)第 269662 号

责任编辑:李　静　　　特约编辑:田学清
印　　刷:三河市良远印务有限公司
装　　订:三河市良远印务有限公司
出版发行:电子工业出版社
　　　　　北京市海淀区万寿路 173 信箱　邮编　100036
开　　本:787×1 092　1/16　印张:16.75　字数:429 千字
版　　次:2008 年 2 月第 1 版
　　　　　2020 年 8 月第 3 版
印　　次:2025 年 1 月第 11 次印刷
定　　价:50.00 元

航空运输类专业系列教材
建设委员会

协助建设单位

国际航空运输协会	长沙南方职业学院	武汉东湖光电学校
春秋航空股份有限公司	长沙商贸旅游职业技术学院	闽西职业技术学院
奥凯航空有限公司	长沙民政学院	黄冈职业技术学院
香港快运航空公司	南京航空航天大学	衡水职业技术学院
重庆机场集团	浙江旅游职业学院	山东海事职业学院
北京外航服务公司	潍坊工程职业学院	安徽建工技师学院
北京临空国际技术研究院	江苏工程职业技术学院	安徽国防科技职业学院
郑州中原国际航空控股发展	江苏安全技术职业学院	惠州市财经职业技术学院
有限公司	湖南生物机电职业技术学院	黑龙江能源职业学院
杭州开元书局有限公司	河南交通职业技术学院	北京经济技术管理学院
三亚航空旅游职业学院	浙江交通职业技术学院	四川文化传媒职业学院
广州民航职业技术学院	新疆天山职业技术学院	济宁职业技术学院
浙江育英职业技术学院	正德职业技术学院	泉州海洋职业学院
西安航空职业技术学院	山东外贸职业学院	辽源职业技术学院
武汉职业技术学院	山东轻工职业学院	江海职业技术学院
武汉城市职业学院	三峡旅游职业技术学院	云南经济管理学院
江西青年职业学院	郑州大学	江苏航空职业技术学院
长沙航空职业技术学院	滨州学院	山东德州科技职业学院
成都航空职业技术学院	九江学院	河南工业贸易职业学院
上海民航职业技术学院	安阳学院	兰州航空工业职工大学
南京旅游职业学院	河南工学院	四川交通职业技术学院
西安交通大学	中国石油大学	烟台工程职业技术学院
三峡航空学院	厦门南洋学院	重庆第二师范学院
西安航空学院	广州市交通技师学院	南阳师范学院
北京理工大学	吉林经济管理干部学院	成都文理学院
北京城市学院	石家庄工程职业学院	郑州工商学院
烟台南山学院	陕西青年职业学院	云南旅游职业学院
青岛工学院	廊坊职业技术学院	武汉外语外事职业学院
西安航空职工大学	廊坊燕京职业技术学院	德阳川江职业学校
南通科技职业学院	秦皇岛职业技术学院	武汉外语外事职业学院
中国民航管理干部学院	广州珠江职业技术学院	湖北交通职业技术学院
郑州航空工业管理学院	广州涉外经济职业技术学院	

前言

本书注重思政育人，挖掘思政元素融入教材，每个模块之前均设置"课程思政"内容，引导学生培养正确价值观。同时本书为深入实施科教兴国战略，优化职业教育类型定位，结合民航维修行业一线工作的高技能人才的培养需求及民航维修工作对技术人员的知识面要求更广的特点，除一般工程材料知识以外，还介绍了诸如材料修复、无损检测以及航空燃油、润滑及密封等方面的广泛而实用的知识。本书既可以作为高等职业院校航空类专业学生的教材，也可以作为应考民用航空器维护基础执照人员学习、飞机维修人员及地勤人员培训的参考用书。

为了帮助读者灵活有效地理解和掌握所学知识，并提高学习兴趣，每个模块均选编了一定量的习题和思考题，以加强读者理论联系实际的意识，提高读者分析、解决问题的能力。

本书由程秀全、刘晓婷任主编，刘传生任副主编。具体编写分工：程秀全编写绪论；程秀全、刘传生共同编写模块 1；刘晓婷编写模块 2、模块 4；党杰、刘传生共同编写模块 3；罗玉梅编写模块 5；李冰雪编写模块 6；程秀全、吴成宝共同编写模块 7；陈律、程秀全共同编写模块 8；程秀全、吴成宝共同编写模块 9；侯德政编写模块 10；刘传生、李慎兰共同完成各模块的立体化资源建设。全书由程秀全统稿。

本书由西北工业大学吴诗惇教授主审。在此衷心感谢吴诗惇教授在百忙之中对本书进行认真审阅，以及提出的非常宝贵的建议，这对本书的完善起到了十分重要的作用。

尽管我们在本书编写过程中,力求在行业特色、技术实用性和能力培养方面有所创新,但由于编者水平有限,本书难免存在一些疏漏和不足之处,恳请广大读者批评指正。

补充教学视频资源链接目录　　　　　　电子课件

程秀全

目 录

绪　论

　　先进材料是科学技术发展和国民经济建设的重要支柱。航空工程材料及其制备技术是材料科学领域富有创造性和开拓性的一个重要分支,是航空现代化和高科技发展的物质基础。航空工程材料的研究和发展应用水平反映了一个国家的综合实力和科技水平。

　　航空工程材料之所以有别于一般机械工程材料,是因为航空工程材料的要求有别于一般机械工程材料的要求。对于航空工程使用的材料,除一般要求(经济性、工艺性、安全可靠性等)外,还应提出不同于一般机械工程的特殊要求,或者某些基本要求虽然相同,但在使用过程中却具有不同于一般机械工程的重要意义。航空工程在材料要求方面最突出的特点是特别重视材料的比强度,即要求材料不但强度要高,而且密度要小,这是由飞行条件所决定的。目前,尽管在其他工业产品设计中,材料都在向着轻型化方向发展,但在飞机和航空发动机的设计中,往往是以克为单位来计算减重的,这也是飞机设计有别于一般工业设计的地方,因为材料的比强度高低对于飞机和发动机来说,不仅涉及能源消耗,而且会影响到其他主要技术指标及飞机的战术性能。所以在航空工程中,为了尽可能地减轻重量而采用新工艺和新材料造成的较高成本,往往是一般机械行业难以接受的。正因如此,航空构件的使用寿命(特别是疲劳寿命)就显得尤为重要,进而飞机在使用过程中的检修和维护也是十分重要的。

　　航空工业经过100多年的发展,航空结构材料不断推陈出新。在飞机机体方面,早期使用木材、蒙布、金属丝等材料,1912年德国人汉斯·雷斯涅尔成功设计了世界上第一架用铝合金制成的全金属单翼飞机,但是直到二十世纪三十年代,全金属承力蒙皮才逐渐成为飞机机体的普通结构形式。二十世纪三四十年代,镁合金开始进入航空结构材料的行列,不锈钢成为航空结构材料则是二十世纪四五十年代的事。二十世纪五十年代中期,才开始有钛合金,并被用于飞机的高温部位。在二十世纪六十年代末期,树脂基先进复合材料成为航空结构材料,接着在碳、硼纤维树脂基复合材料的基础上,又出现了金属基复合材料。在飞机发动机方面,早期使用普通碳素钢,后来随着发动机工作温度的升高,逐渐采用钛合金,以及高温合金、金属基复合材料、陶瓷材料等新型材料。在航空工业的发展历程中,航空结构材料由早期使用的天然非金属材料发展到金属材料,如今在发展和使用高性能金属材料的同时,也迅速发展和应用人工非金属材料。航空结构材料的不断进步使得航空工业进入了崭新时代。

航空工程材料的发展离不开提升飞机性能的要求,也离不开制造工艺的支持。飞机性能的要求促进了航空工程材料的研究和发展,同时新型材料的出现又推动了飞机性能的提升。同样,航空工程材料与航空制造工艺也是相辅相成、相互促进的,先进的工艺因材料加工的需要而产生,而性能优良的材料又因有工艺上的保证才得以被广泛使用。

作为航空技术人员,应该了解和熟悉航空工程材料的成分、组织、性能及改性措施,并且能根据材料的使用性能、工艺性能和经济性指标来选取材料。作为飞机地勤保障及维护人员,还要了解和熟悉包括无损检测、材料修复、航空燃油、润滑及密封等在内的飞机维护方面的知识,以便更好地在航空工业发挥自己的才能。

模块 1
金属材料的力学性能

材料的力学性能是指材料在受到外力作用时所表现的性能。金属材料的力学性能是在进行航空金属零件结构设计和维修时必须考虑的一项重要因素,主要包括静强度、硬度、塑性、冲击韧性、断裂韧性、疲劳性能,以及蠕变、蠕变-疲劳性能等。尽管大多数航空事故都是由疲劳损伤引起的,但金属材料的疲劳断裂是一个十分复杂的过程,而且疲劳断裂的方式也不是唯一的,可能是脆性的,也可能是延性的。金属材料的力学性能与其他力学性能有着不可分割的关系,所以有必要掌握金属材料力学性能的基础知识。

单元 1　刚度与弹性

【学习目标】了解材料拉伸试验的原理及方法;掌握刚度与弹性的定义及其衡量指标。

【重点难点】掌握弹性及弹性极限的定义、刚度的定义及弹性模量的物理意义、材料的弹性模量与零部件刚度的关系。

评价材料力学性能最简单和最有效的方法就是测定材料的拉伸曲线,在 GB/T 6397—1986《金属拉伸试验试样》中对试样的形状、尺寸及加工要求均有明确的规定,如图 1-1 所示。若用 A_0 表示试样的原始横截面积,用 d_0 表示试样的原始直径,则当试样总长度 $L = 10d_0 = 11.3\sqrt{A_0}$ 时,称该试样为长试样;当试样总长度 $L = 5d_0 = 5.65\sqrt{A_0}$ 时,称该试样为短试样。对标准试样施加轴向拉伸载荷,使之发生变形直至断裂,便可得到试样应变(试样原始标距的增量 $\Delta l = l - l_0$ 与原始标距 l_0 之比,用 ε 表示)随应力(外力与试样原始横截面积之比,用 σ 表示)变化的关系曲线,称为应力-应变曲线。低碳钢的应力-应变曲线如图 1-2 所示。

在应力-应变曲线中,OA 段为弹性变形阶段,在此范围内若卸掉载荷,则试样将恢复到原来尺寸。A 点对应的应力为材料承受最大弹性变形时的应力,称为弹性极限,用 σ_e 表示。其中 OA' 部分为一斜直线,其应力与应变呈比例关系,A' 点所对应的应力为保持这种比例关系的最大应力,称为比例极限,用 σ_p 表示。由于大多数材料的 A 点和 A' 点几乎重合在一起,因此一般 A 点和 A' 点不做区分。

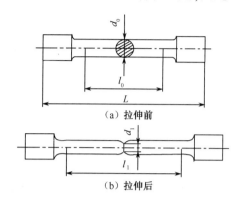

（a）拉伸前

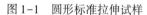

（b）拉伸后

图 1-1　圆形标准拉伸试样

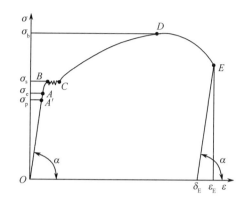

图 1-2　低碳钢的应力-应变曲线

试样断裂前所发生的总变形 ε_E 包括弹性变形和塑性变形两部分,因此断裂时弹性变形部分仍然会做弹性恢复,保留下来的变形是残余变形,称为塑性变形,如图 1-2 中的 δ_E 所示。

在弹性变形范围内,应力与应变的比值称为弹性模量（E）。E 实际上是 OA 线段的斜率:$E=\tan\alpha=\sigma/\varepsilon$（单位为 MPa）,其物理意义是产生单位弹性变形时所需应力的大小。弹性模量是材料最稳定的性能之一,它的大小主要取决于材料的本性,除随温度升高而逐渐降低之外,其他的材料强化手段（热处理、冷热加工、合金化等）对弹性模量的影响很小。材料受力时抵抗弹性变形的能力称为刚度,其指标即为弹性模量。对于具体零件,其刚度不仅与材料的弹性模量有关,而且可以通过增加横截面积或改变横截面形状的方法来提高零件的刚度。

单元 2　强度与塑性

【学习目标】了解强度的定义及衡量材料强度的指标;掌握屈服强度、名义屈服强度和抗拉强度的定义、物理意义及测量方法;理解材料塑性的定义及物理意义;掌握衡量材料塑性性能的两个指标:伸长率和断面收缩率。

【重点难点】掌握屈服强度、名义屈服强度及抗拉强度的定义和物理意义;掌握伸长率和断面收缩率的计算方法和应用。

1.2.1　强度

材料在外力作用下抵抗破坏的能力称为强度。根据施加载荷的方式不同,强度指标有许多种,如屈服强度、抗拉强度、抗压强度、抗弯强度、抗剪强度、抗扭强度等,其中以拉伸试验测得的屈服强度和抗拉强度这两个指标应用最多。

1. 屈服强度

在图1-2中,当进程超过 B 点后,材料将发生塑性变形,在 BC 段,材料持续发生塑性变形而应力却不增加,这种现象称为屈服。B 点对应的应力称为屈服强度,用 σ_s 表示,屈服强度反映材料抵抗永久变形的能力。实际上,多数材料的屈服阶段不是很明显或从拉伸曲线上看不出这一阶段,因此规定将拉伸时产生0.2%残余变形时对应的应力作为材料的屈服应力,称为条件屈服强度或名义屈服强度,用 $\sigma_{0.2}$ 表示,如图1-3所示。

图1-3　名义屈服强度的确定

2. 抗拉强度

在图1-2中,CD 段为均匀塑性变形阶段,在这一阶段中,应力随应变的增加而增加,产生应变强化。当变形超过 D 点后,试样开始发生局部塑性变形,即出现颈缩,如图1-1(b)所示,应力随应变的增加而明显减小,试样迅速在 E 点断裂。在图1-2中,D 点对应的应力为材料断裂前所承受的最大应力,称为抗拉强度,用 σ_b 表示。抗拉强度反映材料抵抗断裂破坏的能力,是零件设计和材料评价的重要指标。

1.2.2　塑性

塑性是指材料受力破坏前所承受最大塑性变形的能力,材料的塑性指标为伸长率和断面收缩率。

在图1-1中,当试样被拉断后,标距部分的总伸长量与原始标距之比的百分率称为伸长率(δ),即 $\delta = \dfrac{l_1 - l_0}{l_0} \times 100\%$;当试样断裂后,横截面积最大缩减量与原始横截面积之比的百分率称为断面收缩率(ψ),即 $\psi = \dfrac{A_0 - A_1}{A_0} \times 100\%$。

显然,δ 与 ψ 的数值越大,材料在断裂前发生的变形越大,说明材料的塑性越好。由于有些材料在拉伸试验时会出现局部颈缩,而有些材料则不会,因此用 ψ 表示材料的塑性比用 δ 表示材料的塑性更接近真实情况。不同长度的相同试样所测得的伸长率不同,长度越大,其伸长率越小。采用长试样进行拉伸试验,所得伸长率用 δ_{10} 表示,而用短试样所得伸长率用 δ_5 表示,显然 $\delta_5 > \delta_{10}$。

材料的塑性指标具有重要的实际意义。塑性良好的材料具有冷压成型好的特点。飞机和发动机上的许多薄壁零件,如蒙皮、翼肋、燃烧室零件等都是冷压成型的,因此这些零件使用的材料都应具有良好的塑性。此外,具有一定塑性的零件,在使用过程中万一出现超载或形成应力集中的情况,它可产生少量塑性变形,而且由于加工硬化效应使它的强度提高,因此不致其突然断裂。如果由于零件材料的塑性不够而发生突然断裂的情况,这在工程上是很危险的。

单元 3 硬 度

【学习目标】理解硬度的物理意义；熟练掌握布氏硬度、洛氏硬度和维氏硬度的测量原理、测量方法及测量结果的表示。

【重点难点】掌握 3 种测量材料硬度的方法；熟记每种硬度测量结果的表示方法；掌握每种硬度测量方法的优缺点。

硬度是指材料抵抗局部塑性变形的能力，它是金属力学性能的一个重要指标。材料的硬度高，其耐磨性就好。硬度与强度之间有一定的内在联系，硬度测量简单快速，而且硬度可以在零件的非工作面上直接测量，不会损坏零件。

材料的硬度采用压入法测量，根据测量方法不同，常用的硬度指标分为布氏硬度、洛氏硬度和维氏硬度等。用不同方法测得的硬度值可通过硬度对照表进行换算（见附录中的表 A-1）。

1.3.1 布氏硬度

布氏硬度的试验原理如图 1-4 所示。将直径为 D 的钢球或硬质合金球，在一定载荷 P 的作用下压入试样表面，保持一定时间后卸除载荷，施加的载荷与压痕表面积的比值称为布氏硬度。在实际操作时，先测量压痕平均直径 d，然后查表得到材料的布氏硬度值。

当压头为钢球时，布氏硬度用符号 HBS 表示，适用于布氏硬度值在 450 以下的材料；当压头为硬质合金球时，布氏硬度用符号 HBW 表示，适用于布氏硬度在 650 以下的材料。符号 HBS 或 HBW 前的数字表示硬度值，符号 HBS 或 HBW 后面的数字按顺序分别表示球体直径、载荷及载荷保持时间，如 120HBS10/1000/30 表示直径为 10mm 的钢球在 1000kgf(9.807kN) 载荷作用下保持 30s 测得的布氏硬度值为 120。

布氏硬度的优点是测量误差小、数据稳定；缺点是压痕大，不能用于太薄测试样件或成品零件的工作表面。最常用的钢球压头适于测定退火钢、正火钢、调质钢、铸铁及有色金属的硬度。

1.3.2 洛氏硬度

洛氏硬度的试验原理如图 1-5 所示。洛氏硬度用压痕深度大小表示材料的硬度值，压坑越深，硬度越低。在试验时，根据材料硬度选择相应的压头，当测定硬度较高的材料时，选用 120° 的金刚石圆锥压头；当测定硬度较低的材料时，选用淬火钢球压头。硬度计上有一个表头，测量时在表头上可直接读出被测件的硬度值，因此洛氏法比布氏法方便，而且压痕小，还可以直接在成品零件上测试。

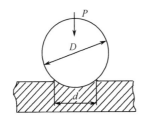

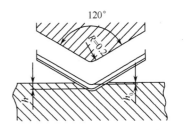

图1-4　布氏硬度的试验原理　　　　图1-5　洛氏硬度的试验原理

根据测量时选用的载荷与压头不同,洛氏法分为9个标尺,常用的有 A、B、C 3个标尺,将标尺代号标注在符号 HR 的右边,如 HRA、HRB、HRC 等,硬度值写在符号 HR 的前面,如 50HRC 表示用 C 标尺测得的洛氏硬度为50。需要注意的是,不同级别的硬度值不能直接相互比较。洛氏法的缺点是测量结果分散度大。

1.3.3　维氏硬度

维氏硬度的试验原理如图1-6所示。将压头顶部两相对面具有规定角度(136°)的正四棱锥体金刚石压头,在一定载荷 P 的作用下压入试样表面,并在保持一定时间后卸载,施加的载荷与压痕表面积的比值称为维氏硬度。维氏硬度可通过测量压痕对角线长度 d 后查表得到。维氏硬度用符号 HV 表示,符号 HV 前的数字为硬度值,符号 HV 后面的数字按顺序分别表示载荷值、载荷保持时间,如 640HV30/20 表示在 30kgf(294.2N) 载荷作用下保持20s测得的维氏硬度值为640。

维氏法保留了布氏法和洛氏法的优点,其既可测量极软到极硬的材料的硬度,又能互相比较;既可测量大块材料、材料表面硬化层的硬度,又可测量金相组织中不同相的硬度。

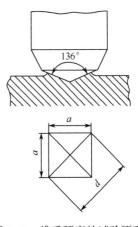

图1-6　维氏硬度的试验原理

单元4　韧　性

【学习目标】理解冲击韧性和断裂韧性的定义及物理意义;掌握冲击韧性和断裂韧性的测量方法;了解材料内部裂纹扩展的3种模式。

【重点难点】掌握冲击韧性和断裂韧性的定义及测量方法。

1.4.1　冲击韧性

上面所述的力学性能指标,都是在缓慢加载(静载)的条件下测得的,但构件往往会受到冲击载荷,如飞机起落架在起飞和降落时会受到很大的冲击载荷,发动机轴在发动机启动或变速时也会受到冲击载荷。因此,研究材料在受到冲击载荷时的性能特点十分重要。

材料抵抗冲击载荷而不被破坏的能力称为冲击韧性,普遍采用弯曲冲击试验来测定材料的冲击韧性,该实验在如图 1-7 所示的摆锤式冲击试验机上进行。试验时,将带有缺口的试件安装在试验机的支座上,摆锤由规定高度落下,并从试件缺口背面打断试件,同时推动刻度盘上的指针转动。试件吸收的能量不同,摆锤所能达到的高度也就不同。韧性越好的材料,断裂时吸收的能量越大,摆锤达到的高度越小。最终刻度盘上的指针指示的数值为摆锤打断试件消耗的能量,用 A_k 表示。材料的冲击韧性值(a_k)用试件缺口处单位截面面积的能量表示,即 $a_k = \dfrac{A_k}{A}(\mathrm{J/cm^2})$,式中 A 表示试件缺口外的横截面面积。

图 1-7　摆锤式冲击试验机

材料的冲击韧性值不仅与材料的成分和组织有关,而且与试件形状、试件尺寸及试验温度等因素密切相关,所以不同试验条件下测得的值无法进行比较。

因为受冲击载荷的零件往往不是受一次冲击就被破坏的,而是在承受多次冲击后才遭破坏,为此英国学者 H. J. Gough 提出采用小能量多次冲击试验来测定材料的抗冲击性能,即测定材料的冲击循环次数(N)与冲击能量(A_k)之间的关系曲线,并把它作为选用材料的依据。

1.4.2　断裂韧性

脆断是一种最危险的断裂,因为构件在断裂前几乎不产生明显的塑性变形,很难预先发现断型征兆并加以预防,从而酿成重大事故。1943 年 1 月,美国一艘 T-2 油轮停泊在装货码头时,竟然发生突然断裂成两截的惨祸,发生断裂的 T-2 油轮如图 1-8 所示。据计算,断裂时船体承受的应力仅为 68.6MPa,远低于船体钢材的强度极限(300MPa ～400MPa),甚至远低于材料的屈服强度(245MPa)。这种低应力脆断的现象很难用经典力学来解释。

经长期研究,人们认识到,过去把材料看作毫无缺陷的连续均匀介质是不准确的。材料在冶炼、轧制、热处理等各种制造过程中,其内部不可避免地会产生某种微裂纹,而且在无损检测时又没有发现,所以在使用过程中,由于应力集中、疲劳、腐蚀等原因,裂纹会进一步扩展,当裂纹尺寸达到临界尺寸时就会发生低应力脆断。

在裂纹扩展的过程中,按裂纹的力学特征可将其分为以下 3 类。

第 1 类为张开型裂纹,如图 1-9(a)所示。构件承受垂直于裂纹面的拉力作用,裂纹表面的相对位移沿着构件自身平面的法线方向,若受拉构件上有一条垂直于拉力方向而贯穿于构件板厚的裂纹,则该裂纹就是张开型裂纹。

图1-8　发生断裂的T-2油轮

第2类为滑开型裂纹,如图1-9(b)所示。构件承受平行于裂纹面而垂直于裂纹前缘的剪力作用,裂纹表面的相对位移在裂纹面内,并且垂直于裂纹前缘,如齿轮或花键根部沿切线方向的裂纹就是滑开型裂纹。

第3类为撕开型裂纹,如图1-9(c)所示。构件承受平行于裂纹前缘的剪力作用,裂纹表面的相对位移在裂纹面内,并平行于裂纹前缘的切线方向,如在扭矩作用下,圆轴的环形切槽或表面环形裂纹就是撕开型裂纹。

在一般情况下,裂纹通常属于复合型裂纹,可以同时存在3种位移分量,也可以是任何两种位移分量的组合。在工程结构中,张开型裂纹最危险,也最常见。

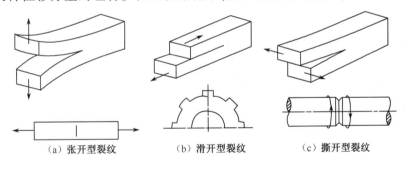

（a）张开型裂纹　　　　（b）滑开型裂纹　　　　（c）撕开型裂纹

图1-9　裂纹表面的3类位移形式

为了研究裂纹对材料断裂强度的影响,对刻有不同深度刻痕的试件进行拉伸试验,并画出裂纹深度(a)与断裂强度(σ_c)的关系曲线,如图1-10所示,且公式$K=\sigma_c\sqrt{a}$成立。对某种材料来说,K是一个常数,也是材料力学性能的指标,K表示材料抵抗内部裂纹失稳扩展的能力,称为断裂韧性。

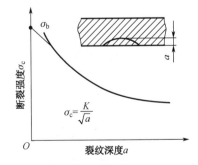

图1-10　断裂强度与裂纹深度的关系曲线示意图

单元5　疲劳强度

【学习目标】了解疲劳断裂的特征;理解疲劳强度的定义及其在工程中的应用;掌握疲劳强度的测定及影响因素。

【重点难点】掌握疲劳强度及名义疲劳强度的定义、测量方法、改进措施。

1.5.1　疲劳断裂特征

许多零件,如直升机的旋翼、发动机的轴和叶片、各种齿轮、弹簧等,在工作中受到反复改变大小或同时改变大小和方向的交变载荷。零件在交变载荷的作用下,虽然材料应力比材料的抗拉强度低,甚至比屈服强度还低,但是在长期使用的某一时刻也会发生突然断裂,这种现象称为疲劳断裂。

疲劳断裂断口照片如图1-11所示,零件在一定特征的交变载荷作用下,首先在零件的薄弱环节,如应力集中或缺陷(划伤、夹渣、显微裂纹等)处产生微细的裂纹,这种微细裂纹称为疲劳源裂纹。随着交变载荷循环次数的增加,疲劳源裂纹不断开合,同时裂纹逐步呈扇形扩展,形成疲劳扩展区。由于裂纹在扩展过程中反复开合,两个裂纹面相互挤压和摩擦,疲劳扩展区的形貌比较光亮,很像贝壳的内表面,这是疲劳扩展区的最明显特征,所以疲劳扩展区也叫光滑区。当疲劳扩展区达到一定的临界尺寸时,零件剩余截面面积较小,在交变载荷的某次拉伸力的作用下,材料应力超过抗拉强度,这时零件会发生突然的脆性断裂,最后脆断的区域称为瞬间断裂区。由于这一区域的断口表面比较粗糙,所以瞬间断裂区也叫粗糙区。在多数情况下,疲劳源裂纹位于构件表面,如图1-11(a)所示。有些情况下,疲劳源会在构件内部,同样断口也存在上述3个区域,如图1-11(b)所示。

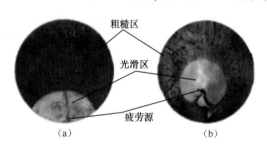

图1-11　疲劳断裂断口照片

1.5.2　疲劳强度的测定及其影响因素

材料的疲劳强度是通过疲劳试验测定的。疲劳试验的分散度较大,试验时要用较多的试样在不同交变载荷的作用下,测定其发生断裂时的载荷循环次数(N),最后将试验结果绘成应力与循环次数的关系曲线,称为疲劳曲线,如图1-12所示。从疲劳曲线上可知,试验应力降低,循环次数增加,当应力降至某一数值时,曲线变成水平直线,即表示材料若承受低于该水平线所对应的应力值时,则可以经受无限次循环载荷而不发生疲劳断裂。把试样承受无限次应力循环仍不断裂时的最大应力作为材料的疲劳强度。

对于航空工业常用的硬铝、镁合金等有色金属及其合金材料,即使应力循环的最大应力值很低,经一定次数应力循环后也会断裂,不存在真正意义上的疲劳极限。因此,对于这一类材料,常根据构件使用寿命的要求,取在某一规定应力循环次数(如 10^7 次)下,材料所能承受的最大应力值作为名义疲劳极限。

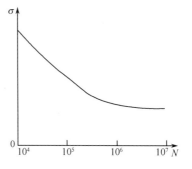

图 1-12　疲劳曲线示意图

影响构件疲劳寿命的因素很多,因此,提高构件疲劳强度的措施也是多方面的。构件的疲劳破坏总是从构件中应力最大的部位产生疲劳裂纹开始的,在一般情况下,构件中应力最大的部位都在构件横截面的最外边缘,或者在有应力集中的地方。因此,要合理设计构件的形状,尽量避免在构件上开出方形或带尖角的孔槽,以及设法避免构件外形急剧改变,尽可能地使其改变有一缓和的过渡,从而降低应力集中系数。同时,降低构件表面的粗糙度,也可减小在表面上因加工时刀具切削伤痕所造成的应力集中的影响,从而提高构件的疲劳极限。在运输、装配时,特别是在飞机检修过程中,应尽量避免在构件表面造成伤痕,以降低产生应力集中的可能性。此外,还可以通过对构件中最大应力所在的表层采取表面强化工艺措施,如通过滚压、喷丸、表面淬火、渗碳和渗氮等方法使构件表层强度增加,这对提高构件的疲劳极限有显著的效果。

单元6　蠕变及蠕变-疲劳断裂

【学习目标】掌握蠕变的定义及原理;理解蠕变-疲劳断裂的特征及其过程。
【重点难点】掌握蠕变的定义及原理、蠕变-疲劳断裂的过程。

所谓金属材料的蠕变,就是材料在一定的应力和温度下,其长度随时间的缓慢变化过程。广义地说,蠕变是材料在应力和温度的作用下发生的缓慢变形与时间的关系。金属之所以能产生蠕变,是因为在高温条件下,随着金属原子之间的距离增加,原子间结合力减小,故变形抗力变小,在一定载荷作用下易于发生缓慢变形。同时材料在变形过程中,因温度较高,不会发生加工硬化,变形抗力不会自动提高,故变形可持续缓慢地进行下去。

材料在蠕变过程中发生的断裂称为蠕变断裂。蠕变断裂是材料在应力和温度的共同作用下发生的一种断裂,而有些高温部件在工作条件下同时承受恒定载荷和交变载荷的作用(如燃气轮机的涡轮盘),这种情况下发生的断裂称为蠕变-疲劳断裂。蠕变-疲劳断裂是燃气涡轮发动机高温部件(涡轮叶片、涡轮盘等)的主要失效形式之一。与静强度下发生的断裂相比,蠕变断裂有以下特点。

(1)在一般的静强度试验中,材料的塑性通常是随试验温度的升高而增强,但在高温下以很缓慢的速率变形时(蠕变试验条件),即使该材料在室温下为高延性的材料,它也可能发生低延性断裂。

（2）蠕变断裂过程中的变形随时间的变化曲线通常分为3个阶段,如图1-13所示。第Ⅰ阶段是应变随时间增加而递增,但应变速率随时间增加呈现非稳定递减状态(减速蠕变阶段);第Ⅱ阶段是应变随时间增加而恒定变化的稳定阶段,即应变速率基本保持不变(恒速蠕变阶段);第Ⅲ阶段是应变速率随时间增加而递增的非稳定阶段(加速蠕变阶段),最后导致断裂。图1-13是一种典型的蠕变曲线,但并非在所有情况下材料的蠕变曲线均由3个阶段组成,如在高温或高应力下,材料没有第Ⅰ阶段而只有第Ⅱ、Ⅲ阶段或只有第Ⅲ阶段且很快发生断裂,而在有些情况下,材料只有第Ⅰ、Ⅱ阶段,随后便发生断裂。

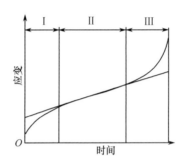

图1-13　蠕变断裂的3个阶段

（3）对于同一种材料,发生蠕变的变形速率随外加应力和温度的增加而增加。

（4）蠕变断裂主要是沿晶断裂,即裂纹沿着材料晶界扩展。

习题和思考题

1. 金属材料的力学性能指的是什么性能? 常用的力学性能包括哪些方面?

2. 衡量金属材料的强度、塑性及韧性的性能指标有哪些,各用什么符号和单位表示?

3. 在什么情况下使用材料的名义屈服强度? 名义屈服强度的定义是什么?

4. 伸长率和断面收缩率,哪个更能准确反映材料的塑性? 为什么?

5. 强度和硬度分别是从什么角度衡量材料的性能的?

6. 能否通过增加零件的尺寸来提高其弹性模量?

7. 什么是材料的冲击韧性,如何测量?

8. 研究材料断裂韧性涉及的3类基本裂纹类型是什么,分别具有什么特征?

9. 什么是疲劳断裂? 导致疲劳断裂的载荷具有什么特征?

10. 疲劳断口一般有几个区域,分别具有什么特征,这些特征又是怎样产生的?

11. 什么是做疲劳极限? 怎样提高构件的疲劳强度?

12. 什么是金属材料的蠕变断裂? 一般分为哪几个过程?

模块 2
金属材料的基础知识

金属由液态转变为固态称为结晶,结晶后的金属是晶体。晶体的主要特点是它们的内部原子有规律地呈一定的几何形状排列,这种排列方式称为晶体结构。晶体结构与金属的性能有着密切的关系。例如,铝和镁的晶体结构不同,铝的塑性比镁的塑性好,故铝宜压力加工成型。通过选用不同晶体结构的金属材料或对同种金属材料利用不同热处理或冷、热加工来改变它的内部结构,可以达到满足金属机械零件的工艺性能或使用性能要求的目的。本模块主要介绍金属的晶体结构、金属的结晶规律、金属的冷、热加工及再结晶等内容。只有掌握金属材料的基础知识及其性能,才能在实际生产中正确使用各种不同的金属材料。

单元 1　金属的晶体结构

【学习目标】了解晶体、晶格、晶胞、晶格常数、晶面和晶向的基本概念;掌握金属常见的晶格类型;了解单晶体、多晶体概念;掌握实际金属的晶体缺陷形成机理、晶体缺陷对金属性能的影响。

【重点难点】掌握金属常见的 3 种晶格类型、实际金属中的 3 种晶体缺陷对金属性能的影响。

2.1.1　晶体与非晶体

一切固态物质,根据它们的原子聚集状态可分为晶体与非晶体两大类。除沥青、玻璃、石蜡、松香等非晶体外,绝大多数的固态物质都是晶体,如金刚石、石墨和一切固态金属及其合金等。晶体的特点:原子在三维空间呈有规则的周期性重复排列,且具有一定的熔点和各向异性。

晶体中原子的排列可用 X 射线分析等方法加以测定。晶体中最简单的原子排列如图 2-1(a)所示。

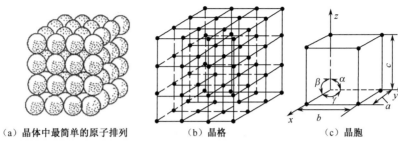

| （a）晶体中最简单的原子排列 | （b）晶格 | （c）晶胞 |

图 2-1　晶体结构示意图

2.1.2　晶体结构基本概念

1. 晶格

为了便于描述晶体内部原子排列的规律，可以人为地将原子看作一个质点，并用一些假想的几何线条将晶体中各原子中心连接起来，形成一个空间格架，如图 2-1（b）所示，这种抽象的、用于描述原子在晶体中规则排列方式的空间格架称为晶格。晶格中直线间的交点称为结点。

2. 晶胞

晶体中原子的排列方式具有周期性变化的特点，因此在研究晶体结构时，通常从晶格中选取一个能够完全反映晶体特征的最小几何单元来分析晶体中原子排列的规律，这个最小的几何单元称为晶胞，如图 2-1（c）所示。实际上，晶格就是由大小、形状和位向相同的若干晶胞的重复组合形成的。

3. 晶格常数

晶格常数用来表示晶胞的形状和大小。在图 2-1（c）中，晶胞的棱边长度 a、b、c 和棱边夹角 α、β、γ 称为晶格常数，度量单位分别为 Å（$1\text{Å} = 10^{-10}\text{m}$）和度。当棱边长度 $a = b = c$，棱边夹角 $\alpha = \beta = \gamma = 90°$ 时，这种晶胞称为简单立方晶胞。由简单立方晶胞组成的晶格称为简单立方晶格。

4. 晶面与晶向

在金属晶体中，由各原子组成的平面称为晶面，两个以上原子的中心连线所指的方向称为晶向。为了便于研究，不同位向的晶面或晶向采用一定符号来表示，表示晶面的符号称为晶面指数，表示晶向的符号称为晶向指数。

立方晶格中不同方向的晶面与晶面指数如图 2-2 所示，即 100、110 及 111。

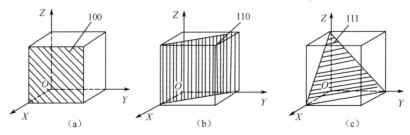

图 2-2　立方晶格中不同方向的晶面与晶面指数

立方晶格中不同晶向与晶向指数如图 2-3 所示,如 100、001、111 等。具有一定晶格类型的金属,在晶体的各个晶面与晶向上,原子排列的紧密程度不同,原子间相互作用也就不同,因而晶体在不同的方向上性能就有差异,这就是金属晶体具有各向异性的原因。

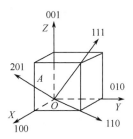

图 2-3 立方晶格中不同晶向与晶向指数

2.1.3 金属的常见晶格类型

不同金属具有不同的晶格类型。除一些具有复杂晶格类型的金属外,大多数金属的晶体结构都是比较简单的。常见的晶格类型有以下 3 种。

1. 体心立方晶格

体心立方晶格的晶胞是一个立方体,在立方体的 8 个角上和晶胞中心各有一个原子,如图 2-4 所示。属于体心立方晶格的金属有铬(Cr)、钨(W)、钼(Mo)、钒(V)、α 铁(α-Fe)等。

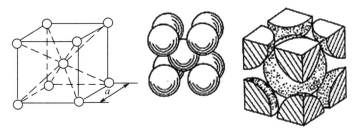

图 2-4 体心立方晶格

2. 面心立方晶格

面心立方晶格的晶胞是一个立方体,在立方体的 8 个角上和 6 个面的中心各有一个原子,如图 2-5 所示。属于面心立方晶格的金属有铝(Al)、铜(Cu)、镍(Ni)、金(Au)、银(Ag)、γ 铁(γ-Fe)等。

3. 密排六方晶格

密排六方晶格的晶胞是一个正六方柱体,它由 6 个长方形的侧面和两个正六边形的底面组成,因此晶胞的大小要用柱体的高度 c 和六边形的边长 a 来表示。在密排六方晶格的晶胞的 12 个角上和上、下两个底面中心各有一个原子,另外在上、下底面之间有 3 个原子,如图 2-6 所示。属于密排六方晶格的金属有镁(Mg)、锌(Zn)、铍(Be)、α 钛(α-Ti)等。

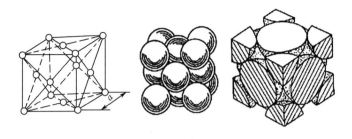

图 2-5 面心立方晶格

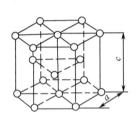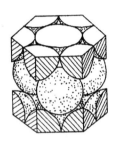

图 2-6 密排六方晶格

2.1.4 金属的实际晶体结构

1. 单晶体与多晶体

晶体内部的晶格方位完全一致的晶体称为单晶体。在工业生产中,只有经过特殊制作才能获得单晶体,如半导体元件、磁性材料、高温合金材料等。

实际使用的工业金属材料,即使体积很小,其内部仍包含了许多颗粒状小晶体

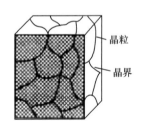

图 2-7 多晶体示意图

(晶粒)。在每个小晶体的内部,晶格方位都是基本一致的,而各小晶体之间的方位都不相同,如图 2-7 所示。每个小晶体的外形多为不规则的颗粒,通常称为晶粒。晶粒与晶粒之间的界面称为晶界。这种实际上由许多晶粒组成的晶体称为多晶体,一般金属材料都是多晶体。

晶粒的尺寸是很小的,如钢铁材料的晶粒一般为 $10^{-3} \sim 10^{-1}$ mm,故只有在金相显微镜下才能观察到。

单晶体在不同方向上的物理、化学性能和力学性能都不相同,即具有各向异性。但是,测定的实际金属的性能在各个方向上却基本一致,显示不出很大差别,即具有各向同性。这是因为实际金属是由许多方位不同的晶粒组成的多晶体,一个晶粒的各向异性在许多方位不同的晶体之间可以多相抵消或补充。

2. 晶体中的缺陷

原子完全有规则地排列的晶体称为理想晶体。实际上,金属由于多种因素的影响,其内部总是存在着大量的缺陷,晶体缺陷的存在对金属的性能有着很大的影响。

例如,对理想的金属晶体进行理论计算得出的屈服强度,要比实际晶体测得的数值高出千倍。根据晶体缺陷的几何特点,将晶体缺陷分为点缺陷、线缺陷和面缺陷三大类。

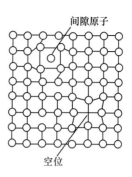

图 2-8　空位和间隙原子示意图

1)点缺陷

点缺陷是指在长、宽、高上尺寸都很小的缺陷。常见的点缺陷是空位和间隙原子,如图 2-8 所示。在实际晶体结构中,晶格的某些结点往往未被原子所占有,这种空着的位置称为空位。与此同时,又有可能在个别晶格的空隙处出现多余原子,这种不占有正常晶格位置而处于晶格空隙中的原子,称为间隙原子。在空位和间隙原子附近,由于原子间作用力的平衡被破坏,周围原子发生靠拢或撑开,因此晶格发生歪曲(亦称晶格畸变),导致金属的强度提高,塑性下降。

2)线缺陷

线缺陷是指在空间的一个方向上尺寸很大,其余两个方向上尺寸很小的缺陷。晶体中的线缺陷通常指各种类型的位错。所谓位错,就是在晶体中某处有一列或若干列原子发生了某种有规律的错排现象,这种错排有许多类型,其中比较简单的一种类型就是刃型位错,如图 2-9 所示。

从图 2-9(a)中可以看出,在 ABCD 晶面上沿 EF 线多插入了一层原子面 EFGH,它像一把刀刃那样切入晶体,使上下层原子不能对准,产生错排,因而称为刃型位错。多余原子面的底边 EF 线称为位错线。在位错线附近,晶格发生畸变,形成一个应力集中区,在 ABCD 晶面以上一定范围内的原子受到压应力;在 ABCD 晶面以下一定范围内的原子受到拉应力。离位错线越远,晶格畸变越小。

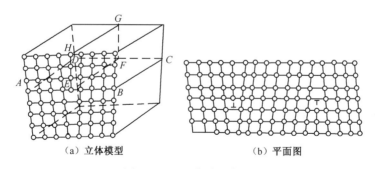

(a)立体模型　　　　　　　　　(b)平面图

图 2-9　刃型位错示意图

通常把晶体上半部多出一层原子面的位错称为正刃型位错,用符号"⊥"表示;把晶体下半部多出一层原子面的位错称为负刃型位错,用符号"⊤"表示,如图 2-9(b)所示。

晶体中位错的多少可用单位体积中包括位错线的总长度表示,称为位错密度,即

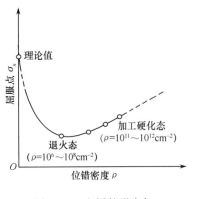

图 2-10　金属的强度与
位错密度的关系

$$\rho = SL/V$$

式中：　ρ——位错密度（cm^{-2}）；

　　　　SL——位错线总长度（cm）；

　　　　V——晶体体积（cm^3）。

晶体中位错密度的变化及位错在晶体内的运动，对金属的强度变化、塑性变化及组织转变等都有着极为重要的影响。金属的强度与位错密度的关系如图 2-10 所示。在图 2-10 中，当金属处于退火状态（$10^6 \sim 10^8 cm^{-2}$）时，强度最低，增加或降低位错密度，都能提高金属的强度。冷塑性变形后的金属，其位错密度增加，因此高的位错密度也是金属强化的重要途径之一。目前，尚在实验室制作的极细的金属晶须，因位错密度极低而使其强度有明显提高。

3）面缺陷

面缺陷是指在两个方向的尺寸很大，第 3 个方向的尺寸很小而呈面状的缺陷，这类缺陷主要指晶界与亚晶界。

（1）晶界。工业上使用的金属材料一般都是多晶体。因为多晶体中两个相邻晶粒之间的位向不同，所以晶界处的原子排列实际上是从一种位向逐渐过渡到另一种位向的过渡层，该过渡层的原子排列是不规则的，如图 2-11 所示。

晶界处原子的不规则排列，使晶格处于歪扭畸变状态，因而在常温下会对金属塑性变形起阻碍作用。从宏观上看，晶界处表现出较高的强度和硬度，晶粒越细小，晶界就越多，它对塑性变形的阻碍作用就越大，金属的强度、硬度也就越高。

（2）亚晶界。亚晶界实际上是由一系列刃型位错所组成的小角度晶界，如图 2-12 所示。由于亚晶界处原子的不规则排列使晶格产生了畸变，因此亚晶界的作用与晶界相似，对金属强度也有着重要影响。亚晶界越多，金属强度就越高。

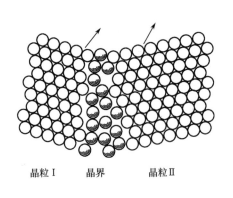

晶粒Ⅰ　　晶界　　晶粒Ⅱ

图 2-11　晶界的过渡层结构示意图

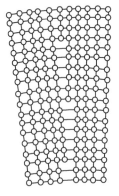

图 2-12　亚晶界结构示意图

单元 **2** 纯金属的结晶

【学习目标】通过纯金属热分析法实验得到冷却曲线;了解在恒温下进行的纯金属的结晶过程及纯金属的过冷现象;掌握过冷度的概念及冷却速度对过冷度的影响;了解纯金属的一般结晶过程;掌握固态下纯金属的晶粒大小对金属力学性能的影响和金属结晶过程中细化晶粒的方法。

【重点难点】掌握过冷度的概念、冷却速度对过冷度的影响、细化晶粒的方法及晶粒大小对金属力学性能的影响。

物质由液态冷却转变为固态的过程称为凝固。如果凝固的固态物质是原子(或分子)进行有规则排列的晶体,则这种凝固又称结晶。

2.2.1 纯金属的冷却曲线和过冷现象

通过热分析法装置(见图2-13),将纯金属加热到熔化状态,然后将其缓慢冷却。在冷却过程中,每隔一定时间记录下金属的温度,直到结晶完毕为止。这样可得到一系列与时间、温度相对应的数据,把这些数据标在时间-温度坐标图中,并画出一条温度与时间的相关曲线,这条曲线称为冷却曲线,如图2-14所示,这种方法称为热分析法。

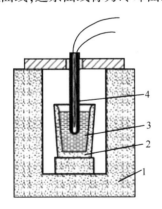

1—电炉;2—坩埚;3—液态金属;4—热电偶

图 2-13　热分析法装置示意图

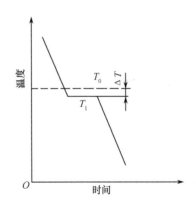

图 2-14　纯金属冷却曲线

由冷却曲线可知,液态金属随着冷却时间的增加,其温度不断下降,当冷却到某一温度时,随着冷却时间的增加其温度不再下降,而是在冷却曲线上出现一个水平线,这个水平线段所对应的温度就是纯金属进行结晶的温度。出现水平线段的原因:金属结晶时放出的结晶潜热补偿了其向外界散失的热量。

金属在无限缓慢冷却条件下(平衡条件下)测得的结晶温度 T_0 称为理论结晶温度。但在实际生产中,金属由液态结晶为固态时的冷却速度都是相当快的,金属总是要在理论结晶温度 T_0 以下的某一温度 T_1 才开始进行结晶,温度 T_1 称为实际结晶温度。实际结晶温度 T_1 低于理论结晶温度 T_0 的现象称为过冷现象，而 T_0 与 T_1 之差 ΔT 称为过冷度，即 $\Delta T = T_0 - T_1$。

过冷度并不是一个恒定值，液体金属的冷却速度越快，实际结晶的温度 T_1 就越低，过冷度 ΔT 就越大。

实际金属总是在过冷情况下进行结晶的，所以过冷是金属结晶的一个必要条件。

2.2.2 纯金属的结晶过程

1. 结晶过程及形核

纯金属的结晶过程位于冷却曲线（见图 2-14）上的水平线段处。纯金属结晶时，首先从液体金属中自发形成一批结晶核心，并不断长大，形成晶核。与此同时，某些外来的难熔质点也可充当晶核，形成非自发晶核。随着时间的推移，已形成的晶核不断长大，并继续产生新的晶核，直到液体金属全部消失、晶体彼此接触。所以，结晶过程就是不断地形核和晶核不断长大的过程，如图 2-15 所示。

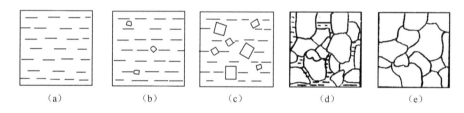

（a）　　　　　（b）　　　　　（c）　　　　　（d）　　　　　（e）

图 2-15　纯金属的结晶过程示意图

金属在结晶时，每个晶核长成的晶体就是一个晶粒，各晶粒的交界称为晶界。由于晶界比晶粒内部凝固得迟，故晶界上面富集着较多低熔点的杂质，在金相显微组织照片中常呈黑色。工业纯铁的金相显微组织如图 2-16 所示。

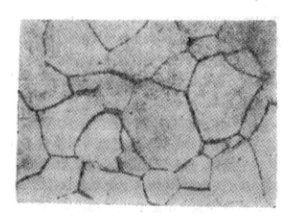

图 2-16　工业纯铁的金相显微组织

2. 晶核长大

晶核长大受过冷度影响，当过冷度较大时，金属晶体常以树枝状方式长大。在晶核成长初期，因其内部原子规则排列的特点，其外形大多是比较规则的，随着晶核的长大,形成了棱角,棱角处的散热条件优于其他部位,因而棱角处的晶核优先长大,如树枝一样先长出枝干,称其为一次晶轴。在一次晶轴伸长和变粗的同时,在其侧面棱角处会长出二次晶轴,随后又可长出三次晶轴、四次晶轴……枝晶长大方式示意图如图2-17所示。当相邻的树枝状骨架相遇时,树枝状骨架停止扩展,每个晶轴不断变粗并长出新的晶轴,直到枝晶间液体全部消失。

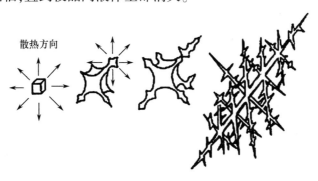

散热方向

图 2-17　枝晶长大方式示意图

2.2.3　晶粒大小对金属力学性能的影响

结晶后的金属是由许多晶粒组成的多晶体,晶粒大小可以用单位体积中晶粒的数目来表示,晶粒数目越多,晶粒越小,因此为了测量方便,常以单位截面上晶粒的数目或晶粒的平均直径来表示晶粒大小。实验证明,在常温下的细晶粒金属比粗晶粒金属具有更高的强度、塑性和韧性,这是因为晶粒越细,塑性变形越可分散在更多的晶粒内进行,使塑性变形越均匀,内应力集中越小;而且晶粒越细,晶界就越曲折,晶粒与晶粒间犬牙交错的机会就越多,越不利于裂纹的传播和发展,彼此就越紧固,强度和韧性就越好。晶粒大小对工业纯铁力学性能的影响如表2-1所示。

由表2-1可见,细化晶粒对提高常温下金属的力学性能有很大作用,细化晶粒是使金属材料强化和韧化的有效途径。

表2-1　晶粒大小对工业纯铁力学性能的影响

晶粒平均直径/μm	抗拉强度(σ_b)/MPa	屈服强度(σ_s)/MPa	伸长率(δ)/%	晶粒平均直径/μm	抗拉强度(σ_b)/MPa	屈服强度(σ_s)/MPa	伸长率(δ)/%
70	184	34	30.6	2.0	268	58	48.8
25	216	45	39.5	1.6	270	66	50.7

2.2.4　细化晶粒的方法

金属结晶后,单位体积中晶粒的数目Z取决于结晶时的形核率N(单位时间内单位体积液态金属中生成的晶核数目)和晶核长大率G(单位时间内晶核长大的线长度)。形核率N越大,长大率G越小,晶粒就越细小,因此要细化晶粒,就必须提高形核率N,控制晶核长大率G。在实际生产中,细化晶粒的方法主要有以下几种。

1. 增加过冷度

液态金属结晶的形核率 N、长大率 G 与过冷度 ΔT 的关系示意图如图 2-18 所示。金属结晶时,图 2-18 中实线部分表示形核率 N 与长大率 G 都随过冷度 ΔT 的增加而增加,但形核率 N 的增长大于长大率 G 的增长,故增加过冷度可细化晶粒。在实际生产中,常采用降低铸型温度和采用导热系数大的金属铸型的方法来提高冷却速度,增加过冷度。

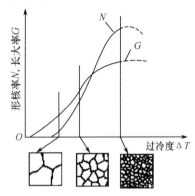

图 2-18 液态金属结晶的形核率 N、长大率 G 与过冷度 ΔT 的关系示意图

当过冷度 ΔT 达到图 2-18 中虚线部分对应值时,金属液的温度已经很低,原子扩散能力极大降低,使形核率 N 与长大率 G 下降。事实上,液态金属的结晶很难达到这样高的过冷度,因为在此之前金属液早就结晶完毕。图 2-18 的下方给出了随着过冷度的增加,微观晶粒尺寸由大变小的示意图。

2. 进行变质处理

变质处理是在浇注铸件前向液态金属中加入变质剂,从而细化晶粒的方法。

有的变质剂加入液态金属时,它们或它们的氧化物会形成起非自发晶核作用的杂质微粒,使形核率大大增加,从而细化晶粒,如往钢液中加入钛、锆、铝等。还有一类变质剂能附着在晶体前缘,阻碍晶粒长大,如往铝硅铸铁合金中加入钠盐,钠附着在硅的表面,降低硅的长大率,阻碍粗大叶片状硅晶体形成,从而使合金组织细化。

3. 附加振动

金属结晶时,利用机械振动、超声波振动、电磁搅拌等方法,既可使正在生长的晶体破碎而细化,又可使破碎的枝晶尖端起晶核作用,增大形核率,从而细化晶粒。

单元3 合金的相结构及二元合金相图

【学习目标】了解合金的基本概念;掌握合金的相结构(固溶体、金属化合物)特点及其对合金性能的影响;了解 Cu-Ni 二元合金相图的建立,并会利用匀晶相图和共晶相图分析不同成分合金的结晶过程及组织。

【重点难点】掌握固溶强化的概念、固溶体和金属化合物相结构特点及其对合金性能的影响、Cu-Ni 二元合金相图的结晶过程分析。

一般来说,纯金属大都具有优良的塑性、导电性、导热性等性能,但它们制取困难、制取成本高、种类有限,特别是力学性能和耐磨性都比较低,难以满足多品种、高性能的要求。因此,工程上大量使用的金属材料都是根据性能需要而配制的各种不同成分的合金,如碳钢、合金钢、铸铁、铝合金及铜合金等。

2.3.1 合金的相结构

1. 合金的基本概念

1) 合金

合金是由两种或两种以上的金属元素或金属与非金属组成的具有金属特性的物质。

2) 组元

组成合金的最基本的独立物质称为组元,简称元。一般来说,组元就是组成合金的元素。例如,铜和锌就是黄铜的组元。有时,稳定的化合物也可以看作组元。由两个组元组成的合金称为二元合金,由三个组元组成的合金称为三元合金。

3) 合金系

由若干个给定组元可以配制出一系列成分不同的合金,这一系列合金就构成一个合金系。

4) 相

相是指合金中成分、结构均相同的组成部分,相与相之间具有明显的界面。例如,工业纯铁在1538℃以上时为均匀的液相L;在1538℃结晶时,不断从液相L中结晶出固相δ-Fe,在整个结晶过程中液相L和固相δ-Fe两相并存;在结晶终了时,就只存在一个固相δ-Fe。

5) 组织

在实际生产中,不同成分及经过不同加工处理的合金具有不同的性能,这是由其不同的相结构和组织引起的。通常把合金中相的晶体结构称为相结构,而把在金相显微镜下观察到的具有某种形态或形貌特征的组成部分总称为组织。合金中的各种相是组成合金的基本单元,而合金组织则是合金中各种相的综合体。

2. 合金的相结构

根据构成合金的各组元之间相互作用的不同,可将固态合金的相结构分为固溶体和金属化合物两大类。

1) 固溶体

合金在固态下,组元间仍能互相溶解而形成的均匀相称为固溶体。形成固溶体后,晶格保持不变的组元称为溶剂,晶格消失的组元称为溶质。固溶体的晶格类型与溶剂组元相同。根据溶质原子在溶剂晶格中占据位置的不同,可将固溶体分为置换固溶体和间隙固溶体两种。

(1) 置换固溶体。若溶质原子代替一部分溶剂原子占据了溶剂晶格中的某些结点位置,这种形式的固溶体称为置换固溶体,如图2-19(a)所示。

形成置换固溶体时,溶质原子在溶剂晶格中的溶解度主要取决于两者晶格类型、原子直径的差别和它们在周期表中的相互位置。一般来说,晶格类型相同、原子直径

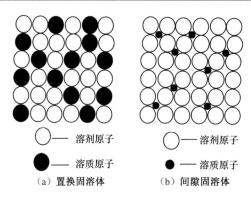

（a）置换固溶体　　　　　（b）间隙固溶体

图 2-19　固溶体的两种类型

差别越小、在周期表中位置越靠近,则溶解度越大,甚至在任何比例下均能互溶形成无限固溶体。例如,因为铜和镍都属于面心立方晶格,并且是处于同一周期相邻的两个元素,所以可形成无限固溶体;反之,若不满足上述条件,则溶质在溶剂中的溶解度是有限的,这种形式的固溶体称为有限固溶体。例如,铜和锡、铅和锌等都可形成有限固溶体。

（2）间隙固溶体。溶质原子在溶剂晶格中并不占据晶格的结点位置,而是以间隙原子的形式存在,这种形式的固溶体称为间隙固溶体,如图 2-19（b）所示。

形成间隙固溶体的条件是溶质原子半径很小,而溶剂晶格间隙较大。一般来说,当溶质与溶剂原子半径的比值≤0.59 时才能形成间隙固溶体。一般过渡族元素(溶剂)与尺寸较小的碳、氮、氢、硼、氧等元素易形成间隙固溶体。

由于溶质原子的融入,固溶体的晶格产生畸变,如图 2-20 所示,变形抗力增大,使合金的强度、硬度升高。这种因形成固溶体而使合金强度、硬度升高的现象称为固溶强化,它是强化金属材料的重要途径之一。例如,低合金高强度结构钢利用锰、硅等元素强化铁素体,使钢材力学性能得到较大的改善。

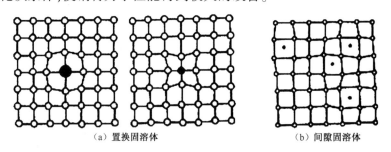

（a）置换固溶体　　　　　　　　（b）间隙固溶体

图 2-20　形成固溶体时晶格畸变

2）金属化合物

金属化合物是因合金组元间发生相互作用而生成具有金属特性的一种新相,其晶格类型和性能不同于其中任一组元。

金属化合物大致可分为正常价化合物、电子化合物及间隙化合物。

（1）正常价化合物。这类金属化合物通常是由金属元素与周期表中第Ⅳ、Ⅴ、Ⅵ

族的元素组成的。例如，MgS、MnS、Mg_2Si 等，其分子式符合原子价规律，并且成分是固定不变的。

（2）电子化合物。这类金属化合物是按一定电子浓度组成的具有一定晶格类型的化合物。电子浓度为化合物中总价电子数与总原子数之间的比值。

在电子化合物中，当电子浓度为 3/2 时，形成体心立方晶格的电子化合物，称为 β 相；当电子浓度为 21/13 时，形成复杂立方晶格的电子化合物，称为 γ 相；当电子浓度为 7/4 时，形成密排六方晶格的电子化合物，称为 ε 相。例如，Cu-Zn 合金中的 CuZn，因铜的价电子数为 1，锌的价电子数为 2，化合物的总原子数为 2，故 CuZn 的电子浓度等于 3/2，属于 β 相。同理，Cu_5Zn_8 属于 γ 相；$CuZn_3$ 属于 ε 相。

（3）间隙化合物。间隙化合物一般是由原子半径较大的过渡族金属元素（铁、铬、钼、钨、钒等）与原子半径较小的非金属元素（氢、碳、氮、硼等）组成的。间隙化合物的晶体结构特征：直径较大的过渡族元素的原子占据了新晶格的正常位置，而直径较小的非金属元素的原子则有规律地嵌入晶格的空隙中。间隙化合物可分为以下两大类。

①间隙相。间隙相是过渡族金属元素与氢、碳、氮、硼等原子半径较小的非金属元素组成的金属化合物，其形成条件是非金属原子半径与金属原子半径的比值应小于或等于 0.59。间隙相是具有简单晶格结构的间隙化合物，如 VC、WC、TiC 等。VC 的晶格示意图如图 2-21 所示，其 C 原子规则地嵌入由 V 原子组成的面心立方晶格的空隙中。

②具有复杂结构的间隙化合物。当非金属元素的原子半径与过渡族金属元素原子的半径比值大于 0.59 时，形成的化合物一般具有复杂的晶体结构，如碳钢中的 Fe_3C（又称渗碳体）、合金钢中的 $Cr_{23}C_6$、Cr_7C_3、Fe_4W_2C 等。

Fe_3C 是铁碳合金中的一种重要的间隙化合物，其 C 原子与 Fe 原子的半径之比为 0.63，其晶体结构如图 2-22 所示。

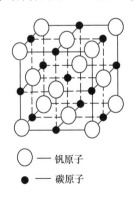

○ — 钒原子
● — 碳原子

图 2-21　VC 的晶格示意图

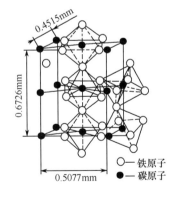

○ — 铁原子
● — 碳原子

图 2-22　Fe_3C 晶体结构

以上是常见的金属化合物的 3 种类型。金属化合物的熔点一般较高，具有较高硬度，但脆性较大。当金属化合物呈细小颗粒均匀分布在固溶体基体上时，合金的强度、硬度及耐磨性明显提高,这一现象称为弥散强化。因此,金属化合物在合金中常作为强化相存在,是许多合金钢、有色金属和硬质合金的重要组成相。

工业上用纯金属、固溶体、金属化合物组成合金的基本相。绝大多数合金的组织都是由固溶体和少量金属化合物组成的混合物,组成混合物的各个相仍然保持各自的晶体结构和性能。因此,整个混合物的性能取决于构成它的各个相的性能、数量、形状、大小及分布情况等。

2.3.2 二元合金相图

由于合金的组织及其形成变化规律要比纯金属复杂得多,因此在讨论合金组织及其形成变化规律时,需要应用相图这一有效工具。

合金相图又称合金平衡图或合金状态图,它是表示在平衡条件下合金的成分、温度和组织之间关系的图形。

1. 二元合金相图的建立

合金相图是通过实验方法得到的。目前,测定各种合金相图的常用方法有热分析法、磁性分析法、膨胀分析法、显微分析法及 X 射线晶体结构分析法等。一般很难用单一方法精确地测定并绘制出相图,所以通常是多种方法相互配合,其中最基本、最常用的方法是热分析法。现以 Cu-Ni 合金为例,说明用热分析法实验测定二元合金相图的过程。

（1）首先配制一系列不同成分的 Cu-Ni 合金,如表 2-2 所示。

（2）用热分析法测出所配制的各合金的冷却曲线,如图 2-23（a）所示。

（3）找出各冷却曲线上的相变点(与纯金属不同的是,合金的结晶过程是在一个温度范围内进行的)。

表 2-2　实验用 Cu-Ni 合金的成分与转变温度

合金序号	$w/\%$		结晶开始温度/℃	结晶终了温度/℃
	Cu	Ni		
I	100	0	1083	1083
II	80	20	1175	1130
III	60	40	1260	1195
IV	40	60	1340	1270
V	20	80	1410	1360
VI	0	100	1452	1452

（4）将各个合金的相变点分别标注在温度–成分坐标图中相应的合金成分的垂线上。

（5）连接相同意义的相变点,所得的线称为相界线。

这样就得到了 Cu-Ni 合金相图,如图 2-23（b）所示。

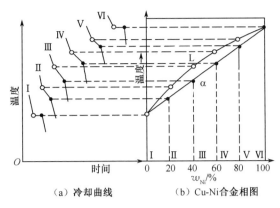

（a）冷却曲线　　　　　（b）Cu-Ni合金相图

图2-23　测定Cu-Ni合金相图

2. 匀晶相图

两组元在液态与固态下均可彼此无限溶解的合金相图称为匀晶相图。图2-24就属于二元匀晶相图。

1）相图分析

在图2-24中，A点（1083℃）为工业纯铜的熔点，B点（1452℃）为纯镍的熔点；上面的曲线为合金开始结晶温度曲线，即液相线；下面的曲线为合金结晶终了温度曲线，即固相线。在液相线以上为液相区，在固相线以下合金全部形成均匀的单相固溶体，液相线与固相线之间为液相和固相共存的两相区。

2）合金冷却过程分析

铜和镍两组元在固态下能以任何比例形成单相 α 固溶体，因此，无论什么成分的Cu-Ni合金的结晶过程都是相似的。现以 $w_{Ni} = 60\%$ 的 Cu-Ni 合金为例说明其结晶过程。

由图2-24可知，当合金以极其缓慢的冷却速度冷至 t_1（即 a_1 点温度）时，开始从合金中结晶出 α 相。随着温度继续下降，α 相的量不断增加，剩余液相的量不断减少，同时液相和固相的成分也将通过原子扩散不断改变。在 t_1 温度时，液、固两相的成分分别为 a_1、b_1 两点在横坐标上的投影；当冷至 t_2 温度时，液、固两相的成分分别为 a_2、b_2 两点在横坐标上的投影；当缓慢冷却至 t_3 温度时，液、固两相的成分分别为 a_3、b_3 两点在横坐标上的投影。总之，合金在整个冷却过程中，随着温度的降低，液相成分沿着液相线由 a_1 变至 a_3，而固相成分沿着固相线由 b_1 变至 b_3，在结晶终了时，获得与原合金成分相同的 α 固溶体。Cu-Ni合金的结晶过程如图2-25所示。

凡是两组元在液态和固态下均能完全互相溶解的合金相图，如 Cu-Ni 合金相图、Fe-Ni 合金相图等，均属于二元匀晶相图。

3）枝晶偏析

固溶体合金在结晶过程中，只有在极其缓慢冷却、原子能进行充分扩散的条件下，固相的成分才能沿着固相线均匀地变化，最终获得与原合金成分相同的均匀 α 固溶体。在实际生产条件下，由于合金在结晶过程中的冷却速度一般都较快，而且固态下原子扩散又很困难,致使固溶体内部的原子扩散来不及充分进行,因此先结晶的固溶体含高熔点组元(如Cu-Ni合金中的Ni)较多,后结晶的固溶体含低熔点组元(如Cu-Ni合金中的Cu)较多。这种在一个晶粒内部化学成分不均匀的现象称为晶内偏析。

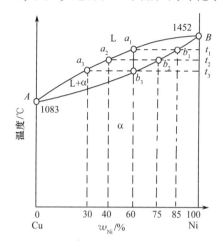

图2-24　Cu-Ni合金相图(二元匀晶相图)

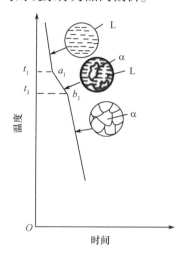

图2-25　Cu-Ni合金的结晶过程

因为固溶体的结晶一般是按树枝状方式长大的,所以先结晶的枝干成分与后结晶的枝间成分不同。由于这种晶内偏析呈树枝状分布,因此晶内偏析又称为枝晶偏析。铸态Cu-Ni合金枝晶偏析的显微组织(100×)如图2-26所示。由图2-26可知,α固溶体呈树枝状,先结晶的枝干因含镍量高,不易受侵蚀而呈白色,而后结晶的枝间因含铜量高,易受侵蚀而呈黑色。

由于枝晶偏析会降低合金的力学性能和加工工艺性能,因此在生产上常把有枝晶偏析的合金加热到高温,并经长时间保温,使原子进行充分扩散,以达到成分均匀化的目的,这种热处理方法称为均匀化退火。Cu-Ni合金经均匀化退火后,可获得成分均匀的α固溶体,如图2-27所示。

图2-26　铸态Cu-Ni合金枝晶
偏析的显微组织(100×)

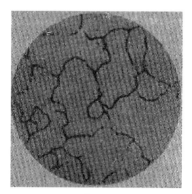

图2-27　Cu-Ni合金固溶体的
显微组织(100×)

3. 共晶相图

两组元在液态互溶、固态有限互溶并发生共晶反应的合金相图,称为共晶相图。具有共晶相图的合金有 Pb-Sn、Pb-Sb、Cu-Ag、Al-Si 等。

1)相图分析

Pb-Sn 合金相图如图 2-28 所示。在图 2-28 中,左边部分是 Sn 溶于 Pb 中,形成 α 固溶体的部分匀晶相图;右边部分是 Pb 溶于 Sn 中,形成 β 固溶体的部分匀晶相图,t_A、t_B 分别为 Pb 和 Sn 的熔点。$t_A C$ 线、$t_B C$ 线为液相线,合金在液相线 $t_A C$ 上开始结晶出 α 固溶体,在液相线 $t_B C$ 上开始结晶出 β 固溶体。$t_A D$ 线、$t_B E$ 线分别为 α 固溶体、β 固溶体结晶终了的固相线。由于在固态下,Pb 与 Sn 的互相溶解度随温度的降低而逐渐降低,因此 DF 线、EG 线分别为 Sn 溶于 Pb 和 Pb 溶于 Sn 的固态溶解度曲线,也称固溶线。

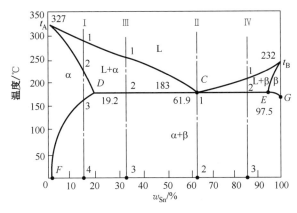

图 2-28　Pb-Sn 合金相图

C 点是液相线 $t_A C$、$t_B C$ 与固相线 DCE 的交点,表示在 C 点对应的温度(t_C = 183℃)下,w_{Sn} 为 61.9% 的液体(L_C)将同时结晶出两种固溶体,即 w_{Sn} 为 19.2% 的 α 固溶体(α_D)和 w_{Sn} 为 97.5% 的 β 固溶体(β_E),其反应式为

$$L_C \xrightarrow[\text{恒温}]{} \alpha_D + \beta_E$$

通常把在一定温度下,由一定成分的液相同时结晶出成分不同的两个固相的过程称为共晶转变。共晶转变的产物($\alpha_D + \beta_E$)是两个固相的混合物,称为共晶体或共晶组织,C 点称为共晶点,C 点对应的温度与成分分别称为共晶温度、共晶成分。通常水平的固相线 DCE 称为共晶线,成分在 CD 之间的合金称为亚共晶合金,成分在 CE 之间的合金称为过共晶合金。

由以上分析可知,相界线把共晶相图分成了 6 个相区:3 个单相区 L、α、β 和 3 个两相区 L+α、L+β、α+β。共晶线 DCE 是 L、α、β 三相平衡的共存线。

2)典型的合金结晶过程分析(见图 2-28)

(1)合金 Ⅰ(F、D 点间的合金)。当 $w_{Sn} < 19.2\%$ 的 Pb-Sn 合金,由液相缓慢冷却到 1 点时与液相线相交,开始结晶出 α 固溶体。随着温度下降,α 固溶体的量不断增

多,液相成分沿液相线 t_AC 变化,固相 α 的成分沿固相线 t_AD 变化,当合金冷却到与固相线相交的 2 点时,全部结晶为 α 固溶体。这一过程和前面提过的匀晶转变完全相同。合金 I 的冷却曲线及结晶过程示意图如图 2-29 所示。

在 2 点至 3 点的温度范围内继续冷却,单相 α 固溶体不发生变化。当合金冷却到 3 点时,与 DF 线相交,此时,Sn 在 Pb 中的溶解度已达到饱和。当温度在 3 点以下时,过剩的 Sn 以 β 固溶体的形式从 α 固溶体中析出。随着温度的继续下降,从 α 固溶体中继续析出 β 固溶体,且 α 固溶体的成分沿 DF 线变化,而析出 β 固溶体的成分沿着 EG 线变化。

为了区分从液相中结晶出的 β 固溶体,把从固相中析出的 β 固溶体称为次生的 β 固溶体,并以 $β_{II}$ 表示。因此,合金 I 的室温组织为 α 固溶体+$β_{II}$ 固溶体。

(2)合金 II（C 点合金）。w_{Sn}=61.9% 的合金称为共晶合金。共晶合金由液相缓慢冷却到 C 点时发生共晶转变,合金 II 的冷却曲线及结晶过程示意图如图 2-30 所示。

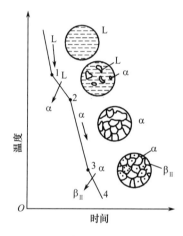

图 2-29　合金 I 的冷却曲线及
结晶过程示意图

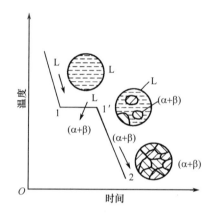

图 2-30　合金 II 的冷却曲线及
结晶过程示意图

这一过程在 C 点温度下一直进行到液相完全消失,结晶终了后的合金为由 α 固溶体与 β 固溶体组成的共晶体。

在 C 点以下,合金进入共晶线下面的 α+β 两相区,此时,温度继续下降,α 固溶体与 β 固溶体的溶解度分别沿着 DF 线、EG 线变化,因此从 α 固溶体中析出 $β_{II}$ 固溶体,从 β 固溶体中析出 $α_{II}$ 固溶体。但由于从共晶体中析出的次生相常与共晶体中的同类相混在一起,在金相显微镜下很难分辨,且次生相的量又较少,因此次生相一般不予考虑。共晶合金 II 的室温组织为($α_F$+$β_G$)的共晶体。

(3)合金 III（C、D 点间的合金）。成分在 C 点与 D 点之间的合金称为亚共晶合金。当合金 III 缓慢冷却到 1 点与液相线 t_AC 相交时,开始从液相中结晶出 α 固溶体。随着温度的下降,α 固溶体的量不断增加,而液相量则相应减少。α 固溶体成分沿固

相线 $t_A D$ 向 D 点变化,液相成分沿液相线 $t_A C$ 向 C 点变化。当温度下降到 2 点(共晶温度)时,形成的 α 固溶体的成分为 D 点所示数据,即 $w_{Sn} = 19.2\%$,而剩余液体的成分达到 C 点所示数据,即 $w_{Sn} = 61.9\%$,后续将发生共晶转变。这一转变一直进行到剩余液相全部转变为共晶组织。共晶转变终了后,亚共晶合金的组织由初晶 α 固溶体(又称先共晶 α 固溶体)与共晶体(α+β)组成,合金Ⅲ的冷却曲线及结晶过程示意图如图 2-31 所示。

当合金温度在 2 点以下时,α 固溶体和 β 固溶体的溶解度分别沿 DF 线、EG 线变化,最终分别从 α 固溶体和 β 固溶体中析出 $β_Ⅱ$ 固溶体和 $α_Ⅱ$ 固溶体两种次生相。由于在金相显微镜下,只有从初晶 α 固溶体中析出 $β_Ⅱ$ 固溶体可以观察到,因此共晶组织中析出的 $α_Ⅱ$ 固溶体和 $β_Ⅱ$ 固溶体一般难以分辨。

(4)合金Ⅳ(C、E 点间合金)。成分在 C 点与 E 点之间的合金称为过共晶合金。过共晶合金的结晶过程与亚共晶合金类似。合金Ⅳ的冷却曲线及结晶过程示意图如图 2-32 所示。过共晶合金的结晶过程与亚共晶合金的结晶过程的不同之处为初晶相为 β 固溶体,结晶后的组织为初晶 β 固溶体+次生 $α_Ⅱ$ 固溶体+共晶体(α+β)。

3)合金的相组分与组织组分

通过分析上述几种典型合金的结晶过程可以看出,Pb-Sn 合金结晶所得组织中仅出现 α、β 两相,因此 α 相和 β 相称为合金的相结构(相组成物)。图 2-28 中各相区就是以合金的相组分填写的。

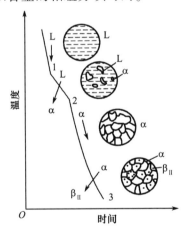

图 2-31　合金Ⅲ的冷却曲线
及结晶过程示意图

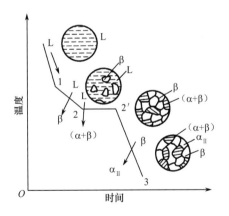

图 2-32　合金Ⅳ的冷却曲线及
结晶过程示意图

由于不同合金的形成条件不同,各种相可以以不同的形状、数量、大小互相组合,因此在金相显微镜下可观察到不同的组织。可以把合金结晶后的组织直接填写在相应的合金相图中,如图 2-33 所示,图中 α、$α_Ⅱ$、β、$β_Ⅱ$ 固溶体及共晶体(α+β)各具有一定组织特征,并且在金相显微镜下可以明显区分,故它们都是该合金的组织组分。在进行相图分析时,主要用组织组分来表示合金的显微组织,因此可将常用合金的组织组分填写于相图中。

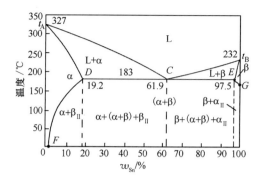

图 2-33　标明组织组分的 Pb-Sn 合金相图

4. 合金性能与相图的关系

合金的性能取决于它本身的成分和组织，相图则反映不同成分的合金在不同温度下的平衡组织，因此，具有平衡组织的合金的性能与相图之间存在着一定的对应关系。

1）合金的力学性能、物理性能与相图的关系

通过各种合金相图分析可以看出，二元合金室温平衡组织主要有两种类型：一种为单相固溶体；一种为两相混合物。

（1）单相固溶体。单相固溶体合金相图为匀晶相图。实验表明，固溶体的性能与溶质元素的融入量有关，总的规律是呈透镜形曲线关系，即对于一定的溶剂和溶质来说，溶质的融入量越多，则合金的强度、硬度越高，电阻越大，电阻温度系数越小，并在某一成分下达到最大值或最小值，如图 2-34（a）所示。

（2）两相混合物。一般分两种情况：一种是形成普通混合物；另一种是通过共晶转变或共析转变形成机械混合物。当合金形成普通混合物时，合金的性能将随合金的化学成分而改变。在由 A、B 两种元素构成的两相混合物中，随着一种元素含量的增加，两相混合物的性能在第一相和第二相的性能之间呈直线变化，可依据两个相所占的比例按算术平均值计算混合物的性能。当两相混合物中的一相具有硬而脆的性能，而且沿着另一相的晶界呈网状分布时，两相混合物合金的塑性更差。当合金形成共析或共晶机械混合物时，合金的性能还与组织的细密程度有关，组织越细密，其强度、硬度均显著提高，且偏离直线关系，出现高峰，如图 2-34（b）所示。

2）合金的工艺性能与相图的关系

合金的铸造性能与相图的关系示意图如图 2-35 所示。纯组元和共晶成分的合金的流动性最好，缩孔集中，铸造性能好。相图中液相线和固相线的距离越小，液体合金结晶的温度范围就越窄，对浇注和铸造质量就越有利。当合金的液相线温度和固相线温度相差很大时，形成枝晶偏析的倾向性增大，同时先结晶出的枝晶阻碍未结晶液体的流动，从而降低其流动性，增多分散缩孔。因此，铸造合金常选共晶或接近共晶的成分，如发动机活塞常采用 $w_{Si}=11\% \sim 13\%$ 的铝硅（共晶合金）铸造合金。

由于单相固溶体合金具有较好的塑性，变形抗力小，变形较均匀，因此压力加工性良好，但切削加工性较差。

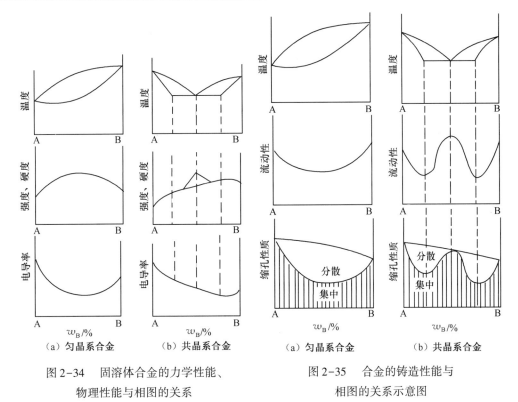

（a）匀晶系合金　　（b）共晶系合金

图2-34　固溶体合金的力学性能、
物理性能与相图的关系

（a）匀晶系合金　　（b）共晶系合金

图2-35　合金的铸造性能与
相图的关系示意图

两相混合物合金的塑性不如单相固溶体合金好,特别是其中的一相具有硬而脆的性能,而且沿着另一相的晶界呈网状分布时,两相混合物合金的塑性更差。当合金中含有低熔点共晶时,热压力加工性能更差,这是因为在加热过程中,低熔点共晶将被熔化,并沿晶界分布,在压力加工时易发生断裂,这种现象称为热脆。两相混合物合金的切削加工性通常优于单相固溶体合金。

单元4　金属的冷、热加工及再结晶

【学习目标】掌握加工硬化、再结晶及金属的冷、热加工的基本概念;了解金属塑性变形的机理及多晶体变形时的影响因素;了解金属塑性变形后金属的组织与性能及加热时组织和性能的变化。

【重点难点】掌握单晶体金属塑性变形的主要形式(滑移机理)、加工硬化的概念、再结晶退火工艺。

为了使金属材料形成需要的形状和尺寸,工业生产中广泛采用轧制、锻造、挤压、冲压、拉拔等压力加工方法。通过压力加工时的塑性变形,可以使金属材料的组织和性能得到一定的改善,但塑性变形也会给金属的组织和性能带来某些不利的影响,因此在压力加工后或在压力加工的过程中,需要对金属进行加热,使其发生回复与再结晶,以消除不利的影响。

2.4.1 金属的塑性变形

金属材料在外力作用下产生变形,当应力超过材料的弹性极限时,就会产生塑性变形。塑性变形是去除外力后不能恢复的永久变形。

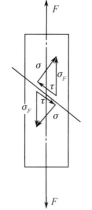

图 2-36　单晶体拉
伸示意图

实际使用的金属材料均为多晶体,其塑性变形过程比较复杂。以下先研究比较简单的单晶体金属的塑性变形,再讨论多晶体金属的塑性变形。

1. 单晶体金属的塑性变形

单晶体金属的塑性变形的基本方式有两种:滑移和孪生,其中滑移是最基本、最重要的变形方式。

1)滑移

滑移是晶体的两部分之间沿一定晶面(滑移面)上的一定方向(滑移方向)产生的相对滑动。

当金属晶体受到外力 F 作用时,不论外力的方向、大小与作用方式如何,均可将总的应力 σ_F 分解成垂直于某一滑移面的正应力 σ 和平行于此面的切应力 τ,如图 2-36 所示。

在正应力 σ 作用下,试样发生弹性伸长,并在正应力 σ 足够大时发生断裂;切应力 τ 能使试样发生弹性歪扭,如图 2-37(b)所示。当切应力增大到一定值时,晶面两侧的晶体产生相对滑动,如图 2-37(c)所示,滑动的距离超过一个原子间距(图中表示滑移了一个原子间距),这时如果去除外力,晶格的弹性歪扭随之消失,而滑移到新位置的原子已不能回到原来的位置,而在新的位置上重新处于平衡状态,于是晶体就产生微量的塑性变形,如图 2-37(d)所示。许多晶面滑移的结果产生了宏观的塑性变形。

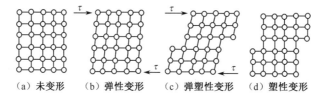

（a）未变形　　（b）弹性变形　　（c）弹塑性变形　　（d）塑性变形

图 2-37　晶体在切应力作用下的变形

通常,滑移总是沿晶体中原子排列最紧密的晶面和晶向进行的。这是因为虽然晶体中最密排晶面上原子结合力最强,但是其面间距也最大,所以这些晶面间的结合力最弱,滑移阻力最小,同理,沿原子排列密度最大的晶向滑动时阻力也最小。因此,金属晶体的滑移面和滑移方向分别是原子的密排面和密排方向。不同晶格类型金属的滑移面和滑移方向是不一样的,它们的数量也是不同的。一个滑移面和在这个面上的一个滑移方向构成一个滑移系,晶体滑移系的数量等于滑移面数与滑移方向数的乘积。滑移系越多,金属发生滑移的可能性越大,塑性就越好。

滑移是晶体间的相对滑动,不引起晶格类型的变化。滑移时并不是整个滑移面上的全部原子一起移动,整体刚性滑动所需克服的阻力比实测滑移阻力要大三四个数量级。近代科学研究表明,滑移是通过滑移面上的位错运动逐步实现的,如图2-38所示,刃型位错在切应力τ的作用下由滑移面的一端运动到另一端,从而实现一个原子间距的滑移过程。晶体在外力作用下不断增加新的位错,大量的位错移出晶体表面就产生了宏观的塑性变形。

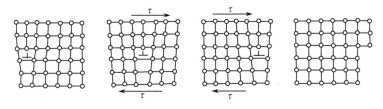

图2-38　通过位错运动实现滑移的示意图

2) 孪生

孪生是指在切应力τ的作用下,晶体的一部分相对于另一部分沿一定的晶面(孪生面)和晶向(孪生方向)产生的剪切变形,如图2-39所示。产生剪切变形的部分称为孪生带。孪生带中相邻原子面的相对位移为原子间距的几分之一。孪生带的晶体位向与原来不一致。孪生所需的切应力要比滑移大得多,所以一般只有在滑移很难进行的情况下才发生孪生变形。

2. 多晶体金属的塑性变形

当多晶体金属进行塑性变形时,每个晶粒的基本变形方式与单晶体金属的塑性变形基本相同,但由于晶界的存在及各个晶粒的晶格位向不同,使得各个晶粒的塑性变形互相受到阻碍与制约。因此,就多晶体金属整体的塑性变形来说,要比单晶体金属的情况复杂得多。

1) 晶界及晶粒位向的影响

晶界是相邻晶粒的过渡层,这里的原子排列比较紊乱,并常有杂质集中于此。当进行滑移变形时,位错移动到晶界附近会受到严重的阻碍而停止前进,因而使位错在晶界前堆积起来。若要位错穿过晶界则需要更大的外力,同时,多晶体中任一晶粒的滑移都会受到它周围不同位向晶粒的约束和阻碍。相邻晶粒的位向差越大,晶界处的原子排列越紊乱,滑移抗力就越大,因此多晶体金属的塑性变形抗力比相同材料的单晶体金属大得多。

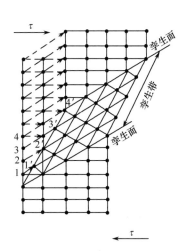

图2-39　孪生过程示意图

由于各个晶粒的位向不同,因此各个晶粒的变形有先有后,某些晶粒的位向有利于滑移,它们会先产生滑移变形,而周围的晶粒尚处于弹性变形阶段,则会对已变形晶粒起阻碍变形的作用。当某些晶粒变形至一定程度时,将对未变形的晶粒造成足够大的应力集中,使原来处于不利位向的晶粒中的位错发生运动而产生滑移。任何一个晶粒都不能单独地进行变形,各晶粒必须相互协调才能产生变形。

2）晶粒大小对变形的影响

多晶体金属的塑性变形抗力与组成晶体的晶粒大小有关,金属晶粒越细小,单位体积中的晶界面积越大,不同位向的晶粒也就越多,因而金属的塑性变形抗力越大,金属的强度也就越高。

细晶粒的金属不仅强度较高,而且塑性及韧性也较好,因为晶粒越细,一定体积中的晶粒数目越多,所以在同样的变形条件下,变形量被分散在更多的晶粒内进行,使各晶粒的变形也比较均匀而不致产生过分的应力集中现象。此外,晶粒越细,晶界就越多越曲折,也越不利于裂纹的传播,从而使其在断裂前能承受较大的塑性变形,表现出较高的塑性和韧性。

由于细化晶粒可以同时提高金属材料的强度、塑性与韧性,因此工业生产中常通过变质处理、塑性加工和热处理等多种途径得到晶粒细小、均匀的金属材料。

3. 塑性变形后金属的组织与性能

金属材料经冷塑性变形后,不仅外形与尺寸发生变化,而且其组织与性能也会产生一系列重大变化。

1）位错密度增加,产生加工硬化

塑性变形对金属性能的主要影响是产生加工硬化。加工硬化也称为冷变形强化或冷作硬化,即金属在变形后,强度、硬度提高,而塑性、韧性下降。

如前文所述,塑性变形主要是通过位错运动实现的,因此对加工硬化起决定性作用的是位错密度。在未变形晶粒中已存在大量位错,在发生塑性变形时,会产生新的位错,运动位错与各种位错及其他晶体缺陷之间会产生各种复杂的交互作用,阻碍位错的运动。当变形量较大时,由于位错之间相互纠缠,形成不均匀分布的位错发团,并使各晶粒破碎为细碎的亚晶。随着变形量的增大,亚晶和位错密度的增加,金属的塑性变形抗力迅速增大,加工硬化现象更为明显。

加工硬化具有很重要的实际意义,在工程技术方面有很广泛的应用。在工业生产中,加工硬化是一种非常重要的强化手段,尤其是对于那些不能用热处理方法来强化的金属材料。另外,加工硬化有利于金属进行均匀的变形,因为金属的变形部分产生了硬化,继续的变形将主要在未变形或变形较少的部分产生。但是加工硬化也给金属的继续变形造成困难,在金属的变形和加工过程中常常要进行中间退火以提高材料的塑性,这就增加了生产成本,降低了生产效率。

2）冷塑性变形引起的各向异性

一般情况下,多晶体金属的宏观性能是各向同性的,但经过方向性的塑性变形后会出现各向异性现象,特别是在大变形量下,这种现象很明显。各向异性现象是组织的方向性和结构的方向性两种因素的综合结果。

(1)形成纤维组织。当金属进行塑性变形时,随着其外形的改变,内部晶粒的形状也发生相应的变化,通常晶粒沿变形方向被拉长、挤细或压扁。当晶体变形量很大时,晶粒变成细条状,晶界变得模糊不清。同时,金属中的夹杂物也沿变形方向被拉长,形成纤维组织,这种组织的方向性使金属在不同方向上表现出不同的性能,即产生一定程度的各向异性。

(2)变形织构的产生。当晶体变形量很大(70%以上)时,各晶粒的滑移方向都要向变形方向转动,这样就使原来位向各不相同的各个晶粒取得近于一致的位向,即形成晶粒晶格的择优取向,这种晶粒位向有序化结构称为变形织构。

在多数情况下,变形织构的形成对金属继续塑性加工是不利的。例如,用有变形织构的板材冲制筒形零件时,由于不同方向上的塑性差别较大,深冲之后,零件的边缘不整齐,出现了制耳现象,如图2-40所示。在某些情况下,变形织构在生产上也有益处,如用硅铜片制造变压器铁芯,可提高磁导率。

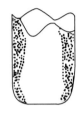

图2-40　冲压加工的制耳现象

3)残余内应力

残余内应力是指去除外力之后,残留于金属内部且平衡于金属内部的应力。残余内应力主要是由金属在外力作用下内部变形不均匀造成的,它可分为以下3类。

第1类:金属塑性变形时,由于存在金属表层与内部之间的不均匀变形或零件不同部位之间的不均匀变形,这些不均匀变形的材料之间为保持力学平衡而产生的相互牵扯的宏观内应力。

第2类:由于相邻晶粒变形不均匀或晶内不同部位变形不均匀而造成的微观内应力。

第3类:由于位错等缺陷的增加而造成的晶格畸变应力。

第1类、第2类在残余应力中所占比例不大,第3类在残余应力中占90%以上。残余应力对零件的加工质量影响较大,如在圆钢冷拉时,圆钢表层的变形量较小,而内部变形量较大,从而使表层产生拉应力,内部产生压应力,若将这根圆钢表层切削去一层,则会引起应力重新分布,使零件产生不希望的变形。

2.4.2　变形金属在加热时组织和性能的变化

金属经过塑性变形后,晶体结构的规律性发生了显著的变化,位错等晶体缺陷和残余应力大量增加,产生加工硬化,阻碍了进一步的塑性变形。为消除残余应力和加工硬化,工业上往往采用加热的方法。在变形金属中,由于缺陷的增加,使其内能升高,处于不稳定状态,存在向稳定低能状态转变的趋势,在低温下这种转变一般不易实现,但在加热条件下,由于原子的动能增大,活性能力增强,变形金属的组织和性能会发生一系列的变化,最后趋于较稳定的状态。随着加热温度的升高,变形金属大体上会相继发生回复、再结晶和晶粒长大等3个阶段的变化,如图2-41所示。

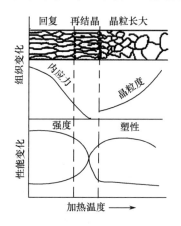

图2-41 变形金属的回复、再结晶和晶粒长大过程

1. 回复

当加热温度较低时,仅因金属中的一些点缺陷和位错迁移就会引起某些晶内的变化。因为此时原子活动能力还不强,所以强度、硬度稍有降低,塑性略有提高,内应力大为降低,点缺陷大为减少。

2. 再结晶

当加热温度较高时,变形金属的显微组织发生显著的变化,破碎的、被拉长或压扁的晶粒全部转变成均匀细小的等轴晶粒,这一过程类似结晶过程,也是通过形核和长大的方式完成的,因此这一过程被称为再结晶。再结晶的形核和长大过程,实际上是回复过程中形成的亚晶的合并长大,或者晶界向畸变能高的晶粒扩散移动。再结晶前后,晶粒的晶格类型不变,化学成分不变,只改变晶粒形状,因此再结晶不发生相变。

经再结晶后,金属的强度、硬度明显下降,而塑性和韧性显著上升,所有性能完全恢复到变形前的水平。

再结晶不是在恒温下进行的,而是在一定温度范围内进行的。通常所说的再结晶温度是指在规定时间内(如1h)能够完成再结晶或达到再结晶规定程度(如95%)的最低温度。

再结晶温度主要取决于变形程度。金属的变形程度越大,晶体的缺陷就越多,组织就越不稳定,再结晶温度就越低,如图2-42所示。

当变形程度达到一定的大小(70%~80%)时,金属的再结晶温度接近于一定的温度,并趋于稳定,工业生产中就以此温度来确定再结晶温度。大量实验结果表明,纯金属的最低再结晶温度与熔点之间的大致关系:

$$T_{再} \approx (0.35 \sim 0.40) \times T_{熔}$$

式中温度均用热力学温度(绝对温度)表示。在其他条件相同时,金属的熔点越高,其

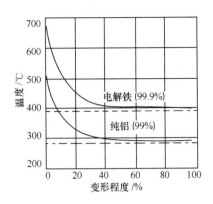

图2-42 金属再结晶温度与其变形程度的关系

再结晶温度也越高。

金属中的杂质元素或合金元素,特别是那些高熔点元素,常分布于晶界处并阻碍晶界的迁移,使再结晶温度提高。例如,工业纯铁的再结晶温度为450℃,当加入少量的碳变成低碳钢后,其再结晶温度提高到540℃。

3. 晶粒长大

进一步升高温度或延长保温时间,在变形晶粒完全消失和再结晶晶粒彼此接触之后,晶粒会继续长大。晶粒的长大可以减少金属晶界的总面积,使金属能量进一步降低。晶粒长大是一种自发过程,是通过大晶粒吞并小晶粒、晶界迁移来实现的。

晶粒长大对金属的力学性能是不利的,它会使金属的塑性、韧性明显下降,所以要避免晶粒长大。

4. 影响再结晶后晶粒尺寸的主要因素

1)加热温度和保温时间

晶粒的长大速度与加热温度有关。温度越高,晶粒长大越快;保温时间越长,晶粒越粗大。

2)变形程度对晶粒尺寸的影响

当变形程度很小时,不会发生再结晶;当变形程度达到2%~10%时,再结晶后的晶粒特别粗大,这个变形程度称为临界变形程度;当变形程度超过临界变形程度后,随着变形量的增大,再结晶后的晶粒越来越细;当变形程度大于95%时,再结晶后的晶粒变得粗大。

2.4.3 金属的冷、热加工

1. 冷、热加工的概念

金属的冷、热加工是根据再结晶温度来划分的,在再结晶温度以上的塑性变形叫作热加工(热变形),在再结晶温度以下的塑性变形叫作冷加工(冷变形)。冷加工的特点:材料有加工硬化现象、变形抗力大、低塑性材料变形困难。热加工的特点:材料产生的加工硬化现象能被消除,变形抗力小,加热可提高材料塑性。

2. 金属热加工时组织和性能的变化

1）改变金属内部夹杂物的形状及分布情况

热变形时,金属中的夹杂物和枝晶偏析沿金属的流动方向被拉长,在随后发生的回复和再结晶过程中,这些被拉长的夹杂物和枝晶偏析将被保留下来,以纤维状分布于变形体内,成为流线。流线使金属的性能出现明显的各向异性,沿流线方向的强度、塑性和韧性明显高于垂直于流线方向上的相应性能。因为在工作中承受的最大拉应力与流线平行,且切应力与流线垂直,所以不易断裂,有合理的流线分布,如图2-43（a）所示;分布不合理的流线被切削加工切断,流线不完整,故构件强度降低,如图2-43（b）所示。

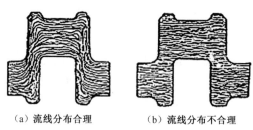

（a）流线分布合理　　　（b）流线分布不合理

图2-43　锻钢曲轴中的流线分布

2）细化晶粒

热加工能打碎铸态金属中的粗大组织,同时再结晶过程能使晶粒细化,提高力学性能。

3）焊合气孔、疏松,消除成分不均匀

热加工能使铸态金属中的气孔、疏松及微裂纹焊合,提高金属的致密度,同时,高温和变形因素能增加原子的扩散能力,降低或消除铸锭组织成分的不均匀性,也提高了力学性能。

4）热加工时金属塑性好

受力复杂、载荷较大的重要工件,为了得到良好的力学性能,一般都采用热加工的方法,而且热加工时无加工硬化现象,可以降低设备能耗。

5）热加工时金属表面有氧化

由于在高温下加工,工件表面会产生氧化层,因此不能保证工件的表面粗糙度和尺寸精度,并有一定的烧损,这是热加工的一个缺点。

习题和思考题

1. 解释名词:晶体、非晶体、晶格、晶胞、晶格常数;晶粒、晶界、单晶体、多晶体。

2. 解释名词:合金、组元、合金系、相和组织。

3. 什么是固溶体、置换固溶体和间隙固溶体？

4. 常见的金属晶格类型有哪些？绘图说明其特征。

5. 为什么单晶体呈各向异性，而多晶体无各向异性？

6. 什么是刃型位错？位错密度对金属的力学性能有什么影响？

7. 试阐述固溶强化、细晶强化、弥散强化的原理，并说明它们的区别。

8. 什么是过冷度？过冷度与冷却速度有什么关系？过冷度对铸件晶粒大小有什么影响？

9. 晶核有几种？非自发形核对实际生产有什么作用？

10. 如果其他条件相同，试比较下列铸造条件下铸件晶粒大小。

(1) 金属型浇注与砂型浇注。

(2) 浇注温度较高些与浇注温度较低些。

(3) 铸成薄壁件与铸成厚壁件。

(4) 厚大铸件的表面部分与中心部分。

11. 已知 A (熔点为 657℃) 和 B (熔点为 1430℃) 在液态无限互溶，固态时互不相溶，在 577℃ 时，$w_B = 12.6\%$ 的合金发生共晶转变，要求如下。

(1) 粗略画出 A、B 合金相图。

(2) 分析 B 的质量分数分别为 5%、12%、60% 合金的结晶过程。

12. 试分析二元合金 (Cu-Ni) 相图。

(1) 写出图中主要点、线、区的含义及各个区域相的名称。

(2) 分析 $w_{Ni} = 50\%$ 的合金的结晶过程。

13. 金属塑性变形最基本的方式有哪几种？说明滑移变形的原理。

14. 多晶体塑性变形有什么特点？为什么细晶粒钢强度高，塑性、韧性也好？

15. 金属经冷塑性变形后，组织和性能发生什么变化？

16. 列举生产和生活中的实例来说明加工硬化现象及其利弊。

17. 用冷拔铜丝作导线，冷拔之后应如何处理？为什么？

18. 残余应力有哪几类，是如何形成的？残余应力有什么利弊？

19. 用冷拉强化弹簧钢丝制成的钢丝绳来吊装大型工件进出加热炉会出现什么现象？为什么？

20. 金属铸件产生晶粒粗大现象能否通过再结晶退火来细化晶粒？为什么？

21. 冷塑性变形与热塑性变形后的金属能否根据其纤维组织加以区分？

模块 3

铁 碳 合 金

钢和铸铁都是铁和碳的合金，铁碳合金是工业上应用最广泛的重要金属材料。为了研究和使用这种材料，必须了解铁碳合金的组织、结构与成分、温度之间的关系及其变化规律，即必须掌握铁碳合金相图。铁碳合金相图不仅是研究控制铁碳合金组织和相变的重要工具，而且是制定钢铁材料热加工工艺的依据。

在铁碳合金中，碳往往以两种形式存在，即各种碳化物形式的化合态和单质石墨的游离态，因此铁碳合金相图既有 $Fe-Fe_3C$ 的亚稳系相图，又有 $Fe-C$ 的稳定系相图；本模块将分别介绍这两种相图。

单元 1　铁碳合金及其相图

【学习目标】掌握工业纯铁的特性及铁碳合金的基本相；理解铁碳合金相图并加以运用。

【重点难点】掌握铁碳合金的基本相、铁碳合金相图的分析及运用。

3.1.1　工业纯铁及其特性

工业纯铁的强度低、硬度低、塑性好。

工业纯铁的冷却曲线及晶体结构变化如图 3-1 所示。工业纯铁在 1538℃结晶时形成的晶体是体心立方晶格，这种拥有高温的体心立方晶格的铁称为 δ 铁（δ-Fe）；继续冷却到 1394℃，晶格类型转变为面心立方晶格，这时的铁称为 γ 铁（γ-Fe）；再继续冷却到 912℃，晶格类型转变为体心立方晶格，这时的铁称为 α 铁（α-Fe）。若继续冷却，则晶格类型不再发生变化，若加热则晶格类型会发生相反的变化。综上所述，像铁、钛、钴等少数金属具有在不同温度晶体结构不同的特性，这种晶格类型随温度的改变而改变的现象称为同素异晶（构）转变。工业纯铁的同素异晶转变过程可概括为 $\delta\text{-Fe} \underset{1394℃}{\overset{}{\rightleftharpoons}} \gamma\text{-Fe} \underset{912℃}{\overset{}{\rightleftharpoons}} \alpha\text{-Fe}$。因为在同素异晶转变时，有结晶潜热产生，同时遵循晶核形成和长大的结晶规律，与液态金属的结晶相似，所以同素异晶转变又称为重结晶。

由于工业纯铁具有同素异晶转变的特性，因此在工业纯铁中溶入其他溶质元素

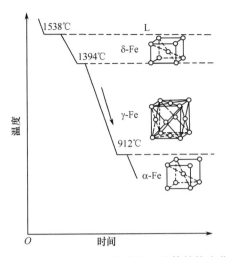

图 3-1 工业纯铁的冷却曲线及晶体结构变化

时,随温度的改变会有不同的固溶体产生。因为这些固溶体是钢铁材料的基本组织,所以生产中才有可能通过不同的热处理来改变钢铁的组织和性能。

3.1.2 铁碳合金的基本相

1. 铁素体

铁素体是碳溶解在 α-Fe 中形成的间隙固溶体,用符号 F 表示。铁素体仍保持着 α-Fe 的体心立方晶格。由于体心立方晶格的间隙小,因此铁素体溶解的碳量极微,其最大溶碳量只有 0.0218%(727℃)。铁素体在室温时的性能与工业纯铁相似,强度低、硬度低,塑性和韧性好。

在显微镜下观察,铁素体呈灰色并具有明显大小不一的颗粒形状,晶界曲折,如图 3-2 所示。

2. 奥氏体

奥氏体是碳溶解在 γ-Fe 中形成的间隙固溶体,用符号 A 表示。奥氏体仍保持着 γ-Fe 的面心立方晶格。由于面心立方晶格的间隙较大,因此奥氏体的溶碳能力也较高,其最大溶碳量为 2.11%(1148℃)。因为奥氏体的塑性和韧性好,强度低、硬度较低,所以生产中常将工件加热到奥氏体状态进行锻造。

奥氏体的显微组织与铁素体的显微组织相似,呈多边形晶粒,但奥氏体晶界与铁素体晶界相比较平直,如图 3-3 所示。

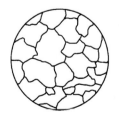

图 3-2 铁素体的显微组织示意图

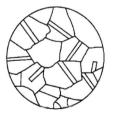

图 3-3 奥氏体的显微组织示意图

3. 渗碳体

渗碳体是铁和碳形成的一种具有复杂晶格的金属化合物,用化学式 Fe_3C 表示,渗碳体是钢和铸铁中常见的固相。渗碳体的含碳量为 6.69%,硬度很高(约 1000HV),塑性、韧性几乎为 0,极脆。

渗碳体在铁碳合金中常以片状、球状、网状等形式与其他相共存,是钢的主要强化相,其形态、大小、数量和分布对钢的性能有很大影响。

3.1.3　铁碳合金相图

铁碳合金相图是指在平衡条件下(极其缓慢加热或冷却),不同成分的铁碳合金在不同温度下所处状态或组织的图形。

铁和碳可形成一系列稳定化合物(Fe_3C、Fe_2C、FeC),但含碳量大于 6.69% 的铁碳合金,其脆性极大,没有实用价值。由于 Fe_3C 的含碳量较低,又是一个稳定的化合物,可以作为一个独立的组元,因此通常研究的铁碳合金相图实际上是 $Fe\text{-}Fe_3C$ 相图,如图 3-4 所示。

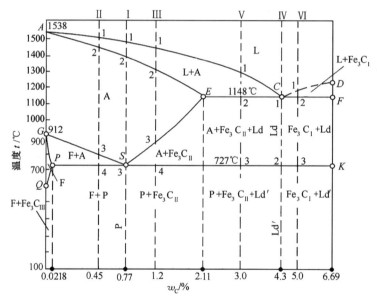

图 3-4　$Fe\text{-}Fe_3C$ 相图

1. $Fe\text{-}Fe_3C$ 相图分析

$Fe\text{-}Fe_3C$ 相图的纵坐标表示温度,横坐标表示成分。左端原点 $w_C = 0\%$,即工业纯铁;右端点 $w_C = 6.69\%$,即 Fe_3C。横坐标上任一点均代表一种成分的铁碳合金,在图 3-4 中,C 点表示 $w_C = 4.3\%$($w_{Fe} = 95.7\%$)的铁碳合金。相图中的特性线是通过把具有相同转变性质的各个成分合金的开始点和终了点,分别用光滑曲线连接起来得到的,特性线表示铁碳合金内部组织发生转变的界限。

1)各特性点的含义

简化的 $Fe\text{-}Fe_3C$ 相图的特性点如表 3-1 所示。表 3-1 中各代表符号通用,一般不可随意改变。

表 3-1　简化的 Fe-Fe₃C 相图的特性点

特性点	t/℃	w_C/%	含义
A	1538	0	工业纯铁的熔点
C	1148	4.3	共晶点，$L_C \xrightarrow{1148℃} Ld(A_E + Fe_3C_F)$
D	1227	6.69	渗碳体的熔点
E	1148	2.11	碳在 γ-Fe 中的最大溶解度
G	912	0	工业纯铁的同素异晶转变点，$γ\text{-}Fe \xrightleftharpoons{912℃} α\text{-}Fe$
P	727	0.0218	碳在 α-Fe 中的最大溶解度
S	727	0.77	共析点，$A_S \xrightarrow{727℃} P(F_P + Fe_3C_K)$
Q	600	0.006	碳在 α-Fe 中的溶解度

2）各特性线的含义

简化的 Fe-Fe₃C 相图的特性线如表 3-2 所示。

表 3-2　简化的 Fe-Fe₃C 相图的特性线

特性线	名称	含义
ACD 线	液相线	任何成分的铁碳合金在此线以上处于液态（L），液态合金缓慢冷却至 AC 线时，开始结晶出奥氏体（A）；缓慢冷却至 CD 线时，液体中开始结晶出渗碳体，称此渗碳体为一次渗碳体（Fe_3C_I）
$AECF$ 线	固相线	任何成分的铁碳合金缓慢冷却至此温度线时全部结晶为固相，加热至此温度线，合金开始熔化
ECF 线	共晶线	凡是 $w_C > 2.11\%$ 的铁碳合金，缓慢冷却至该线（1148℃）时，均发生共晶转变，生成莱氏体（Ld）
PSK 线	共析线（又称 A_1 线）	凡是 $w_C > 0.0218\%$ 的铁碳合金，缓慢冷却至该线（727℃）时，均发生共析转变，生成珠光体（P）
ES 线	A_{cm} 线	碳在 γ-Fe 中的溶解度曲线。在 1148℃ 时，$w_C = 2.11\%$（E 点），随着温度降低，熔碳量减少，在 727℃ 时，$w_C = 0.77\%$（S 点）。ES 线也是 $w_C > 0.77\%$ 的铁碳合金在高温缓慢冷却时，从奥氏体中析出渗碳体的开始温度线，此渗碳体称为二次渗碳体（Fe_3C_{II}）。另外，ES 线还是缓慢加热时，二次渗碳体溶入奥氏体的终了温度线
PQ 线		碳在 α-Fe 中的溶解度曲线。在 727℃ 时，$w_C = 0.0218\%$（P 点），随着温度降低，溶碳量减少，在 600℃ 时，$w_C = 0.06\%$（Q 点）。因此，727℃ 缓慢冷却时，铁素体中多余的碳将以渗碳体形式析出，此渗碳体称为三次渗碳体（Fe_3C_{III}）
GS 线	A_3 线	GS 线是 $w_C > 0.77\%$ 的铁碳合金在缓慢冷却时，从奥氏体中析出铁素体的开始线；GS 线也是缓慢加热时，铁素体转变为奥氏体的终了线

Fe-Fe₃C 相图中一次、二次、三次渗碳体的含碳量、晶体结构和性能均相同，没有本质区别，只是来源、分布、形态不同，因而对铁碳合金性能的影响会有所不同。

2. 铁碳合金的分类

按 Fe-Fe₃C 相图中碳的含量及室温组织的不同，铁碳合金可分为工业纯铁、钢和白口铸铁。钢与铸铁是按有无共晶转变来区分的,钢与工业纯铁是按有无共析转变来区分的。

（1）工业纯铁（$w_C<0.0218\%$）。

（2）钢（$0.0218\%<w_C<2.11\%$）。

共析钢：$w_C=0.77\%$,室温组织为 P。

亚共析钢：$0.0218\%<w_C<0.77\%$,室温组织为 F+P。

过共析钢：$0.77\%<w_C<2.11\%$,室温组织为 P+ Fe_3C_{II}。

（3）白口铸铁（$2.11\%<w_C<6.69\%$）。

共晶白口铸铁：$w_C=4.3\%$,室温组织为 Ld′。

亚共晶白口铸铁：$2.11\%<w_C<4.3\%$,室温组织为 P+Fe_3C_{II}+Ld′。

过共晶白口铸铁：$4.3\%<w_C<6.69\%$,室温组织为 Ld′+Fe_3C_I。

3. 典型铁碳合金结晶过程分析图

1）共析钢冷却过程分析

在图 3-4 中,合金 I 为 $w_C=0.77\%$ 的共析钢。合金 I 在 1 点以上全部为液相,当其缓慢冷却至与 AC 线相交的 1 点时,开始从液相中结晶出奥氏体,奥氏体的量随温度的下降而增多,其成分沿 AE 线变化,剩余液相逐渐减少,其成分沿 AC 线变化;当合金 I 缓慢冷却至 2 点时,液相全部结晶为与原合金成分相同的奥氏体,2 点至 3 点（S 点）间的组织为单一奥氏体;当合金 I 缓慢冷却至 3 点（727℃）时,发生共析转变,从奥氏体中同时析出 P 点所示成分的铁素体和 K 点所示成分的渗碳体,两者构成交替重叠的层片状两相组织,称为珠光体,用符号 P 表示,其共析转变式为 $A_S \xrightarrow{727℃} P$ （$F_P+Fe_3C_K$）。这种在一定温度下,由一定成分的固相同时析出两种一定成分固相的转变,称为共析转变。共析转变在恒温下进行,该温度称为共析温度;发生共析转变的成分称为共析成分,共析成分表示为 $w_C=0.77\%$;共析转变后的组织称为共析组织或共析体,由于在固态下原子扩散较困难,因此共析组织均匀、细密。共析转变后的铁素体和渗碳体又分别称为共析铁素体和共析渗碳体。

在 3 点以下继续缓慢冷却,铁素体成分沿 PQ 线变化,将有少量三次渗碳体从铁素体中析出,并与共析渗碳体混在一起,不易分辨,但在钢中影响不大,故可忽略不计。共析钢冷却过程示意图如图 3-5 所示,共析钢的室温组织为珠光体。

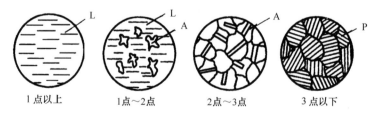

图 3-5　共析钢冷却过程示意图

珠光体显微组织一般为层片状,当放大倍数较低时,只能看到白色基体的铁素体和黑色条状的渗碳体,如图3-6(a)所示;当放大倍数较高时,可清楚地看到渗碳体是由黑色边缘围绕着的白色条状,如图3-6(b)所示。

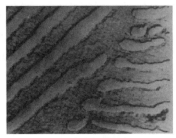

　　　　（a）放大倍数较低　　　　　　　　　（b）放大倍数较高

图3-6　珠光体的显微组织

2）亚共析钢冷却过程分析

在图3-4中,合金Ⅱ为$w_C = 0.45\%$的亚共析钢。合金Ⅱ在3点以上的冷却过程与合金Ⅰ在3点以上的冷却过程相似,当合金Ⅱ缓慢冷却至与 GS 线相交的3点时,开始从奥氏体中析出铁素体,随温度降低,铁素体量不断增多,其成分沿 GP 线变化,而奥氏体量逐渐减少,其成分沿 GS 线向共析成分接近,3点至4点间组织为奥氏体和铁素体;当合金Ⅱ缓慢冷却至4点时,剩余奥氏体的含碳量达到共析成分($w_C = 0.77\%$),发生共析转变形成珠光体;温度继续下降,铁素体中析出极少量的三次渗碳体。因为析出的三次渗碳体可忽略不计,所以亚共析钢的室温组织为铁素体和珠光体,亚共析钢冷却过程示意图如图3-7所示。

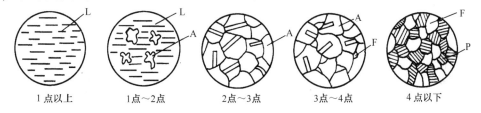

　　1点以上　　　　1点～2点　　　　2点～3点　　　　3点～4点　　　　4点以下

图3-7　亚共析钢冷却过程示意图

所有亚共析钢的冷却过程均相似,且其室温组织都是由铁素体和珠光体组成,不同的是随含碳量的增加,珠光体量增多,铁素体量减少。亚共析钢的显微组织如图3-8所示,图中白色部分为铁素体,黑色部分为珠光体。

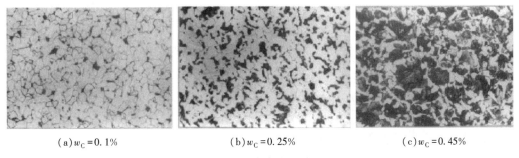

　（a）$w_C = 0.1\%$　　　　　　　（b）$w_C = 0.25\%$　　　　　　　（c）$w_C = 0.45\%$

图3-8　亚共析钢的显微组织

3）过共析钢冷却过程分析

在图3-4中，合金Ⅲ为$w_C = 1.2\%$的过共析钢。合金Ⅲ在3点以上的冷却过程与合金Ⅰ在3点以上的冷却过程相似。当合金Ⅲ冷却至与ES线相交的3点时，奥氏体中含碳量达到饱和，碳以二次渗碳体的形式析出，并呈网状沿奥氏体晶界分布；继续冷却，二次渗碳体量不断增多，奥氏体量不断减少，剩余奥氏体的成分沿ES线变化；当合金Ⅲ冷却到与PSK线相交的4点时，剩余奥氏体中含碳量达到共析成分（$w_C = 0.77\%$），故奥氏体发生共析转变形成珠光体；继续冷却，组织基本不变。过共析钢的室温组织为珠光体和网状二次渗碳体。过共析钢冷却过程示意图如图3-9所示。

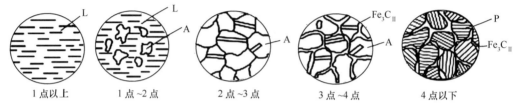

| 1点以上 | 1点~2点 | 2点~3点 | 3点~4点 | 4点以下 |

图3-9　过共析钢冷却过程示意图

所有过共析钢的室温组织都是由珠光体和网状二次渗碳体组成的，不同的是随含碳量的增加，网状二次渗碳体量增多，珠光体量减少。过共析钢的显微组织如图3-10所示，图中片状黑白相间的组织为珠光体，白色网状组织为网状二次渗碳体。

图3-10　过共析钢的显微组织

4）共晶白口铸铁冷却过程分析

在图3-4中，合金Ⅳ为$w_C = 4.3\%$的共晶白口铸铁。合金Ⅳ在1点（C点）以上为液相，当合金Ⅳ缓慢冷却至1点（1148℃）时，发生共晶转变，即从一定成分的液相中同时结晶出成分为E点的奥氏体和成分为F点的渗碳体。共晶转变后的奥氏体和渗碳体又分别称为共晶奥氏体和共晶渗碳体。由奥氏体和渗碳体组成的共晶体，称为莱氏体，用符号 Ld 表示，其转变式为 Lc $\xrightarrow{1148℃}$ Ld（$A_E + Fe_3C_F$）。莱氏体的性能与渗碳体相似，硬度很高，塑性极差。

继续冷却，从共晶奥氏体中不断析出二次渗碳体，奥氏体中的含碳量沿ES线向共析成分接近，当合金Ⅳ缓慢冷却至2点时，奥氏体的含碳量达到共析成分，发生共析转变，形成珠光体，二次渗碳体保留至室温。因此，共晶白口铸铁的室温组织是由珠光体和渗碳体（二次渗碳体和共晶渗碳体）组成的两相组织，即变态莱氏体（Ld′）。共晶白口铸铁的冷却过程示意图如图3-11所示。共晶白口铸铁的显微组织如图3-12所示，图中黑色部分为珠光体，白色基体为渗碳体（其中共晶渗碳体与二次渗碳体混在一起，无法分辨）。

5）亚共晶白口铸铁冷却过程

在图3-4中，合金Ⅴ为$w_C = 3.0\%$的亚共晶白口铸铁。合金Ⅴ在1点以上为液

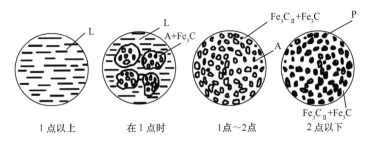

图 3-11 共晶白口铸铁冷却过程示意图

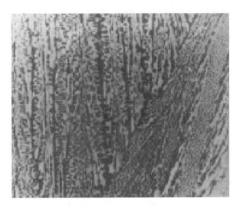

图 3-12 共晶白口铸铁的显微组织

相,当合金 V 缓慢冷却至与 AC 线相交的 1 点时,开始从液相中结晶出奥氏体,随温度降低,奥氏体量不断增多,其成分沿 AE 线变化,而液相逐渐减小,其成分沿 AC 线变化;当合金 V 冷却至与 ECF 线相交的 2 点(1148℃)时,剩余液相成分达到共晶成分($w_C=4.3\%$),发生共晶转变,形成莱氏体;当合金 V 在 2 点至 3 点之间冷却时,奥氏体的成分沿 ES 变化,并不断析出二次渗碳体;当合金 V 冷却至与 PSK 线相交的 3 点时,奥氏体达到共析成分,发生共析转变,形成珠光体。亚共晶白口铸铁的室温组织为珠光体+二次渗碳体+变态莱氏体,即 $P+Fe_3C_{II}+Ld'$ 。亚共晶白口铸铁的冷却过程示意图如图 3-13 所示。亚共晶白口铸铁的显微组织如图 3-14 所示,图中黑色块状或树枝状组织为珠光体,黑白相间的基体为变态莱氏体,二次渗碳体与共晶渗碳体混在一起,无法分辨。

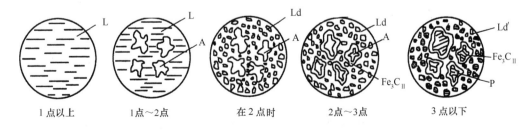

图 3-13 亚共晶白口铸铁冷却过程示意图

所有亚共晶白口铸铁的室温组织均由珠光体+二次渗透体+变态莱氏体组成,不同的是随含碳量增加,组织中变态莱氏体量增多,其他量相对减少。

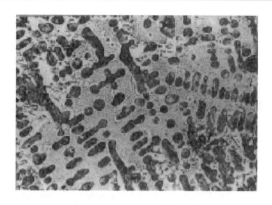

图 3-14　亚共晶白口铸铁的显微组织

6）过共晶白口铸铁冷却过程

在图 3-4 中，合金Ⅵ为 $w_C = 5.0\%$ 的过共晶白口铸铁。合金Ⅵ在 1 点以上为液相，当合金Ⅵ缓慢冷却至 1 点时，从液相中结晶出板条状一次渗碳体，随温度降低，一次渗碳体量不断增多，液相不断减少，其成分沿 DC 线变化；当合金Ⅵ缓慢冷却至 2 点（1148℃）时，液相成分达到共晶成分，发生共晶转变，形成莱氏体；当合金Ⅵ在 2 点至 3 点之间冷却时，同样由奥氏体中析出二次渗碳体，但二次渗碳体在组织中难以辨认；当合金Ⅵ继续冷却至 3 点（727℃）时，奥氏体发生共析转变，形成珠光体。过共晶白口铸铁的室温组织为变态莱氏体和一次渗碳体。过共晶白口铸铁的冷却过程示意图如图 3-15 所示。过共晶白口铸铁的显微组织如图 3-16 所示，图中白色条状组织为一次渗碳体，黑白相间的基体为变态莱氏体。

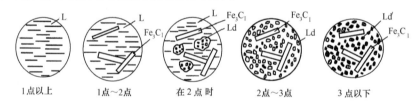

| 1点以上 | 1点～2点 | 在2点时 | 2点～3点 | 3点以下 |

图 3-15　过共晶白口铸铁冷却过程示意图

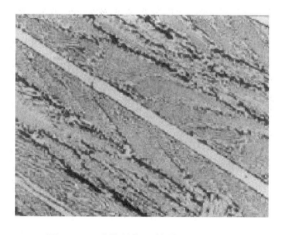

图 3-16　过共晶白口铸铁的显微组织

所有过共晶白口铸铁的室温组织均由变态莱氏体和一次渗碳体组成,不同的是随含碳量的增加,组织中一次渗碳体量增多。

3.1.4　铁碳合金相图的应用

1. 在选材方面的应用

铁碳合金相图表明了成分、组织与性能之间的关系,为合理选用钢铁材料提供了依据。例如,要求塑性、韧性好的各种型材和建筑用钢应选用含碳量低的钢;承受冲击载荷,并要求较高的强度、较好的塑性和韧性的机械零件应选用含碳量为 0.25% ~0.55% 的钢;要求硬度高、耐磨性好的各种工具应选用含碳量大于 0.55% 的钢;形状复杂、不受冲击、要求耐磨的铸件(冷轧辊、拉丝模、犁铧等)应选用白口铸铁。

2. 在铸造方面的应用

根据 Fe-Fe$_3$C 相图可确定合金的浇注温度,浇注温度一般在液相线以上 50℃ ~100℃。由相图可知,共晶成分的合金熔点最低、结晶温度范围小、流动性好、分散缩孔少、偏析小,因而铸造性能最好。所以,在铸造生产中,共晶成分的铸铁得到了广泛的应用。常用铸钢的含碳量为 0.15% ~0.6% ,因为在此范围的钢,其结晶温度范围较小,铸造性能好。

3. 在锻造和焊接方面的应用

碳钢在室温时是由铁素体和渗碳体组成的复相组织,其塑性较差,变形困难。当将碳钢加热到单相奥氏体状态时,可获得良好的塑性,易于锻造成形。铁碳合金的含碳量越低,其锻造性能越好。由于白口铸铁无论是在低温下还是高温下,其组织中均有大量硬而脆的渗碳体,因此不能进行锻造。

铁碳合金的焊接性与含碳量有关,随含碳量增加,组织中渗碳体量增加,钢的脆性增加,塑性下降,从而导致钢的冷裂倾向增加,焊接性下降,因此铁碳合金的含碳量越高,其焊接性越差。

4. 在热处理方面的应用

由于铁碳合金在加热或冷却过程中有相的变化,因此钢和铸铁可通过不同的热处理(退火、正火、淬火、回火及化学热处理等)来改善性能。根据 Fe-Fe$_3$C 相图可确定各种热处理操作的加热温度。

在使用铁碳合金相图时,应注意以下几个问题。

(1)铁碳合金相图反映的是在极缓慢加热或冷却的平衡条件下铁碳合金的相状态,而实际生产中的加热或冷却速度却很快,此时不能用 Fe-Fe$_3$C 相图分析问题。

(2)Fe-Fe$_3$C 相图只能给出平衡条件下的相、相的成分和各相的相对质量,不能给出相的形状、大小和分布。

(3)相图只反映铁碳二元合金中相的平衡状态,而实际生产中使用的钢和铸铁,除铁和碳之外,往往还含有或有意加入了其他元素,当其他元素的含量较高时,相图将会发生变化。

<h1 style="text-align:center">单元 2　碳　钢</h1>

【学习目标】理解含碳量对钢的组织和性能的影响；了解常见杂质元素对碳钢性能的影响；掌握碳钢的分类、牌号、性能和应用。

【重点难点】掌握含碳量对碳钢性能的影响、杂质元素对碳钢性能的影响、碳钢的分类及牌号。

3.2.1　含碳量对钢的组织和性能的影响

钢是指以铁为主要元素，含碳量在 2.11% 以下并含有其他元素的材料。钢中含碳量的多少是决定钢的力学性能的主要因素。含碳量不同，钢的内部组织也不同，性能也就不同。含碳量对钢的组织和力学性能的影响如图 3-17 所示。

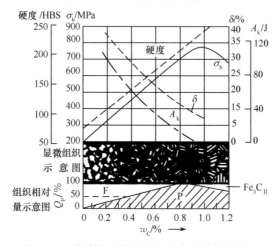

图 3-17　含碳量对钢的组织和力学性能的影响

铁素体的力学性能与工业纯铁相近，即强度与硬度较低，而塑性和韧性很好。珠光体是铁素体与渗碳体交错分布的层片状组织，因为渗碳体在珠光体中起强化作用，所以珠光体有较高的强度和硬度，而塑性和韧性较低。因为亚共析钢随着含碳量的增加，组织中的珠光体比例增加，铁素体比例减少，所以，亚共析钢的强度、硬度随含碳量的增加而增加，而塑性、韧性则随含碳量的增加而下降。过共析钢随含碳量的增加，晶界上的二次渗碳体越来越多，并且逐渐形成连续的网状渗碳体，当含碳量在 0.9% 以下且形成的网状渗碳体还不连续时，钢的强度随含碳量的增加而增加；当含碳量大于 0.9% 且形成连续网状渗碳体时，钢的强度开始下降。因为过共析钢的连续网状渗碳体对钢的力学性能和切削加工性都是不利的，所以要经过适当的热处理使渗碳体球状化。

根据 GB/T 13304—1991 规定，按化学成分的不同，可将钢分为非合金钢、低合金钢、合金钢 3 类。

3.2.2　杂质元素对碳钢性能的影响

1. 锰

锰来自炼钢原料(生铁和锰铁脱氧剂)。锰有较好的脱氧能力,可将钢中的 FeO 还原成 Fe,从而改善钢的质量;锰与硫能生成 MnS,从而减轻硫的有害作用;大部分锰能溶于铁素体中产生固溶强化,从而提高钢的强度和硬度,一部分锰溶于渗碳体中形成合金渗碳体,因此锰在钢中是一种有益元素。碳钢中 w_{Mn} 为 0.25% ~0.8% ,当锰含量不高时,锰对钢性能影响不大。

2. 硅

硅来自生铁和脱氧剂。硅能与钢液中的 FeO 生成炉渣,从而消除 FeO 对钢质量的影响;硅能溶于铁素体中产生固溶强化,从而提高钢的强度和硬度,因此硅在钢中是一种有益元素。镇静钢(用铝、硅铁和锰铁脱氧)中 w_{Si} 为 0.1% ~0.4% ,沸腾钢(只用锰铁脱氧)中 w_{Si} 为 0.03% ~0.07% ,当硅含量不高时,硅对钢性能影响不大。

3. 硫

硫是由矿石和燃料带入钢中的。硫不溶于铁,以 FeS 的形式存在于钢中。FeS 与 Fe 可形成低熔点共晶体,熔点为 958℃ ,分布在奥氏体晶界上,当钢在 1000℃ ~ 1200℃进行热加工时,晶界处共晶体熔化,导致钢开裂,这种现象称为热脆,因此硫在钢中是有害元素。除严格控制钢中硫的含量之外,还可在钢液中增加锰的含量,因为锰和硫能形成具有一定塑性、熔点高 (1620℃) 的 MnS,以避免发生热脆现象。

4. 磷

磷是由矿石带入钢中的。磷能全部溶于铁素体中,可提高钢的强度、硬度,但会使钢的塑性、韧性急剧下降,尤其在低温时更为严重,这种现象称为冷脆。因此磷是钢中的有害元素,应严格控制其含量。

硫和磷都是钢中的有害元素,炼钢时要尽量降低它们的含量。但有时为了改善钢的切削加工性,降低零件的表面粗糙度,可适当提高钢中的硫、磷含量,同时可适当提高钢中的锰含量。含硫、磷、锰较高,并具有良好的切削加工性的钢称为易切削钢。

3.2.3　碳钢的分类、牌号、性能及应用

1. 碳钢的分类

碳钢的分类方法有很多,常见的有以下几种。

1)按钢的含碳量分类

(1)低碳钢:0.0218% $<w_C<$ 0.25% 。

(2)中碳钢:0.25% $<w_C<$ 0.6% 。

(3)高碳钢:0.6% $<w_C<$ 2.11% 。

2)按钢的主要质量等级分类

(1)普通质量碳钢。普通质量碳钢是指在生产过程中不需要特别严格控制质量

的碳钢。普通质量碳钢主要包括一般用途碳素结构钢、碳素钢筋钢、铁道用一般碳素钢等。

（2）特殊质量碳钢。特殊质量碳钢是指在生产过程中需要特别严格控制质量和性能（如控制淬透性和纯洁度等）的碳钢。特殊质量碳钢主要包括保证淬透性碳钢、碳素弹簧钢、碳素工具钢、特殊易削钢、特殊焊条用碳钢、铁道用特殊碳钢等。

（3）优质碳钢（硫、磷含量比普通质量碳钢少）。优质碳钢是指除普通质量碳钢和特殊质量碳钢之外的碳钢。这类碳钢在生产过程中需要特别控制质量（如控制晶粒度，降低硫、磷含量，改善表面质量等）。与普通质量碳钢相比，优质碳钢具有特殊的质量要求（如良好的抗脆断性能，良好的冷成形性等），但这种钢的生产控制不如特殊质量碳钢严格（如不控制淬透性等）。优质碳钢主要包括机械结构用优质碳钢、工程结构用碳钢、冲压薄板的低碳结构钢、焊条用碳钢、非合金易切削结构钢、优质铸造碳钢等。

3）按钢的用途分类

（1）碳素结构钢。这类钢主要用于制作各种机械零件和工程构件，一般属于低、中碳钢。

（2）碳素工具钢。这类钢主要用于制作各种刃具、量具和模具，一般属于高碳钢。

此外，按冶炼方法不同，可将钢分为转炉钢和电炉钢；按冶炼时脱氧程度不同，可将钢分为沸腾钢、镇静钢和半镇静钢等。

2. 碳钢的牌号、性能和应用

1）碳素结构钢

按 GB 700—1988 规定，碳素结构钢的牌号由 Q（屈服点的"屈"字的汉语拼音的首字母）、屈服点数值、质量等级和脱氧方法 4 部分按顺序组成。质量等级有 A（w_S = 0.050%，w_P = 0.045%）、B（w_S = 0.045%，w_P = 0.045%）、C（w_S = 0.040%，w_P = 0.040%）、D（w_S = 0.035%，w_P = 0.035%）4 种。脱氧方法用汉语拼音首字母表示：F—沸腾钢；b—半镇静钢；Z—镇静钢；TZ—特殊镇静钢，通常 Z 和 TZ 可省略。例如，Q235-A 表示 σ_s = 235MPa，质量等级为 A 级的碳素结构钢。

碳素结构钢的牌号、化学成分和性能如附录中的表 A-2 所示。

Q195 钢和 Q215 钢（相当于旧牌号 A1 钢）具有一定的强度且塑性好，主要用于制作薄板（如镀锌薄钢板）、钢筋、冲压件、铆钉、地脚螺栓、开口销和烟筒等，也可代替08F 钢、10 钢制作冲压件和焊接结构件。Q235 钢（相当于旧牌号 A3 钢）的强度较高，用于制作钢筋、钢板、农业机械用型钢和不重要的机械零件（如拉杆、连接、转轴等）。Q235-C 钢和 Q235-D 钢的质量较好，可用于制作重要的焊接结构件。Q255 钢和 Q275钢（相当于旧牌号 A4 钢、A5 钢）的强度高、质量好，用于制作建筑、桥梁等工程上质量要求较高的焊接结构件，以及摩擦离合器、主轴、刹车钢带、吊钩等。

2）优质碳素结构钢

优质碳素结构钢中的有害元素磷、硫的含量受到严格限制，且非金属夹杂物含量较少,塑性和韧性较好,优质碳素结构钢主要用于制作重要的机械零件。

优质碳素结构钢按冶金质量等级可分为优质钢、高级优质钢(A)、特级优质钢(E);按使用加工方法可分为压力加工用钢(UP)和切削加工用钢(UC),其中,压力加工用钢包括热压力加工用钢(UHP)、定锻用钢(UF)、冷拔坯料用钢(UCD)。优质碳素结构钢中磷、硫的最大含量如表 3-3 所示。

优质碳素结构钢的牌号用两位数表示,这两位数表示钢中平均含碳量的万分数,如 40 钢,表示平均 w_C 为 0.40% 的优质碳素结构钢。如果钢中含锰量较高(w_{Mn} 为 0.7% ~ 1.2%),可以在数字后面加上 Mn,如 65Mn 钢,表示平均 w_C 为 0.65% ,并含有较多锰(w_{Mn} 为 0.9% ~ 1.2%)的优质碳素结构钢。若是高级优质钢,则在数字后面加 A;若是特级优质钢,则在数字后面加 E;若是沸腾钢,则在数字后面加 F;若是半镇静钢,则在数字后面加 b。

表 3-3 优质碳素结构钢中磷、硫的最大含量

组别	$w_P/\%$	$w_S/\%$
优质钢	0.035	0.035
高级优质钢	0.030	0.030
特级优质钢	0.025	0.025

优质碳素结构钢的牌号、化学成分、热处理、性能如附录中的表 A-3 和附录中的表 A-4 所示。

08F 钢含碳量低、强度低、塑性好,通常轧制成薄板或钢带,可用于制作冲压件,如外壳、容器、罩子等;10 钢 ~25 钢的冷塑性变形能力和焊接性好,常用于制作受力不大、韧性要求高的冲压件和焊接件,如螺钉、螺母、杠杆、轴套和焊接容器等,这类钢经热处理(如渗碳)后,钢材表面具有很高的硬度,心部具有一定的强度和韧性,常用于制作承受冲击载荷的零件,如齿轮、凸轮、销、摩擦片等;30 钢 ~55 钢、40Mn 钢、50Mn 钢经调质处理后,可获得良好的综合力学性能,主要用于制作齿轮、连杆、轴类、套筒等零件,其中 40 钢、45 钢应用广泛;60 钢 ~85 钢、60Mn 钢、65Mn 钢、70Mn 钢经热处理后,可获得较高的弹性极限、足够的韧性和一定的强度,常用于制作弹性零件和易磨损的零件,如弹簧、弹簧垫圈、轧辊、犁铧等。

3)碳素工具钢

碳素工具钢的平均 w_C 为 0.65% ~ 1.35% ,一般在热处理后使用。碳素工具钢经热处理后具有较高的硬度和较好的耐磨性,主要用于制作低速切削刃具,以及对热处理变形要求低的一般模具、低精度量具等。

碳素工具钢的牌号由 T("碳"字汉语拼音的首字母)和数字组成,数字表示钢的平均含碳量的千分数。例如,T8 钢表示平均 w_C 为 0.8% 的碳素工具钢。若牌号末尾加 A,则表示钢中硫、磷含量比相同含碳量的碳素工具钢的硫、磷含量少,如 T10A 钢的硫、磷含量比 T10 钢的硫、磷含量少。

碳素工具钢的牌号、化学成分、性能和用途如附录中的表 A-5 所示。

单元 3　铸　铁

【学习目标】掌握铸铁的分类;了解铸铁的石墨化过程及其影响因素;认识常用的灰口铸铁及其牌号。

【重点难点】掌握铸铁的分类、石墨化过程及其影响因素。

铸铁是指含碳量大于 2.11% 的铁碳合金。铸铁中的碳以渗碳体(结合态)和石墨(游离态)两种形式存在。若以渗碳体形式存在,则会得到白口铸铁;若以石墨形式存在,则会得到断口暗灰的灰口铸铁。铸铁的组织特点:在铁素体、珠光体基体上分布着形状、尺寸、数量不等的石墨。简而言之,铸铁即是钢的基体加石墨。

石墨的存在形态(形状、尺寸、数量及分布)是决定铸铁组织和铸铁性能的关键,因此了解铸铁的石墨化过程及其影响因素是十分必要的。

3.3.1　铸铁的分类

1. 根据碳在铸铁中的存在形式分类

(1)白口铸铁。除少数碳溶入铁素体外,其余的全部以渗碳体的形式存在于铸铁中,因其断口呈银白色,故称为白口铸铁。

(2)灰口铸铁。全部或大部分碳以石墨形式存在于铸铁中,因其断口呈暗灰色,故称为灰口铸铁。

(3)麻口铸铁。一部分碳以石墨形式存在,类似灰口铁,另一部分以渗碳体形式存在,类似白口铸铁,因在其断口上呈黑白相间的麻点,故称为麻口铸铁。

2. 根据石墨的形态不同分类

(1)灰铸铁。铸铁中石墨呈片状存在。

(2)可锻铸铁。铸铁中石墨呈团絮状存在。可锻铸铁是由一定成分的白口铸铁经石墨化退火后获得的。

(3)球墨铸铁。铸铁中石墨呈球状存在。球墨铸铁是在铁水浇注前经球化处理后获得的。

(4)蠕墨铸铁。铸铁中石墨呈蠕虫状存在。

3.3.2　铸铁的石墨化过程及其影响因素

1. 铸铁的石墨化过程

在铸铁中,碳原子以石墨形式析出的过程称为石墨化。渗碳体为亚稳定相,若将渗碳体加热到高温,渗碳体可分解为铁和石墨,即 $Fe_3C \rightarrow 3Fe+C(G)$,而游离态的石墨为稳定相。因此,描述铁碳合金的结晶过程有亚稳定平衡的 $Fe\text{-}Fe_3C$ 相图(它说明了 Fe_3C 的析出规律)和稳定平衡的 $Fe\text{-}C(G)$ 相图。将两者叠合在一起,便形成铁–碳合金双重相图,如图 3-18 所示。图 3-18 中的实线表示 Fe-Fe₃C 相图,虚线表示 Fe-C(G)相图。根据合金的成分和结晶条件,铁碳合金的石墨化可以全部或部分地按照其中的一种相图进行。

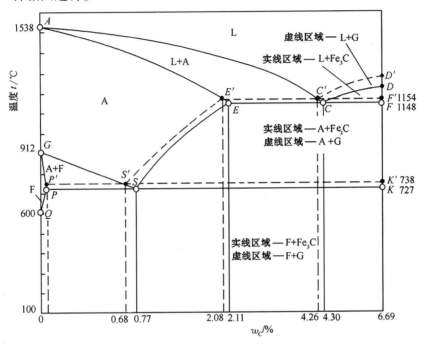

图 3-18　铁-碳合金双重相图

根据 Fe-C(G)相图,可将铸铁的石墨化过程分为以下 3 个阶段。

第 1 阶段:从铸铁液相中结晶出一次石墨(过共晶铸铁)和在 1154℃通过共晶转变形成共晶石墨($L_{C'} \xrightarrow{1154℃} A_{E'} + G_{共晶}$)的过程。

第 2 阶段:在共晶温度和共析温度之间(1154℃~738℃),奥氏体沿 $E'S'$ 线析出二次石墨。

第 3 阶段:在 738℃,通过共析转变析出共析石墨($A_{S'} \xrightarrow{738℃} F_{P'} + G_{共析}$)。

通常,铸铁在高温冷却过程中,由于原子扩散能力较强,因此第 1 阶段、第 2 阶段的石墨化容易进行,凝固后至共析转变前的组织为 A+G;第 3 阶段的石墨化是在较低温度下进行的,在低温时(共析转变温度),由于碳原子扩散能力较差,因此石墨化过程往往难以进行。铸铁的最终组织取决于石墨化程度,若石墨化能充分进行,则形成 F+G 组织;若石墨化部分进行,则形成 F+P+G 组织;若石墨化被全部抑制,则形成 P+G 组织。

根据石墨化程度的不同,可获得不同的铸铁。如果 3 个阶段的石墨化均被抑制,则得到的是白口铸铁;如果第 1 阶段、第 2 阶段的石墨化充分进行,则得到的是灰口铸铁;如果第 1 阶段、第 2 阶段的石墨化部分进行,第 3 阶段的石墨化被抑制,则得到的是麻口铸铁。

2. 影响石墨化的因素

影响石墨化的主要因素是化学成分和冷却速度。

1）化学成分的影响

碳和硅是强烈促进石墨化的元素，碳、硅含量越高，越易获得灰口组织。这是因为随含碳量的增加，液态铸铁中结晶出的石墨越多、越粗大，促进石墨化进行；硅与铁的结合力较强，削弱了铁、碳原子间的结合力，且硅会使共晶点的含碳量降低，共晶转变温度升高，有利于石墨的析出。当碳、硅含量过高时，易生成过多且粗大的石墨，降低铸件的性能。因此，灰口铸铁中碳、硅含量一般控制在 w_C 为 2.5% ~ 4.0%，w_{Si} 为 1.0% ~ 2.5%。

硫是强烈阻碍石墨化的元素。硫可使铸铁白口化，而且降低铸铁的铸造性能和力学性能，因此应严格控制硫的含量，一般 $w_S < 0.15\%$。

锰是阻碍石墨化的元素。但锰可与硫形成 MnS，减弱硫的有害作用，间接促进石墨化，故铸铁中含锰量应适当，一般 w_{Mn} 为 0.5% ~ 1.4%。

磷是微弱促进石墨化的元素，可提高铁液的流动性。当 $w_P > 0.3\%$ 时，会形成磷共晶体。磷共晶体硬而脆，虽然会降低铸铁的强度，增加铸铁的冷裂倾向，但是可提高铸铁的耐磨性。因此，当要求铸铁有较高强度时，$w_P < 0.12\%$，当要求铸铁有较高耐磨性时，含磷量可增加至 0.5%。一般情况下，$w_P < 0.3\%$。

2）冷却速度的影响

一定成分的铸铁，其石墨化程度取决于冷却速度。冷却速度越慢，越有利于碳原子的扩散，促使石墨化进行；冷却速度越快，析出渗碳体的可能性就越大。这是因为渗碳体的含碳量（6.69%）比石墨（100%）更接近于合金的含碳量（2.5% ~ 4.0%），所以阻碍石墨化进行。

影响铸铁冷却速度的因素主要有浇注温度、铸件壁厚、铸型材料等。当其他条件相同时，提高浇注温度，可使铸型温度升高，冷却速度减慢；铸件壁厚越大，冷却速度越慢；铸型材料导热性越差，冷却速度越慢。

铸件壁厚越小，碳、硅含量越低，越易形成白口组织。因此，调整碳、硅含量及冷却速度是控制铸铁组织和性能的重要措施，如图 3-19 所示。

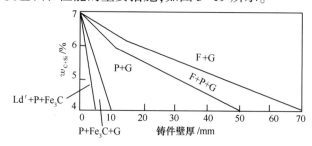

图 3-19 铸铁成分（w_{C+Si}）和冷却速度（铸件壁厚）对铸铁组织的影响

3.3.3 常用的灰口铸铁

1. 灰铸铁

1)灰铸铁的组织

灰铸铁的组织可看成是碳钢的基体加片状石墨。按基体组织不同可将灰铸铁分为铁素体基体灰铸铁、铁素体-珠光体基体灰铸铁、珠光体基体灰铸铁。灰铸铁的显微组织如图3-20所示。

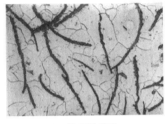  

(a)铁素体基体　　　　　(b)铁素体-珠光体基体　　　　(c)珠光体基体

图3-20　灰铸铁的显微组织

2)灰铸铁的性能

(1)力学性能。因为石墨的强度极低,所以它的存在相当于在钢的基体上分布了许多孔洞和裂纹,分割、破坏了基体的连续性,减小了基体的有效承载截面,而且石墨的尖角处易产生应力集中,所以灰铸铁的抗拉强度比相应基体的钢低很多,且塑性、韧性极低。石墨片数量越多、尺寸越大、分布越不均匀,灰铸铁的抗拉强度越低。由于灰铸铁的抗压强度、硬度主要取决于基体,而石墨对灰铸铁的抗拉强度、硬度影响不大,因此灰铸铁的抗压强度和硬度与相同基体的钢相似。灰铸铁的抗压强度一般是其抗拉强度的3～4倍。当石墨存在形态一定时,铸铁的力学性能取决于基体组织,珠光体基体灰铸铁的强度、硬度、耐磨性均高于铁素体基体灰铸铁的强度、硬度、耐磨性,但珠光体基体灰铸铁的塑性、韧性低于铁素体基体灰铸铁的塑性、韧性;铁素体-珠光体基体灰铸铁的性能介于铁素体基体灰铸铁和珠光体基体灰铸铁的性能之间。

(2)其他性能。灰铸铁具有的优良性能如下。

①铸造性好:灰铸铁熔点低、流动性好。因为在结晶过程中析出比体积(俗称比容)较大的石墨,部分补偿了基体的收缩,所以收缩率较小。

②减振性好:石墨割裂了基体,阻止了振动的传播,并将振动能量转变为热能,所以灰铸铁的减振能力比钢的减振能力高10倍左右。

③减摩性好:石墨本身有润滑作用,且石墨从基体上剥落后形成的孔隙有吸附和储存润滑油的作用,可减少磨损。

④切削加工性好:片状石墨割裂了基体,使切屑易脆断,且石墨有减摩作用,减小了刀具的磨损。

⑤缺口敏感性低:灰铸铁中石墨的存在相当于许多微裂纹,可使外来缺口的作用

相对减弱。

3）灰铸铁的孕育处理

为提高灰铸铁的力学性能，生产中常采用孕育处理，即在浇注前向铁液中加入一定量的孕育剂，以获得大量的高度弥散的人工晶核，从而得到细小、均匀分布的片状石墨和细化的基体。经孕育处理后获得的亚共晶灰铸铁称为孕育铸铁。

灰铸铁在孕育时，结晶过程几乎在全部铁液的各个部位同时进行，这样可以避免在铸件边缘或在零件的薄壁位置由于先结晶而出现白口铸件，使铸件各部位的组织和性能均匀一致。孕育铸铁的强度较高，塑性和韧性也有所提高，常用于力学性能要求较高、截面尺寸变化较大的大型铸件。

4）灰铸铁的牌号及用途

灰铸铁的牌号由 HT（"灰铁"二字汉语拼音的首字母）和一组数字组成，数字表示 30mm 试棒的最小抗拉强度值（MPa）。灰铸铁的牌号、性能及用途如附录中的表A-6 所示。设计铸件时，应根据铸件受力处的主要壁厚或平均壁厚选择铸铁牌号。

2. 球墨铸铁

1）球墨铸铁的组织

球墨铸铁不是在凝固后经过热处理，而是铁液经球化处理，使析出的石墨大部分或全部呈球状（有时少量为团絮状）的铸铁。按基体组织不同，可将常用球墨铸铁分为铁素体基体球墨铸铁、铁素体-珠光体基体球墨铸铁、珠光体基体球墨铸铁和贝氏体基体球墨铸铁（经等温淬火获得）。球墨铸铁的显微组织如图 3-21 所示。

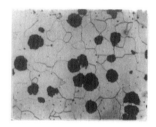 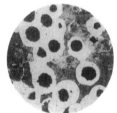  

（a）铁素体基体　　　　（b）铁素体-珠光体基体　　　　（c）珠光体基体　　　　（d）贝氏体基体

图 3-21　球墨铸铁的显微组织

2）球墨铸铁的性能

由于球状石墨对基体的割裂作用和引起应力集中现象明显减小，因此球墨铸铁的力学性能比灰铸铁的力学性能好得多。球墨铸铁的某些性能可和相应组织的铸钢相媲美，如球墨铸铁的疲劳强度与中碳钢的疲劳强度接近；球墨铸铁的耐磨性优于表面淬火钢的耐磨性；球墨铸铁的屈强比（$\sigma_{0.2}/\sigma_b$）为 0.7～0.8，比钢的屈强比约高一倍，但它的塑性、韧性比钢的塑性、韧性低。

此外，球墨铸铁同样具有灰铸铁的某些优点，如较好的铸造性能、减振性、减摩性、切削加工性及低的缺口敏感性等。球墨铸铁的过冷倾向较大，易产生白口组织，而且其线膨胀系数较大，易形成缩孔和缩松，因此其熔炼工艺要求和铸造工艺要求均比灰铸铁高。

3）球墨铸铁的牌号及用途

球墨铸铁的牌号由 QT（"球铁"二字汉语拼音的首字母）和两组数字组成，两组数字分别表示最低抗拉强度和最低伸长率。例如，QT600-3 表示 $\sigma_b \geqslant 600\text{MPa}$、$\delta \geqslant 3\%$ 的球墨铸铁。球墨铸铁的牌号、性能及用途如附录中的表 A-7 所示。

3. 可锻铸铁

1）可锻铸铁的组织

可锻铸铁是将白口铸铁通过石墨化或氧化脱碳退火处理，改变其金相组织或成分而获得有较高韧性的铸铁，其组织中石墨呈团絮状。可锻铸铁的生产过程：首先浇注成白口铸铁件，然后经可锻化（石墨化）退火，使渗碳体分解为团絮状石墨，即可制成可锻铸铁。为保证在一般的冷却条件下能全部获得白口铸件，可锻铸铁中的碳、硅含量较低。

2）可锻铸铁的分类

按退火方法不同，可将可锻铸铁主要分为两种类型：①黑心可锻铸铁；②白心可锻铸铁。目前我国以生产黑心可锻铸铁为主。

3）可锻铸铁的性能

由于石墨形状的改变，减轻了石墨对基体的割裂作用，因此与灰铸铁相比，可锻铸铁的强度高，塑性和韧性好，但不能锻造；与球墨铸铁相比，可锻铸铁具有质量稳定、铁液处理简单、易于流水线生产等优点。

4）可锻铸铁的牌号及用途

可锻铸铁的牌号、性能及用途如附录中的表 A-8 所示。可锻铸铁的牌号由 KT（"可铁"二字汉语拼音的首字母）和两组数字组成，后面的 H 表示黑心，Z 表示珠光体基体，两组数字分别表示最低抗拉强度和最低伸长率。

习题和思考题

1. 什么是金属的同素异晶转变？有什么实际意义？试以工业纯铁为例说明金属的同素异晶转变。

2. 解释下列概念，并说明其性能和显微组织特征。

铁素体、奥氏体、渗碳体、珠光体、莱氏体

3. 什么是共晶转变和共析转变？试以铁碳合金为例，说明其转变过程及显微组织特征。

4. 默画简化的 $Fe\text{-}Fe_3C$ 相图，说明图中的特性点、特性线的含义，并填写各区域的相和组织组成物。

5. 根据 $Fe\text{-}Fe_3C$ 相图，确定下列 4 种钢在给定温度时的显微组织，如表 3-4 所示。

表3-4 题5表

牌号	温度/℃	显微组织	牌号	温度/℃	显微组织
20钢	770		20钢	920	
45钢	500		45钢	770	
T8钢	650		T8钢	790	
T12钢	750		T12钢	950	

6. 同样形状和大小的3块铁碳合金，其成分分别为$w_C = 0.2\%$、$w_C = 0.65\%$、$w_C = 4.0\%$，用什么方法可迅速将它们区分开来？

7. 根据$Fe\text{-}Fe_3C$相图解释下列现象。

（1）在进行热轧和锻造时，通常将钢材加热到1000℃~1250℃。

（2）钢铆钉一般用低碳钢制作。

（3）在1100℃时，$w_C = 0.4\%$的钢能进行锻造，而$w_C = 4.0\%$的铸铁不能锻造。

（4）在室温下，$w_C = 0.9\%$的碳钢比$w_C = 1.2\%$的碳钢强度高。

（5）钳工锯削70钢、T10钢、T12钢比锯20钢、30钢费力，锯条易磨钝。

（6）绑扎物件一般用铁丝（镀锌低碳钢丝），而起重机吊重物时却用钢丝绳（60钢、65钢、70钢等制成）。

8. 钢中常存的杂质有哪些？硫、磷对钢的性能有哪些影响？

9. 碳钢常见的分类方法有哪些？试说明20钢、45钢、60钢、Q215-A钢、Q235-B钢、T8钢、T10A钢、T12钢、ZG310-570钢的名称及钢中数字与符号的含义，并写出每个牌号钢的一两个应用实例。

10. 随着钢中含碳量的增加，钢的力学性能如何变化？为什么？

11. $w_C > 0.6\%$的碳钢，其铸造性能比$w_C < 0.6\%$的碳钢差，但为什么$w_C = 4.3\%$的铸铁的铸造性能好于碳钢？

12. 什么是铸铁？铸铁与钢相比有何优点？

13. 解释概念：白口铸铁、灰口铸铁、麻口铸铁、石墨化、孕育处理。

14. 灰铸铁、球墨铸铁、可锻铸铁在组织上的根本区别是什么？其组织对力学性能有什么影响？

15. 为什么铸铁牌号不用化学成分表示，而用力学性能表示？

16. 铸铁的抗拉强度和硬度主要取决于什么？如何提高铸铁的抗拉强度和硬度？铸铁的抗拉强度高，其硬度是否也一定高？为什么？

17. 灰口铸铁件薄壁处常出现高硬度层，使机加工困难，请说明高硬度层产生的原因及消除的方法。

18. 为什么可锻铸铁适合制造薄壁零件，而球墨铸铁不适合制造这类零件？

19. 为什么铸铁的含碳量通常要选择接近共晶成分的？

20. 下列牌号表示什么铸铁，其符号和数字表示什么含义？

HT150、QT450-10、KTH300-06、KTZ550-04

21. 下列说法是否正确？为什么？

（1）通过热处理可将片状石墨变成球状石墨,从而改善铸铁的力学性能。

（2）可锻铸铁因具有较好的塑性,因此可进行锻造。

（3）白口铸铁由于硬度很高,因此可用来制造各种刀具。

（4）在灰铸铁中,碳、硅含量越高,铸铁的抗拉强度和硬度就越低。

22. 现有形状、尺寸完全相同的白口铸铁、灰铸铁、低碳钢各一块,试问用什么简便方法可迅速将它们区分开来?

模块 4

钢的热处理

为了获得需要的组织，充分发挥钢的性能，航空零件都要进行热处理。其他行业的机械零件，绝大多数也要进行热处理，所以热处理是改善钢的使用性能和工艺性能的一种重要加工方法。

所谓钢的热处理，就是将固态金属采用适当的方式进行加热、保温和冷却，以获得所需要的组织与性能的工艺。钢的热处理工艺曲线如图 4-1 所示。

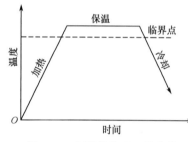

图 4-1　钢的热处理工艺曲线

热处理工艺的种类很多，通常根据其加热、冷却方法的不同及钢组织和性能变化的特点，将热处理工艺分为普通热处理（如退火、正火、淬火、回火等）和表面热处理（如表面淬火、化学热处理等）两大类。

虽然热处理种类繁多，但其基本过程都是由加热、保温和冷却 3 个阶段组成的。改变加热温度、保温时间、冷却速度等参数，会在一定程度上发生相应的组织转变，从而改变材料的性能。

单元 1　钢的热处理原理

【学习目标】掌握钢在加热、冷却时的组织转变；掌握珠光体型、贝氏体型和马氏体型组织的形貌特征及性能特征。

【重点难点】掌握马氏体组织的形成机理、形貌特征及性能特征。

4.1.1　钢在加热时的组织转变

加热是热处理的第一道工序，大多数热处理工艺首先要将钢加热到相变点（又称临界点）以上，目的是获得奥氏体。共析钢、亚共析钢和过共析钢分别被加热至 PSK（A_1）线、GS（A_3）线和 ES（A_{cm}）线以上的温度才能获得单相奥氏体组织。虽然 A_1、A_3 和 A_{cm} 都是平衡相变点，但在实际热处理时，加热和冷却都不可能是非常缓慢的，因此组织转变都要偏离平衡相变点，即加热时偏向高温，冷却时偏向低温。为了区别于平衡相变点,通常将加热时的相变点用 Ac_1、Ac_3 和 Ac_{cm} 表示,而冷却时的相变点用 Ar_1、Ar_3 和 Ar_{cm} 表示。加热和冷却时各相变点在 Fe-Fe$_3$C 相图上的位置如图4-2所示。钢的相变点是制定热处理工艺参数的重要依据,各种钢的相变点可在热处理手册中查到。

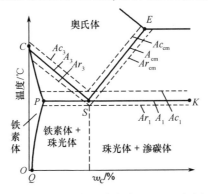

图4-2　加热和冷却时各相变点在 Fe-Fe$_3$C 相图上的位置

1. 奥氏体的形成过程

任何成分的钢加热至 A_1 温度时,都要发生珠光体向奥氏体的转变(奥氏体化)。下面以共析钢为例来分析奥氏体化过程。

共析钢加热至 Ac_1 温度时,便会发生珠光体向奥氏体的转变,转变过程遵从结晶的普遍规律。奥氏体的形成过程可分4个阶段,如图4-3所示。

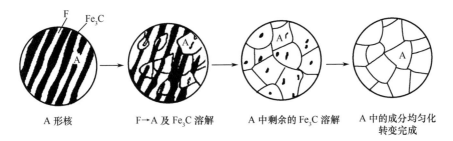

图4-3　共析钢中奥氏体形成过程示意图

1)奥氏体晶核的形成

奥氏体的晶核优先形成于铁素体和渗碳体的相界面上,这是因为相界面上原子排列不规则,空位多,位错密度高,成分不均匀(处于铁素体和渗碳体的中间值),浓度和结构两方面为奥氏体晶核的形成提供了有利的条件。

2)奥氏体晶核的长大

奥氏体晶核形成后逐渐长大。因为晶核的长大是依靠与其相邻的铁素体向奥氏体的转变和渗碳体的不断溶解来完成的,所以奥氏体晶核就向渗碳体和铁素体两个方面长大。

3)剩余渗碳体的溶解

在奥氏体形成过程中,当铁素体完全转变成奥氏体后,仍有部分渗碳体尚未溶解,这部分剩余的渗碳体随着保温时间的延长,不断向奥氏体中溶解,直至全部消失。

4）奥氏体的均匀化

当剩余渗碳体全部溶解后，奥氏体中的碳浓度仍然是不均匀的，在原渗碳体处的含碳量比在原铁素体处的含碳量要高一些，因此需要继续延长保温时间，依靠碳原子的扩散，使奥氏体的成分逐渐趋于均匀。热处理加热后的保温阶段，不仅是为了使零件热透和相变完全，而且为了获得成分均匀的奥氏体，以便冷却后获得良好的组织和性能。在生产中，钢的热处理并非都要求达到奥氏体均匀化，而是根据热处理的目的，控制不同阶段的奥氏体形成。

亚共析钢和过共析钢的奥氏体形成过程与共析钢基本相似，不同之处是亚共析钢和过共析钢的加热温度在 Ac_3 或 Ac_{cm} 以上时，才能获得单一的奥氏体组织，即完全奥氏体化。对于过共析钢而言，此时奥氏体晶粒已经粗化。

2. 奥氏体晶粒的长大及其影响因素

奥氏体晶粒的大小对冷却转变后钢的性能有很大影响。热处理加热时，若获得细小、均匀的奥氏体，则冷却后钢的力学性能较好，因此奥氏体晶粒的大小是评定热处理加热质量的主要指标之一。

1）晶粒大小的表示方法

金属组织中晶粒的大小用晶粒度等级指数来表示。根据 GB 6394—1986《金属平均晶粒测定方法》，晶粒度的测定方法有比较法、面积法和截点法 3 种。晶粒度的数值表示方法有晶粒度等级指数、单位体积晶粒数、晶粒公称直径等 8 种。实际工作中常采用在 100 倍的显微镜下与标准评级图对比来确定晶粒度等级 G。标准晶粒度等级示意图如图 4-4 所示。一般认为 4 级以下为粗晶粒，5~8 级为细晶粒，8 级以上为超细晶粒。

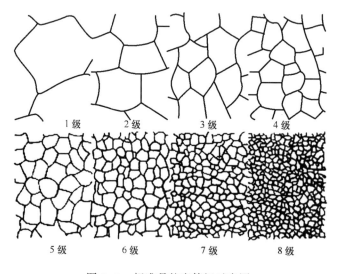

图 4-4　标准晶粒度等级示意图

2）奥氏体晶粒度的概念

奥氏体一般有 3 种晶粒度概念，即起始晶粒度、实际晶粒度和本质晶粒度。

（1）起始晶粒度：珠光体向奥氏体的转变刚刚完成时的奥氏体晶粒的大小。一般比较细小而均匀。

（2）实际晶粒度：钢在某一具体加热条件下实际获得的奥氏体晶粒大小。实际晶粒度一般比起始晶粒度大，其大小直接影响钢热处理后的性能。

（3）本质晶粒度：在930℃±10℃保温3～8h的加热条件下，奥氏体晶粒度在5～8级的钢为本质细晶粒钢，在1～4级的钢为本质粗晶粒钢。本质晶粒度仅表示奥氏体晶粒长大的倾向，不代表晶粒大小的实际度量。加热温度与奥氏体晶粒长大的关系如图4-5所示。

在工业生产中，一般沸腾钢为本质粗晶粒钢，镇静钢为本质细晶粒钢。需要进行热处理的零件多采用本质细晶粒钢，因为一般热处理工艺的加热温度都在950℃以下，所以奥氏体晶粒不易长大，可避免过热现象。

3）奥氏体晶粒长大及其影响因素

在高温下，奥氏体晶粒长大是一个自发过程。奥氏体化温度越高，保温时间越长，奥氏体晶粒长大越明显。随着

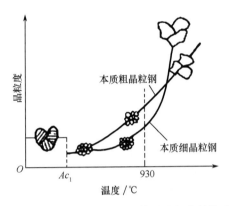

图4-5　加热温度与奥氏体晶粒长大的关系

钢中奥氏体含碳量的增加，奥氏体晶粒长大的倾向也增大，但当 $w_C > 1.2\%$ 时，奥氏体晶界上未溶的渗碳体会阻碍晶粒的长大。往钢中加入能生成稳定碳化物的元素（如Nb、Ti、V、Zr等）和能生成氧化物及氮化物的元素（如Al等），都会阻止奥氏体晶粒长大，而 Mn 和 P 是增加奥氏体晶粒长大倾向的元素。

奥氏体晶粒长大的结果，对零件的热处理质量有很大的影响。为了控制奥氏体晶粒长大，在热处理加热时要合理选择并严格控制加热温度和保温时间，合理选择钢的原始组织及选用含有一定量合金元素的钢材等。

4.1.2　钢在冷却时的组织转变

钢经奥氏体化后，由于冷却条件不同，因此其转变产物在组织和性能上有很大差别。从表4-1中可以看出，45钢在相同奥氏体化条件下，冷却速度不同，其力学性能有明显差别。

表4-1　45钢加热至840℃后，在不同条件下冷却后的力学性能

冷却方法	σ_b/MPa	σ_s/MPa	δ/%	ψ/%	硬度/HRC
随炉冷却	519	272	32.5	49	15～18
空气冷却	657～706	333	15～18	45～50	18～24
油中冷却	882	608	18～20	48	40～50
水中冷却	1 078	706	7～8	12～14	52～60

在热处理生产中，常用的冷却方式有两种，即等温冷却和连续冷却，如图4-6所

示。钢在等温冷却或连续冷却条件下冷却,其组织的转变均不能用 Fe-Fe₃C 相图分析。为了研究奥氏体在不同冷却条件下冷却时的组织转变规律,测定了过冷奥氏体等温转变图和连续冷却转变图,这两个图揭示了过冷奥氏体转变的规律,为钢的热处理奠定了理论基础。

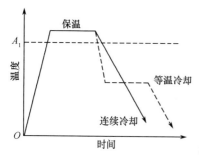

图 4-6　两种冷却方式示意图

1. 过冷奥氏体的等温转变

过冷奥氏体是指在相变温度 A_1 以下,未发生转变而处于不稳定状态的奥氏体。过冷奥氏体总是要自发地转变为稳定的新相。过冷奥氏体等温转变图是通过实验方法测定的,该图是研究过冷奥氏体等温转变的重要工具。下面以共析钢为例,分析过冷奥氏体的等温转变规律。

1）共析钢过冷奥氏体等温转变图的特点

共析钢过冷奥氏体等温转变图如图 4-7 所示。图 4-7 中的曲线呈"C"形,所以通常等温转变图又称 C 曲线。在 C 曲线中,左边的一条曲线为过冷奥氏体等温转变开始线,右边的一条曲线为过冷奥氏体等温转变终了线。在等温转变开始线的左方是过冷奥氏体区,在等温转变终了线的右方是转变产物区,两条曲线之间是转变区。在 C 曲线下部有两条水平线:一条是马氏体转变开始线,用 M_s 线表示,M_s 为对应纵坐标上的温度值;一条是马氏体转变终了线,用 M_f 线表示,M_f 为对应纵坐标上的温度值。

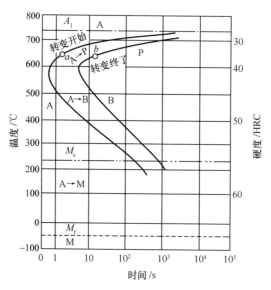

图 4-7　共析钢过冷奥氏体等温转变图

由共析钢的 C 曲线可以看出:

(1)在 A_1 线以上,奥氏体处于稳定状态。

(2)在 A_1 线以下,过冷奥氏体在各个温度下的等温转变不是瞬时就开始的,而是经过一段孕育期(用转变开始线与纵坐标之间的距离表示)才开始,孕育期越长,过冷奥氏体越稳定;反之,则不稳定。孕育期的长短随过冷度而变化,在靠近A_1线处,过冷度较小,因此孕育期较长;随着过冷度增大,孕育期缩短,约在550℃时孕育期最短;此后,孕育期又随过冷度的增大而增长。孕育期最短处,即C曲线的"鼻尖"处,冷奥氏体最不稳定,转变最快。

(3)过冷奥氏体在A_1线以下的不同温度范围内,可发生3种不同类型的转变:高温珠光体转变、中温贝氏体转变和低温马氏体转变。

2)共析钢过冷奥氏体等温转变产物的组织和性能

(1)珠光体转变。珠光体转变发生在A_1~550℃。在转变过程中铁、碳原子都进行扩散,故珠光体转变是扩散型转变。珠光体转变是以形核长大方式进行的,在A_1~550℃时,奥氏体等温分解为层片状的珠光体组织。珠光体层间距随过冷度的增大而减小,按珠光体层间距的大小,可将珠光体分为珠光体、索氏体(细珠光体)和托氏体(极细珠光体)3种组织。这3种组织没有本质区别,也没有严格的界限。珠光体组织的表示符号、形成温度和硬度如表4-2所示。由表4-2可以看出,珠光体的硬度随层片间距的减小而增高。

表4-2 珠光体组织的表示符号、形成温度和硬度

组织名称	表示符号	形成温度/℃	分辨片层的放大倍数	硬度/HRC
珠光体	P	A_1~650	放大400倍以上	<20
索氏体	S	650~600	放大1000倍以上	22~35
托氏体	T	600~550	放大几千倍以上	35~42

(2)贝氏体转变。贝氏体转变发生在550℃~M_s。由于贝氏体的转变温度较低,铁原子扩散困难,因此贝氏体(用符号B表示)的组织形态和性能与珠光体的组织形态和性能不同。根据组织形态和转变温度的不同,可将贝氏体分为上贝氏体和下贝氏体两种。上贝氏体是在350℃~550℃时形成的,其显微组织呈羽毛状,由成束的铁素体条和分布在条间的短小渗碳体组成,如图4-8(a)所示。下贝氏体是在350℃~M_s时形成的,其显微组织呈黑色针叶状,由针叶状铁素体和分布在针叶内的细小渗碳体组成的,如图4-8(b)所示。

(a)上贝氏体(500×)　　　　(b)下贝氏体(200×)

图4-8 贝氏体

贝氏体的性能主要取决于贝氏体的组织形态。上贝氏体的硬度为40HRC~

45HRC,下贝氏体的硬度为45HRC～55HRC。与上贝氏体相比,下贝氏体不仅硬度、强度较高,而且塑性和韧性也较好,具有良好的综合力学性能,因此在生产中常用等温淬火来获得下贝氏体组织。

(3)马氏体转变。马氏体转变是当奥氏体被迅速冷却至 M_s 线以下某一温度时发生的转变。与前两种转变不同,马氏体转变是在一定温度范围内(M_s～M_f 线之间)连续冷却完成的。

3)影响奥氏体等温转变的因素

C 曲线揭示了过冷奥氏体在不同温度下的等温转变规律,C 曲线的形状和位置的变化可反映出各种因素对过冷奥氏体等温转变的影响。

(1)碳的影响。在正常加热条件下,亚共析钢的 C 曲线随含碳量的增加向右移,过共析钢的 C 曲线随含碳量的增加向左移,共析钢的过冷奥氏体最稳定。比较图4-9 中的3 条 C 曲线可知,与共析钢相比,亚共析钢和过共析钢的 C 曲线上部分别有一条铁素体析出线和二次渗碳体析出线。

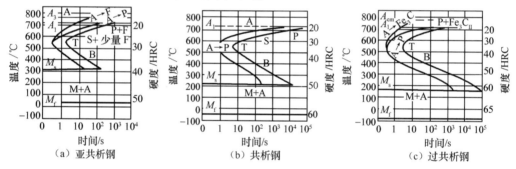

图 4-9 含碳量对 C 曲线的影响

(2)合金元素的影响。除 Co 外,能溶入奥氏体的合金元素都能使过冷奥氏体的稳定性增大,C 曲线向右移。当奥氏体中溶入较多碳化物形成元素(如 Cr、Mo、V、W、Ti 等)时,不仅 C 曲线位置会改变,而且 C 曲线的形状也会改变,C 曲线可出现两个"鼻尖"。

(3)加热温度和保温时间的影响。奥氏体化温度越高,保温时间越长,奥氏体成分越均匀,晶粒越大,但晶界面积则减少。降低过冷奥氏体转变的形核率,奥氏体稳定性增大,C 曲线右移。

C 曲线的应用很广,利用 C 曲线不仅可以制定等温退火、等温淬火和分级淬火的工艺,而且可以估计钢接受淬火的能力,并据此选择适当的冷却介质。

2. 过冷奥氏体的连续冷却转变

在实际生产中,热处理多采用连续冷却的方式冷却,因此有必要通过钢的连续冷却转变图(CCT 曲线)了解过冷奥氏体连续冷却的转变规律。CCT 曲线也是通过实验方法测定的。

1)共析钢的 CCT 曲线

共析钢的 CCT 曲线如图4-10 所示。在图4-10 中,P_s 线为珠光体转变开始线,

P_f 线为珠光体转变终了线，K 线为珠光体转变中止线。当实际冷却速度小于 v'_c 时，只发生珠光体转变；当实际冷却速度大于 v_c 时，只发生马氏体转变；当冷却速度介于 v'_c 和 v_c 之间时，奥氏体先有一部分转变为珠光体型组织，当冷却曲线与 K 线相交时，转变中止，当冷却温度在 M_s 以下时，剩余奥氏体发生马氏体转变。

图 4-10 中的 v_c 为马氏体临界冷却速度，又称为上临界冷却速度，是钢在淬火时为抑制非马氏体转变所需的最小冷却速度，v_c 越小，钢在淬火时越容易获得马氏体组织。v'_c 为下临界冷却速度，是保证奥氏体全部转变为珠光体的最大冷却速度，v'_c 越小，退火所需时间越长。

2）马氏体转变

马氏体转变是在低温（M_s 线以下）下进行的。由于过冷度很大，奥氏体向马氏体转变时难以进行铁、碳原子的扩散，因此只发生 γ-Fe 向 α-Fe 的晶格改组。固溶在奥氏体中的碳全部保留在 α-Fe 晶格中，形成碳在 α-Fe 中的过饱和固溶体，称为马氏体，用符号 M 表示。

（1）马氏体转变特点。马氏体转变属于无扩散型转变，因此马氏体转变前后的碳浓度没有变化。由于过饱和的碳原子被强制地固溶在体心立方晶格中，致使晶格严重畸变，形成具有一定正方度（$c>a$）的体心正方晶格，如图 4-11 所示。马氏体含碳量越高，晶格畸变越严重。α-Fe 的晶格致密度比 γ-Fe 的小，而马氏体是碳在 α-Fe 中的过饱和固溶体，比容更大，因此当奥氏体向马氏体转变时，体积要增大，且含碳量越高，体积增长就越多。体积的增长将使淬火工件产生相变内应力，从而导致工件变形和开裂。

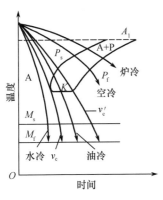

图 4-10　共析钢的 CCT 曲线

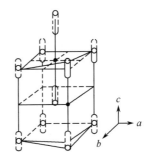

○—Fe 原子及其位移的范围；
●—C 原子可能存在的位置。

图 4-11　马氏体的晶体结构

马氏体转变速度极快，瞬间便可形成。马氏体转变是在一定温度范围内（M_s ~ M_f 线之间）进行的，如图 4-12（a）所示。马氏体的量随温度的不断降低而增多，一直到 M_f 温度。M_s 温度和 M_f 温度与冷却速度无关，它们只取决于奥氏体的化学成分。马氏体转变一般不能进行完全，总有一小部分奥氏体因未能转变而残留下来，这部分奥氏体称为残余奥氏体。残余奥氏体的存在有两个原因：①由于马氏体形成时伴随体积的膨胀,因此对尚未转变的奥氏体产生了多向压应力,抑制了奥氏体转变;②因为钢的 M_f 温度大多低于室温,并随着奥氏体含碳量的增加, M_s 和 M_f 温度降低,如图4-12(b)所示。在正常淬火冷却条件下,必然存在较多的残余奥氏体,钢中残余奥氏体量随 M_s 和 M_f 温度的降低而增加。残余奥氏体的存在不但降低了淬火钢的硬度和耐磨性,而且在工件长期使用过程中,由于残余奥氏体会继续转变为马氏体,使工件尺寸发生变化,因此生产中对一些高精度工件常采用冷处理的方法,即将淬火钢件冷却至0℃以下的某一温度,以减少残余奥氏体量。

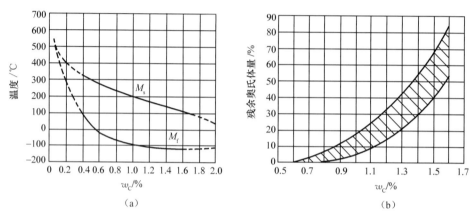

图4-12　奥氏体含碳量对马氏体转变温度及残余奥氏体量的影响

(2)马氏体的组织和性能。马氏体的形态主要有板条状和片状两种。马氏体形态主要与奥氏体含碳量有关,含碳量较低的钢淬火时几乎全部得到板条状马氏体组织,而含碳量高的钢淬火时得到片状马氏体组织,含碳量介于中间的钢淬火时则得到两种马氏体的混合组织。马氏体的显微组织如图4-13所示。

（a）板条状马氏体（500×）　　　（b）片状马氏体（200×）

图4-13　马氏体的显微组织

板条状马氏体的显微组织呈相互平行的细板条束,且束之间具有较大的位向差。片状马氏体呈针片状,在正常淬火条件下,马氏体针片十分细小,在光学显微镜下不易分辨形态。板条状马氏体不仅具有较高的强度和硬度,而且具有较好的塑性和韧性。片状马氏体的硬度很高,但塑性和韧性很差。板条状马氏体与片状马氏体的性能比较如表4-3所示。

表 4-3   板条状马氏体与片状马氏体的性能比较

马氏体形态	$w_C/\%$	σ_b/MPa	σ_s/MPa	$\delta/\%$	$\alpha_k/(J/cm^2)$	硬度/HRC
板条状	0.1 ~ 0.25	1020 ~ 1530	820 ~ 1330	9 ~ 17	60 ~ 180	30 ~ 50
片状	0.77	2350	2040	1	10	66

马氏体的硬度主要取决于其含碳量,当含碳量小于0.6%时,随含碳量增加,马氏体硬度增加;当含碳量大于0.6%时,马氏体硬度增加不明显。马氏体的塑性和韧性与其含碳量及形态有着密切关系。由于低碳板条状马氏体具有较高的强韧性,因此在生产中得到多方面的应用。

3. C 曲线与 CCT 曲线的比较

共析钢 C 曲线与 CCT 曲线的比较图如图 4-14 所示。由图 4-14 可以看出以下变化。

1)同一成分钢的 CCT 曲线位于 C 曲线的右下方

要获得同样的组织,连续冷却转变比等温转变的温度要低些,孕育期要长些。连续冷却时,转变是在一个温度范围内进行的,而转变产物的类型可能不止一种,有时是几种类型组织的混合。

2)连续冷却转变时,共析钢不发生贝氏体转变

CCT 曲线准确反映了钢在连续冷却条件下的组织转变,该曲线可作为制定和分析热处理工艺的依据。由于 CCT 曲线的测定比较困难,至今尚有许多钢种的 CCT 曲线未

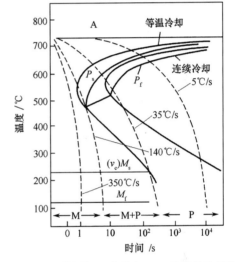

图 4-14   共析钢 C 曲线与 CCT 曲线的比较图

测定出来,而各钢种 C 曲线的测定则较为容易,因此生产中常利用 C 曲线定性地、近似地分析连续冷却转变的情况,分析的结果可作为制定热处理工艺的参考。

单元 2   钢的退火与正火

【学习目标】掌握钢的退火与正火工艺,即加热温度、冷却方式、最终的组织及其性能;了解退火与正火在实际生产中的应用。

【重点难点】区分退火与正火的工艺、最终组织及其性能、应用。

最基本的热处理工艺有退火、正火、淬火和回火等。

4.2.1   钢的退火

退火是将钢加热到适当温度,并保温一定时间,然后缓慢冷却的热处理工艺。退

火为预备热处理,主要用于铸、锻、焊毛坯或半成品零件,退火后获得珠光体组织。退火的主要目的:软化钢材以利于切削加工;消除内应力以防止工件变形;细化晶粒,改善组织,为工件的最终热处理做好准备。根据钢的成分和退火目的不同,可将常用的退火方法分为完全退火、等温退火、球化退化、均匀化退火、去应力退火和再结晶退火等。

1. 完全退火和等温退火

完全退火是把钢加热至 Ac_3 以上 30℃ ~ 50℃,保温一定时间,随炉冷至 600℃ 以下的某一温度,然后出炉空冷。完全退火可获得接近平衡状态的组织,主要用于亚共析钢的铸、锻件,有时也用于焊接结构。

完全退火的目的在于细化晶粒,消除过热组织,降低硬度和改善切削加工性。过共析钢不宜采用完全退火,以避免二次渗碳体以网状形式沿奥氏体晶界析出,给切削加工和以后的热处理带来不利影响。由于完全退火很费工时,因此生产中常采用等温退火来代替完全退火。等温退火与完全退火的加热温度完全相同,只是冷却方式有差别。等温退火是以较快速度冷却至 A_1 线以下某一温度,等温一定时间,使奥氏体转变为珠光体组织,然后空冷。对某些奥氏体比较稳定的合金钢,采用等温退火可大大缩短退火周期。

2. 球化退火

球化退火是将钢加热至 Ac_1 以上 20℃ ~ 40℃,在充分保温后,随炉冷却至 600℃ 以下的某一温度,然后出炉空冷。当球化退火随炉冷却至 Ar_1 温度时,冷却应足够缓慢,以使共析渗碳体球化。球化退火主要用于过共析钢,其目的是使钢中的渗碳体球状化,以降低钢的硬度,改善其切削加工性,并为以后的热处理工序做好组织准备。若钢的原始组织中有严重的渗碳体网,则在球化退火前应进行正火消除,以保证球化退火效果。

3. 均匀化退火(扩散退火)

均匀化退火是将钢加热至略低于固相线的温度(Ac_3 或 Ac_{cm} 以上 150℃ ~ 300℃),长时间保温(10 ~ 15h),然后随炉冷却,以使钢的化学成分和组织均匀化。均匀化退火能耗高,易使晶粒粗大,所以为细化晶粒,均匀化退火后应进行完全退火或正火。均匀化退火工艺主要用于质量要求高的合金钢铸锭、铸件或锻坯。

4. 去应力退火和再结晶退火

去应力退火又称低温退火,是将钢加热至 Ac_1 以下某一温度(一般为 500℃ ~ 600℃),保温一定时间,然后随炉冷却。去应力退火的过程中不发生组织的转变,目的是消除铸、锻、焊件和冷冲压件的残余应力。

再结晶退火可以软化由于冷变形引起的材料硬化,因此其主要用于经冷变形的钢。

4.2.2 钢的正火

将钢加热至 Ac_3 或 Ac_{cm} 以上 30℃ ~ 50℃,保温适当时间,出炉后在空气中冷却,这种热处理工艺称为正火。正火主要有以下几方面的应用。

（1）对于对力学性能要求不高的结构零件，可用正火作为最终热处理，以提高其强度、硬度和韧性。

（2）对于低、中碳钢，可用正火作为预备热处理，以调整其硬度，改善其切削加工性。

（3）对于过共析钢，正火可抑制渗碳体网的形成，为球化退火做好组织准备。

正火与退火的主要差别：正火冷却速度较快，得到的组织比较细小，强度和硬度也稍高一些。

碳钢的各种退火、正火的加热温度范围及工艺曲线如图4-15所示。

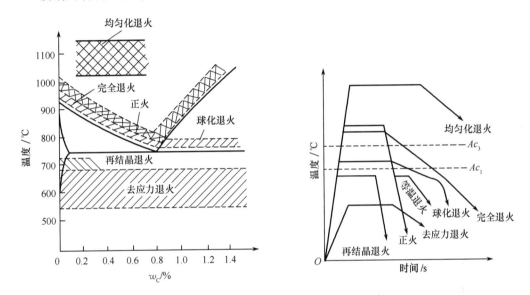

图4-15　碳钢的各种退火、正火加热温度范围及工艺曲线

4.2.3　退火和正火的选择

退火与正火都属于钢的预备热处理，它们的工艺及作用有许多相似之处，因此，在实际生产中，有时两者可以相互替代。退火与正火的选用主要从以下3个方面考虑。

1. 从切削加工性考虑

一般来说，钢的硬度在170HBW～260HBW时，切削加工性较好。含碳量小于0.5%的结构钢选用正火为宜；含碳量大于0.5%的结构钢选用完全退火为宜；选用球化退火作为预备热处理，且含碳量大于0.9%的高碳工具钢，先正火消除渗碳体网再球化退火。

2. 从工件的结构形状考虑

对于形状复杂的工件或尺寸较大的大型钢件，若选用正火，则工件的外层和尖角处冷却速度太快，而内部的冷却速度较慢，最终可能产生较大的内应力而导致变形和裂纹,因此选用退火为宜。

3. 从经济性考虑

因为正火比退火的生产周期短、成本低、操作简单,所以在可能条件下应尽量采用正火,以降低生产成本。

单元3 钢的淬火与回火

【学习目标】掌握钢的淬火与回火工艺、钢的淬透性和淬硬性的概念及影响因素、淬火钢在回火时的组织转变、回火的三大分类及应用。

【重点难点】掌握淬火与回火工艺的应用,以及所得组织及其性能及应用;掌握回火的种类及其应用、钢的淬透性和淬硬性的概念。

4.3.1 钢的淬火

将钢加热至 Ac_3 或 Ac_1 以上的某一温度,保温一定时间后,以大于上临界冷却速度 (v_c) 的冷却速度冷却而获得马氏体和(或)贝氏体组织的热处理工艺称为淬火。淬火是钢最经济、最有效的强化手段之一。

1. 淬火的加热温度

钢淬火的加热温度主要根据其相变点来确定。碳钢淬火的加热温度范围如图4-16所示。

亚共析钢一般采用完全奥氏体化淬火,淬火加热温度为 Ac_3 以上 $30℃～50℃$。如果加热温度选择在 $Ac_1～Ac_3$ 之间,则在淬火组织中将有先析出的铁素体存在,使钢的强度降低。

共析钢和过共析钢的淬火加热温度为 Ac_1 以上 $30℃～50℃$。过共析钢的加热温度选择 $Ac_1～Ac_{cm}$ 是为了淬火冷却后获得细小片状马氏体和细小球状渗碳体的混合组织,以提高钢的耐磨性。如果将过共析钢加热至 Ac_{cm} 以上某一温度进行完全奥氏体化淬火,则奥氏体晶粒粗化,淬火后的马氏体粗大,钢的脆性增加。此外,由于渗碳体过多的溶解,使马氏体中碳的过饱和度过大,增大了淬火应力和变形与开裂的倾向,同时钢中的残余奥氏体量也增多,降低了钢的硬度和耐磨性。

应当指出,在确定具体工件热处理温度时,需全面考虑各种因素(工件形状、尺寸等)的影响。对于高合金钢加热温度的选择,还应考虑合金碳化物的溶解和合金元素均匀化等问题。

2. 保温时间的确定

保温的目的是使工件内外温度达到一致,并使室温组织转变为奥氏体或主要为奥氏体和均匀的化学成分。保温时间的长短,应根据钢的成分特点、工件尺寸、装炉量、摆放情况和加热介质来确定。一般来说,钢中碳的平均质量分数越高,含合金元素越多,导热性越差,需要的保温时间越长;工件的厚度或直径尺寸越大,装炉量越大,需要的保温时间也越长;在空气为介质的加热炉中加热时,加热速度慢,则需要的保温时间长,在熔融的盐炉中加热时,加热速度快,需要的保温时间相应缩短。

在生产中,保温时间的确定是个复杂的问题,目前还没有很准确的计算方法。一般在箱式加热炉中加热,以有效尺寸计算,碳钢的保温时间为 1min/mm ~ 1.3min/mm,合金钢一般为 1.5min/mm ~ 2min/mm,亦可根据经验计算保温时间。

3. 常用的淬火方法

为了保证淬火质量,减小淬火应力和变形与开裂的倾向,淬火的冷却速度很关键。理想的淬火冷却速度如图 4-17 所示。目前,实际应用的淬火介质还不能完全满足理想冷却速度的要求。为了获得比较理想的淬火效果,需采用适宜的淬火介质和适当的淬火方法。常用的淬火介质有水、油,以及盐、碱的水溶液等。常用的淬火介质的冷却能力如表 4-4 所示。

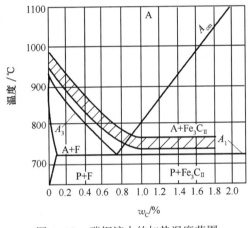

图 4-16 碳钢淬火的加热温度范围

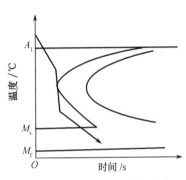

图 4-17 理想的淬火冷却速度

表 4-4 常用的淬火介质的冷却能力

淬火冷却剂	冷却速度/(℃/s)		淬火冷却剂	冷却速度/(℃/s)	
	550℃ ~650℃	200℃ ~300℃		550℃ ~650℃	200℃ ~300℃
水(18℃)	600	270	10% NaCl+水	1200	300
水(50℃)	100	270	矿物油	100 ~200	20 ~50
10% NaCl+水	1100	300	0.5 % 聚乙烯醇+水	介于油水之间	180

常用的淬火方法有以下几种。

1)单液淬火

将加热至淬火温度的工件投入单一淬火介质,之后连续冷却至室温,如图 4-18 中曲线 a 所示。例如,碳钢在水中淬火、合金钢在油中淬火等。单液淬火操作简便,易于实现机械化和自动化,但其也有不足之处,即易产生淬火缺陷,水中淬火易产生变形和裂纹;油中淬火易产生硬度不足或硬度不均匀等现象。

2)双介质淬火

双介质淬火是将加热的工件先投入一种冷却能力强的介质中冷却,然后在冷却

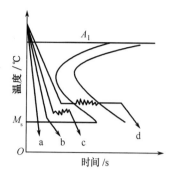

a—单液淬火；b—双介质淬火；
c—马氏体分级淬火；
d—贝氏体等温淬火。
图4-18 常见淬火方法示意图

至 M_s 线以下某一温度时，再将工件转入冷却能力小的另一种介质中冷却，如图4-18中曲线 b 所示。例如，形状复杂的非合金钢工件采用水淬油冷法，合金钢工件采用油淬空冷法等。双介质淬火可使低温转变时的内应力减小，从而有效防止工件的变形和开裂。准确地控制工件从第一种介质转到第二种介质时的温度是双介质淬火的关键，需要一定的实践经验。

3）马氏体分级淬火

将加热的工件先放入温度为 M_s 附近（150℃ ~ 260℃）的盐浴或碱浴中，稍加停留（2 ~ 5min），等工件整体温度趋于均匀时，再取出空冷以获得马氏体，如图4-18中曲线 c 所示。分级淬火可更为有效地避免变形和裂纹的产生，而且比双介质淬火易于操作。分级淬火一般适用于形状较复杂、尺寸较小的工件。

4）贝氏体等温淬火

等温淬火与分级淬火相似，其差别在于等温淬火是在稍高于 M_s 温度的盐浴或碱浴中，保温足够的时间，使其发生下贝氏体转变，后出炉空冷，如图4-18中曲线 d 所示。等温淬火的内应力很小，工件不易变形和开裂，而且具有良好的综合力学性能。等温淬火常用于处理形状复杂、尺寸要求精确，并且硬度和韧性都要求较高的工件，如各种冷、热冲模，成型刃具和弹簧等。

5）局部淬火

有些工件根据其工作条件只要求局部高硬度，则可进行局部加热淬火，以避免工件其他部分产生变形和裂纹。

6）冷处理

将工件进行常规淬火处理并冷却至室温后，继续在一般制冷设备或低温介质（如-80℃ ~ -70℃的干冰等）中冷却的工艺称为冷处理。冷处理可以减少钢中残留奥氏体的数量，得到尽量多的马氏体，这样有利于提高钢的硬度和耐磨性，并使尺寸稳定。冷处理多用于处理精密量具及滚动轴承等。

4. 钢的淬透性与淬硬性

1）淬透性的概念

钢的淬透性是指钢在淬火冷却时，获得马氏体组织深度的能力。工件在淬水时，整个截面的冷却速度不同，其中，工件表面的冷却速度最大，中心层的冷却速度最小，如图4-19（a）所示。工件表面冷却速度大于该钢的 v_c，淬火后得到马氏体组织，图4-19（b）中的影线区域表示获得马氏体组织的深度。一般规定由钢的表面至内部马氏体组织占50%处的距离为有效淬硬深度。

淬透性是钢的一种重要的热处理工艺性能，其高低以钢在规定的标准淬火条件下能够获得的有效淬硬深度来表示。用不同钢种制造的相同形状和尺寸的工件,在同样条件下淬火,有效淬硬深度深的钢淬透性好。

2)影响淬透性的因素

影响淬透性的因素很多。钢的淬透性主要取决于钢的马氏体临界冷却速度的大小,其实质是取决于过冷奥氏体的稳定性,即C曲线的位置,钢的C曲线越靠右,其淬透性越好,因此钢的化学成分和奥氏体化条件是影响淬透性的主要因素。

3)淬透性的实际应用

钢的淬透性是在机械设计制造过程中,合理选材和正确制定热处理工艺的重要依据。

淬硬层深度和力学性能的关系如图4-20所示。若整个工件淬透,则经高温回火后,其力学性能沿截面是均匀一致的;若工件未淬透,则经高温回火后,虽然截面上硬度基本一致,但未淬透部分的屈服强度和冲击韧性却显著降低。

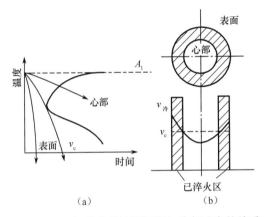

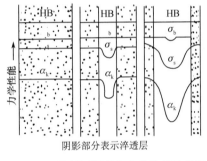

图4-19 钢的有效淬硬深度与冷却速度的关系   图4-20 淬硬层深度和力学性能的关系

在机械制造中,许多在重载荷、动载荷下工作的重要工件及承受拉、压应力的重要工件,常要求工件表面和心部的力学性能一致,此时应选用能全部淬透的钢;对于应力主要集中在工件表面,心部应力不大(如承受弯曲应力)的工件,则可考虑选用淬透性低的钢。焊接件一般不选用淬透性高的钢,否则易在焊缝及热影响区出现淬火组织,造成焊件变形和开裂。

另外,还应注意淬透性与淬硬性的区别,具体如下。

(1)淬透性与实际工件淬硬层深度是有区别的。同一钢种不同截面的工件在同样奥氏体化条件下淬火,其淬透性是相同的,但是其淬硬层深度却因工件的形状、尺寸和冷却介质的不同而不同。淬透性是钢本身所固有的属性,对于同一种钢,它的淬透性是确定的,所以可用于不同钢种之间的比较。实际工件的淬硬层深度除取决于钢的淬透性之外,还与工件的形状、尺寸及采用的冷却介质等外界因素有关。

(2)钢的淬透性与淬硬性是两个不同的概念,淬硬性是指钢淬火后能达到的最高硬度,它主要取决于马氏体的含碳量。淬透性好的钢其淬硬性不一定高。例如,低碳合金钢的淬透性相当好,但其淬硬性却不高;高碳非合金钢的淬硬性高,但其淬透性却比较差。

4.3.2　钢的回火

回火是将淬火钢加热到 Ac_1 以下某一温度,保温一定时间,然后冷却(一般为空冷)至室温的热处理工艺。回火是淬火的后续工序,其主要目的是减少或消除淬火应力,防止工件变形与开裂,稳定工件尺寸及获得工件所需的组织和性能。

1. 淬火钢在回火时的组织转变

淬火后钢的组织是不稳定的,具有向稳定组织转变的自发倾向,而回火加速了这一转变过程。淬火钢在回火时,随着温度的升高,其组织转变可分为以下 4 个阶段。

1)马氏体分解(80℃～200℃)

ε 碳化物是弥散度极高的薄片状组织。马氏体内过饱和的碳原子以 ε 碳化物形式析出,使马氏体的过饱和度降低。这种马氏体和 ε 碳化物的回火组织称为回火马氏体。此阶段钢的淬火内应力减少,韧性改善,但硬度并未明显降低。

2)残余奥氏体分解(200℃～300℃)

在马氏体分解的同时,对残余奥氏体的压力降低,马氏体转变为下贝氏体。这个阶段转变后的组织主要是回火马氏体。随着淬火内应力进一步降低,马氏体分解造成的硬度降低,被残余奥氏体分解引起的硬度升高所补偿,故钢的硬度降低并不明显。

3)马氏体分解完成和渗碳体的形成(300℃～400℃)

马氏体继续分解,直至过饱和的碳原子几乎全部由固溶体内析出。与此同时,ε 碳化物逐渐转变为极细的稳定碳化物 Fe_3C。此阶段到 400℃ 全部完成,形成尚未再结晶的针状铁素体和细球状渗碳体的混合组织,称为回火托氏体。此时钢的淬火内应力基本消除,硬度有所降低。

4)固溶体的再结晶与渗碳体的聚集长大(400℃以上)

当温度高于 400℃ 时,固溶体发生回复与再结晶,同时渗碳体颗粒不断聚集长大;当温度高于 500℃ 时,形成块状铁素体与球状渗碳体的混合组织,称为回火索氏体。此时钢的强度、硬度不断降低,但韧性却明显改善。

必须指出的是,虽然以上 4 个阶段是在不同温度范围内进行的,但 4 个温度范围有交叉,所以钢在回火以后所表现出的性能是这些变化的综合结果。

2. 回火的分类及其应用

在实际生产中,根据钢件的性能要求,按钢淬火后的回火温度范围,可以将回火分为以下 3 类。

1)低温回火(150℃～250℃)

回火后的组织是回火马氏体,它基本保持了马氏体的高硬度和耐磨性,钢的内应力和脆性有所降低。低温回火主要用于各种工具、滚动轴承、渗碳件和表面淬火件。

2)中温回火(350℃～500℃)

回火后的组织主要为回火托氏体,它具有较高的弹性极限和屈服强度,以及一定的韧性和硬度。中温回火主要用于各种弹簧和模具等。

3）高温回火（500℃~650℃）

回火后的组织为回火索氏体，它具有强度、硬度、塑性和韧性都较好的综合力学性能。高温回火广泛用于各种机械中的重要结构零件，如各种轴、齿轮、连杆、高强度螺栓等。通常将淬火和高温回火相结合的热处理称为调质处理。

3. 回火脆性

在回火过程中，冲击韧性不一定总是随回火温度的升高而不断提高的，有些钢在某一温度范围内回火时，其冲击韧性与在较低温度回火时相比显著下降，这种脆化现象称为回火脆性。钢的冲击韧性与回火温度的关系如图4-21所示。在250℃~400℃出现的回火脆性称为第一类回火脆性，应尽量避免在此温度范围内回火；在500℃~600℃出现的回火脆性称为第二类回火脆性，部分合金钢容易产生这类回火脆性，加入Mo、W或回火后快冷可避免这类回火脆性的发生。

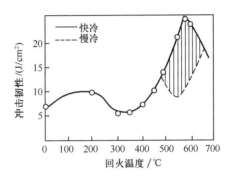

图4-21　钢的冲击韧性与回火温度的关系

单元4　钢的表面热处理

【学习目标】了解钢的表面淬火和化学热处理的概念、感应加热表面淬火的原理及应用；了解钢的渗碳工艺、渗氮工艺、碳氮共渗工艺，以及所得组织、性能及应用。

【重点难点】掌握钢的表面淬火，渗碳工艺、渗氮工艺及其应用。

某些在冲击载荷、交变载荷及摩擦条件下工作的机械零件，如曲轴、凸轮轴、齿轮、主轴等，由于其表面承受较高的应力，因此要求工件表面具有高的强度、硬度、耐磨性及疲劳强度，而心部则要具有足够的塑性和韧性。为了达到上述性能要求，生产中广泛应用表面热处理和化学热处理的工艺。

4.4.1　表面淬火

表面热处理是仅对工件表面进行热处理以改变其组织和性能的工艺，其中最常用的是表面淬火。表面淬火是对钢的表面快速加热至淬火温度，并立即以大于 v_c 的速度冷却，从而使表层强化的热处理工艺。表面淬火不改变钢表面的化学成分，仅改变表面的组织,且心部组织不发生变化。

生产中广泛应用的表面淬火方法有感应加热和火焰加热两种。

1. 感应加热表面淬火

感应加热表面淬火的基本原理如图4-22所示。将工件放在铜管绕制的感应圈内,当感应圈通以一定频率的电流时,感应圈内部和周围产生同频率的交变磁场,于是工件中相应地产生了自成回路的感应电流。由于集肤效应,感应电流主要集中在工件表面,使工件表面迅速加热到淬火温度,随即喷水冷却,使工件表面淬硬,这种淬火方法称为感应加热表面淬火。

根据电流频率的不同,感应加热可分为高频(200kHz～300kHz)加热、超声频(20kHz～40kHz)加热、中频(2.5kHz～8kHz)加热、工频(50Hz)加热等。感应电流频率越高,电流集中的表面越薄,加热层也越薄,淬硬层深度也越小。

感应加热表面淬火工件宜选用中碳钢和中碳低合金结构钢。目前感应加热表面淬火应用最广泛的是各种齿轮、轴类等零件,也可用于高碳钢、低合金钢制造的工具和量具,以及铸铁冷轧辊等。经感应加热表面淬火的工件,其表面不易氧化、脱碳,且变形小,淬火层深度易于控制。一般高频感应加热淬硬层深度为1～2mm,表面硬度比普通淬火高2HRC～3HRC。此外,感应加热表面淬火工艺的生产效率高,易于实现机械化生产,多用于大批量生产的形状较简单的零件。

2. 火焰加热表面淬火

使用乙炔-氧火焰或煤气-氧火焰,将工件表面快速加热到淬火温度,随即喷水冷却,这种淬火方法称为火焰加热表面淬火,如图4-23所示。火焰加热表面淬火的淬硬层深度为2～6mm,其适用于大型工件的表面淬火,如大模数齿轮等。虽然火焰加热表面淬火所用的设备简单,投资少,但是加热时易过热,因此淬火质量不稳定。

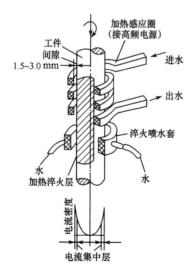

图4-22 感应加热表面淬火的基本原理

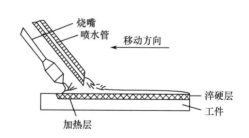

图4-23 火焰加热表面淬火

4.4.2 化学热处理

钢的化学热处理是将工件置于一定的活性介质中保温,使一种或几种元素渗入工件表层,以改变其化学成分,从而使工件获得所需组织和性能的热处理工艺。化学热处理的目的主要是表面强化和改善工件表面的物理、化学性能,即提高工件的表面硬度、耐磨性、疲劳强度、热硬性和耐蚀性。

化学热处理的种类很多,一般以渗入的元素来命名。化学热处理有渗碳、渗氮、碳氮共渗(氰化)、渗硫、渗硼、渗铬、渗铝及多元共渗等。无论是哪一种化学热处理,活性原子渗入工件表面都由以下 3 个基本过程组成。

(1)分解。由化学介质分解出能够渗入工件表面的活性原子。

(2)吸收。活性原子由钢的表面进入铁的晶格中形成固溶体,甚至还可能形成化合物。

(3)扩散。渗入的活性原子由表面向内部扩散,形成一定厚度的扩散层。

1. 渗碳

渗碳是将工件置于富碳的介质中加热至高温(900℃~950℃),使碳原子渗入表层的过程,其目的是使增碳的表面经淬火和低温回火后,获得高硬度、强耐磨性和高疲劳强度。渗碳适用于低碳非合金钢和低碳合金钢,常用于齿轮、活塞销、套筒等零件。

根据采用的渗碳剂不同,渗碳可分为气体渗碳、液体渗碳和固体渗碳。目前生产中广泛采用气体渗碳。

气体渗碳是将工件置于密封的渗碳炉中,如图 4-24 所示,加热到 900℃~950℃,通入渗碳气体(如煤气、石油液化气、丙烷等)或易分解的有机液体(如煤油、甲苯、甲醇等),在高温下通过反应分解出活性碳原子,活性碳原子渗入高温奥氏体中,并通过扩散形成一定厚度的渗碳层。

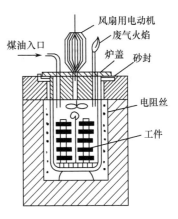

图 4-24 气体渗碳示意图

渗碳的时间主要由渗碳层的厚度决定,一般保温 1h,渗碳层厚度约增 0.2~0.3 mm,渗碳层 w_C =0.8%~1.1%。工件渗碳后必须进行淬火和低温回火。渗碳淬火工艺主要有以下 3 种。

(1)直接淬火法。工件渗碳后出炉,经预冷直接淬火和低温回火。

(2)一次淬火法。工件渗碳后出炉缓慢冷却,然后重新加热,再进行淬火和低温回火。

(3)两次淬火法。对性能要求较高的工件可采用此方法。第一次淬火(加热到850℃~900℃)的目的是细化心部组织,第二次淬火(加热到 750℃~800℃)的目的是使工作表面获得细片状马氏体和粒状渗碳体组织。

一般低碳非合金钢经渗碳淬火后,其表面硬度可达 60HRC～64HRC,心部硬度为 30HRC～40HRC。气体渗碳的渗碳层质量高,渗碳过程易于控制,生产率高,劳动条件好,易于实现机械化和自动化,适用于大批量生产。

2. 渗氮

将氮原子渗入工件表面的过程称为渗氮(氮化),其目的是提高工件表面硬度、耐磨性、疲劳强度、热硬性和耐蚀性。常用的渗氮方法主要有气体渗氮、液体渗氮及离子渗氮等。

气体渗氮是将工件置于通入氨气的炉中,加热至 500℃～600℃,使氨分解出活性氮原子,渗入工件表面,并向内部扩散形成氮化层。气体渗氮的特点如下。

(1)与渗碳相比,渗氮工件的表面硬度较高,可达 1000HV～1200HV(相当于 69HRC～72HRC)。

(2)由于渗氮温度较低,并且渗氮工件一般不再进行其他热处理(如淬火等),因此工件变形很小。

(3)渗氮后工件的疲劳强度可提高 15%～35%。

(4)渗氮层具有强耐蚀性,这是因为渗氮层是由致密的、耐腐蚀的氮化物所组成的,能有效地防止某些介质(如水、过热蒸气、碱性溶液等)的腐蚀作用。

由于渗氮工艺复杂,生产周期长,成本高,渗氮层薄而脆,不宜承受集中的重载荷,并需要专用的氮化用钢,因此渗氮只用于要求高耐磨性和高精度的零件,如精密机床的丝杠、镗床主轴、重要的阀门等。为了改善渗氮周期长的缺点,近十几年来在原渗氮的基础上发展了软氮化和离子氮化等先进氮化方法。

3. 碳氮共渗

碳氮共渗就是在一定温度下,同时向零件表面渗入碳和氮的化学热处理工艺。碳氮共渗可分为液体碳氮共渗和气体碳氧共渗两种。液体碳氮共渗有剧毒,污染环境,劳动条件差,已很少应用,目前常用的是气体碳氮共渗。气体碳氮共渗分为中温气体碳氮共渗和低温气体碳氮共渗两种。

1) 中温气体碳氮共渗

中温气体碳氮共渗是将工件放入密封炉内加热到共渗温度,之后向炉内滴入煤油,同时通以氨气,经保温后工件表面获得一定深度的共渗层。中温气体碳氮共渗主要是渗碳,但氮的渗入使碳浓度很快提高,从而使共渗温度降低和时间缩短。碳氮共渗温度为 830℃～850℃,保温 1～2h 后,共渗层可达 0.2～0.5mm。中温气体碳氮共渗后应进行淬火,再进行低温回火。

2) 低温气体氮碳共渗

低温气体碳氮共渗以渗氮为主,也称氮碳共渗或软氮化,一般使用尿素或甲酰胺等作渗剂,共渗温度为 500℃～600℃,共渗时间为 1～3h,共渗层厚度为 0.1～0.4mm。

3) 碳氮共渗后的力学性能

钢件经碳氮共渗及淬火后,得到的是含氮的马氏体组织,该组织的耐磨性比渗碳后得到的组织的耐磨性更好;碳氮共渗层具有比渗碳层更高的压应力,因而碳氮共渗后的工件具有更高的疲劳强度和较好的耐蚀性。

与渗碳相比,碳氮共渗具有时间短、生产效率高等优点,而且碳氮共渗后的工件的表面硬度高、变形小。由于共渗层较薄,因此碳氮共渗主要用于形状复杂、要求变形小的小型耐磨零件。

习题和思考题

1. 什么是热处理? 热处理对零件制造有什么重要意义?

2. 试阐述控制奥氏体晶粒大小的实际意义和方法。

3. 试阐述共析钢奥氏体形成的几个阶段,分析亚共析钢和过共析钢奥氏体形成的主要特点。

4. 为什么随着过冷度的变化,过冷奥氏体的稳定性发生了变化?

5. 共析钢的等温冷却转变曲线与连续冷却转变曲线有什么不同(画图),原因是什么?

6. 钢的等温冷却曲线在实际生产中有什么意义?

7. 什么是钢的马氏体临界冷却速度? 它的大小受哪些因素影响? 它与钢的淬透性有何关系?

8. 钢的热处理包括哪些基本方法?

9. 淬火状态下的钢的切削加工性如何,可采取什么工艺措施来解决,原因是什么?

10. 为了改善切削加工性,对20钢、T7钢、T10钢可采用什么热处理工艺?

11. 试阐述钢的退火、正火、淬火的加热温度范围。45钢、T12钢的淬火加热温度是多少?

12. 正火和退火的主要区别是什么? 生产中应如何选择正火和退火?

13. 试比较索氏体与回火索氏体、托氏体与回火托氏体、马氏体与回火马氏体在形成条件、金相组织形态与性能上的主要区别。

14. 常见的马氏体形态有哪两种? 各有哪些性能特点?

15. 什么是钢的淬透性和淬硬性? 其主要决定因素各是什么?

16. 什么是回火? 回火包括哪几种,各获得什么组织,其应用范围有何不同?

17. 制造虎口钳、锉刀、弹簧垫圈、承力螺栓和连杆(30HRC～35HRC)等零件或工具,应采用什么热处理工艺,获得什么组织,其性能如何?

18. 现有20钢和40钢制造的齿轮各一个,为提高齿面的硬度和耐磨性,宜采用何种热处理工艺? 热处理后在组织和性能上有什么不同?

19. 为什么过共析钢的淬火温度选择Ac_1以上30℃～50℃?

20. 甲、乙两厂同时生产一种 45 钢零件，硬度要求为 220HBS～250HBS。甲厂采用正火处理，乙厂采用调质处理，都达到了硬度要求。试分析甲、乙两厂生产的产品的组织和性能差异？试分析采用哪种处理工艺更合理？

21. 表面热处理包括哪些方法？

22. 渗碳的目的是什么？为什么渗碳钢一般采用低碳钢和低碳合金钢？

23. 钢渗氮后有什么优点？

模块5

合 金 钢

随着科学技术和工业的发展,产品研发人员对材料提出了更高的要求,如更高的强度、抗高温、抗高压、耐蚀性、耐磨性及其他特殊的物理、化学性能要求。碳钢虽然价格低廉,容易生产,便于加工,但是其存在着淬透性低、强度较低、回火稳定性差和基本相软等缺点,不能完全满足科学技术和工业发展的要求,尤其不能满足大尺寸、重载荷零件的要求,也不能用于耐腐蚀、耐高温的零件制造。

为了提高或改善钢的力学性能、工艺性能或使钢具有某些特殊的物理、化学性能,常常需要有目的地向钢中加入一种或几种一定量的化学元素(Fe 和 C 除外),这些元素称为合金元素。最常用的合金元素有不形成碳化物的元素,如 Si、Al、Cu、Ni、Co、N、B 等;形成碳化物的元素,如 Ti、Zr、Nb、V、Mo、W、Cr、Mn 等。此外,还有稀土元素(如 Re)。把向碳素钢中加入合金元素后获得的钢种称为合金钢。

单元1 合金元素的作用

【学习目标】了解合金元素在钢中的作用、合金元素对铁碳合金相图的影响及对热处理的影响;掌握合金元素在钢中的作用及正确选用合金元素的方法。

【重点难点】掌握合金元素在钢中的存在形式、对铁碳合金相图的影响及对热处理的影响。

将合金元素加入钢中后,合金元素不仅与 Fe、C 这两种基本元素发生作用,而且合金元素之间也发生相互作用,从而对钢的基本相、铁碳合金相图及钢在热处理过程中的组织转变规律都有影响。合金元素在钢中的作用非常复杂,目前为止对它的认识还不是很全面。以下着重分析合金元素和 C 元素的作用、合金元素对铁碳合金相图的影响及对热处理的影响。

5.1.1 合金元素在钢中的存在形式及对基本相的影响

碳钢在平衡状态下的基本组成相是铁素体和渗碳体,合金元素的加入,将使这两种基本相发生变化。合金元素在钢中的主要存在形式有两种:溶入铁素体形成合金铁素体和融入渗碳体形成合金碳化物。因存在形式不同,合金元素在合金中所起的作用也不同。

1. 形成合金铁素体

绝大多数合金元素都可或多或少地溶入铁素体,形成合金铁素体。与碳亲和力弱的非碳化物形成元素,如 Ni、Cu、Al、Co、Si、B 等,主要溶入铁素体而难以形成碳化物,其中原子半径很小的合金元素(如 N、B 等)与铁形成间隙固溶体;原子半径较大的合金元素(如 Mn、Ni、Co 等)与铁形成置换固溶体。

合金元素溶入铁素体后,合金元素的原子半径与铁的原子半径相差越大,晶格类型越不相同,这必然引起铁素体的晶格畸变,从而产生固溶强化,使铁素体的强度、硬度提高,但铁素体的韧性、塑性都有下降的趋势。固溶强化的效果取决于铁素体点阵畸变的程度。溶于铁素体的合金元素含量对铁素体性能的影响如图 5-1 所示,图中的 Me 是各种合金元素的统称。

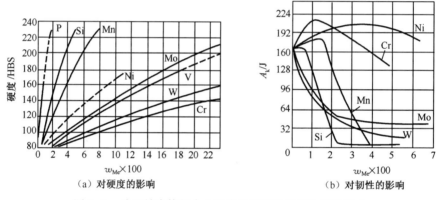

（a）对硬度的影响　　　　　　　　　（b）对韧性的影响

图 5-1　溶于铁素体的合金元素含量对铁素体性能的影响

由图 5-1 可知,Si、Mn 这两种元素能显著提高铁素体的硬度,但当 $w_{Si} > 0.6\%$、$w_{Mn} > 1.5\%$ 时,将显著降低其冲击韧性;而 Cr、Ni 这两种元素,在适量范围内($w_{Cr} \leq 2.0\%$、$w_{Ni} \leq 5.0\%$),不但可以提高铁素体的硬度,而且能提高其韧性,因此 Cr 和 Ni 是优良的合金元素。因此,在合金结构钢中,为了获得良好的强化效果,常加入一定量的 Cr、Ni、Si、Mn 等合金元素。

2. 形成合金碳化物

合金碳化物包括合金渗碳体和单独形成的特殊碳化物。碳化物形成元素在元素周期表中都是位于铁左边的过渡族金属元素,如 Mn、Cr、Mo、V、Nb、Zr、Ti 等,离铁的位置越远,则其与碳的亲和力越强,形成碳化物的能力越大,形成的碳化物越稳定而不易分解。通常合金元素中 Ti、Zr、Nb、V 为强碳化物形成元素,它们在钢中优先形成特殊碳化物,如 NbC、VC、TiC 等。W、Mo、Cr 为中强碳化物形成元素,它们在钢中既能形成合金渗碳体,如 $(Fe,Cr)_3C$ 等,又能形成各自的特殊碳化物,如 Cr_7O_3、$Cr_{23}C_6$、MoC、WC 等。Mn 为弱碳化物形成元素,与碳的亲和力比 Fe 强,溶于渗碳体中形成合金渗碳体 $(Fe,Mn)_3C$,但难以形成特殊碳化物。

1）合金渗碳体

Mn 一般是溶入钢中渗碳体,形成合金渗碳体$(Fe,Mn)_3C$ 的。Cr、Mo、W 在钢中的含量(w_{Mn} 为 0.5% ~3%)不大时,形成合金渗碳体,如$(Fe,Cr)_3C$,$(Fe,Mo)_3C$ 等。

合金渗碳体较渗碳体略稳定,硬度也较高。一般低合金钢中碳化物的主要存在形式是合金渗碳体。

2）特殊碳化物

特殊碳化物是与渗碳体晶格完全不同的合金碳化物,通常是由中强或强碳化物形成元素构成的碳化物。

即使强碳化物形成元素的含量较少,但只要钢中有足够的碳,其就倾向于形成特殊碳化物,即具有简单晶格的间隙相碳化物,如 WC、Mo_2C、VC、TiC 等。中强碳化物形成元素,只有当其含量较高(w_c>5%)时,才倾向于形成特殊碳化物,即具有复杂晶格的碳化物,如 $Cr_{23}C_6$、Cr_7C_3、Fe_3W_3C 等。

特殊碳化物,特别是间隙相碳化物,比合金渗碳体具有更高的熔点、硬度和耐磨性,并且更为稳定,不易分解,能显著提高钢的强度、硬度和耐磨性。

合金碳化物的种类、性能和在钢中的分布状态都会直接影响到钢的性能及热处理时的相变。例如,当钢中存在弥散分布的特殊碳化物时,将显著增加钢的强度、硬度与耐磨性,而不降低其韧性,这对于提高工具钢的使用性能极为有利。

5.1.2　合金元素对铁碳合金相图的影响

合金元素的加入,对铁碳合金相图的相区、相变温度、共析成分等都有影响。

1. 合金元素对相区的影响

合金元素会使奥氏体的单相区（γ 相区）扩大或缩小。Ni、Mn、Co、C、N、Cu 等元素的加入都会使奥氏体相区扩大,这些元素是奥氏体稳定化元素,特别以 Ni、Mn 的影响更大。Mn 对铁碳合金相图 γ 相区的影响如图 5-2（a）所示。从图 5-2（a）中可知,随碳钢中 Mn 含量的增加,铁碳合金相图中的临界点 A_3 降低,当 Mn 的平均质量分数较大时,甚至可以使钢在室温下获得单相奥氏体组织,如 ZGMn13 高锰耐磨钢。相反地,Cr、V、W、Mo、Ti、Si 等元素的加入则会缩小 γ 相区,这些元素是铁素体稳定化元素。Cr 对铁碳合金相图 γ 相区的影响如图 5-2（b）所示。从图 5-2（b）中可知,随钢中含 Cr 量的增加,γ 相区逐渐缩小,当 Cr 元素的含量超过一定量时,γ 相区可能完全消失,此时,钢在室温下的平衡组织为单相铁素体,这类钢称为铁素体钢。这些单相组织的合金钢,一般都是不锈钢或耐热钢。

由图 5-2 可知,由于合金元素的加入,铁碳合金相图中的 γ 相区或扩大或缩小,相图中临界点 A_1 和 A_3 的位置也相应发生变化,因此合金钢的热处理温度与碳钢有所不同,不能直接用铁碳合金相图来确定。

2. 合金元素对相图中 S 点、E 点位置的影响

所有的合金元素都使 S 点左移,而大部分合金元素使 E 点左移,因此含碳量相同

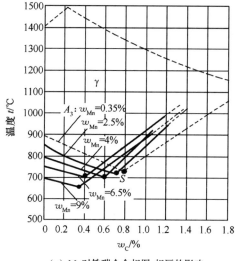

（a）Mn对铁碳合金相图γ相区的影响

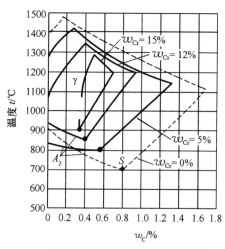

（b）Cr对铁碳合金相图γ相区的影响

图 5-2　合金元素对铁碳合金相图 γ 相区的影响

的碳素钢和合金钢的显微组织不同。例如，含碳量为 0.4% 的碳钢具有亚共析组织，当加入了 4% 的 Cr 之后，S 点左移，使形成的合金钢具有过共析钢组织，因而合金钢共析体含碳量比碳钢共析体的含碳量小 0.77%。

在铁碳合金相图中，E 点的含碳量为 2.11%，当钢中含合金元素时，E 点左移，这时 E 点相应的含碳量小于 2.11%，从而使合金钢在较低的含碳量下也会出现共晶莱氏体组织。例如，高速钢中含有大量 W、Cr 等元素，虽然其含碳量在 0.8% 左右，但也属莱氏体钢。

在一般合金钢中，合金元素的添加都会使得 S 点和 E 点不同程度地左移，因此在退火状态下，其组织中珠光体数量较含碳量相同的碳钢多，强度也较碳钢高。

5.1.3　合金元素对钢热处理的影响

合金元素对热处理的影响主要表现在加热、冷却和回火过程中的相变上。

1. 合金元素对奥氏体化和其晶粒长大的影响

除 Co、Ni 外，大多数合金元素均减缓奥氏体的形成速度，因此对含有合金元素的合金钢，为了加速碳化物的溶解和奥氏体成分的均匀化，在热处理时就需要用比碳钢更高的加热温度和更长的保温时间。

大多数合金元素有阻碍奥氏体晶粒长大的作用，特别是 Cr、Mo、W、V、Ti 等元素能严重阻碍奥氏体晶粒的长大，因为这些元素能形成稳定性特别高的特殊碳化物，在加热过程中不易溶于奥氏体中，而是分布在奥氏体晶界上，阻碍其晶界外移，显著细化晶粒。

2. 合金元素对 C 曲线、淬透性和残留奥氏体的影响

当在碳钢中加入合金元素后，C 曲线在形状和位置上都发生了改变，如图 5-3 所示。除 Co 外，几乎所有的合金元素溶入奥氏体后，都降低了原有扩散速度，增大了过

冷奥氏体的稳定性,使 C 曲线右移,即提高了钢的淬透性,这是钢中加入合金元素的主要目的之一。常用于提高淬透性的合金元素,其作用由强到弱依次有 Mo、Mn、W、Cr、Ni、Si、Al 等。一般情况下,非碳化物形成元素和弱碳化物形成元素对 C 曲线的形状影响不大,只是使整个 C 曲线不同程度地向右移动。碳化物形成元素溶入奥氏体后,不仅使 C 曲线右移,而且使 C 曲线形状变化,即出现两个过冷奥氏体转变区,上部是珠光体转变区,下部是贝氏体转变区。

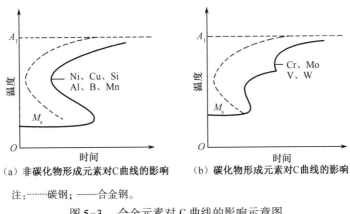

注:┈┈碳钢; ——合金钢。

图 5-3   合金元素对 C 曲线的影响示意图

C 曲线右移会使淬火临界冷却速度减小,这样一方面增大了淬透性,能使大尺寸零件淬透,另一方面淬火可以采取缓慢冷却的介质,从而减小了零件的变形与开裂的危险性。另外,同时加入多种合金元素比加入单一合金元素对钢的淬透性的影响要强得多,这就促使合金钢朝多元少量的方向发展,如铬锰钢、铬镍钢等。

还必须注意的是,加入钢中的合金元素,只有完全溶于奥氏体时才能提高其淬透性,如未完全溶解,则未完全溶解的碳化物在冷却过程中会成为珠光体形成的核心,反而会加速奥氏体的分解,从而使钢的淬透性降低。

3. 合金元素对钢回火转变的影响

合金元素能使淬火钢在回火过程中的组织分解和转变速度减慢。

1)提高回火稳定性

淬火钢在回火时抵抗软化的能力称为回火抗力。合金元素在回火过程中能推迟马氏体的分解和残余奥氏体的转变,提高铁素体的再结晶温度,使碳化物不易析出,即使析出也很难聚集长大。这就使合金钢较碳钢在相同的回火温度下强度和硬度下降较少,即提高了钢对回火软化的抗力,也就是提高了钢的回火稳定性。例如,在获得同等硬度的条件下,合金钢的回火稳定性比碳钢高一些,回火温度高,内应力就消除得更充分一些,韧性也就更高一些,因此合金钢回火后,较之碳钢具有更高的韧性和塑性,即更高的综合性能。

2)产生二次硬化现象

一些含 Mo、W、V 等平均质量分数较高的合金钢在回火时,随着温度的升高,其硬度并非单调降低,而是在一定温度范围内出现硬度回升的现象,这种现象称为二次硬化。二次硬化是由合金碳化物弥散析出和残余奥氏体转变引起的。

3）增大回火脆性

淬火钢在某温度区间回火，或者从回火温度缓慢冷却通过该温度区间的脆化现象，称为回火脆性。镍铬钢回火后的冲击韧性与回火温度的关系如图5-4所示。

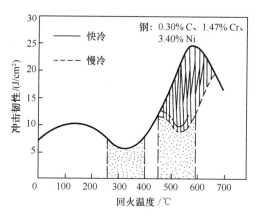

图5-4　镍铬钢回火后的冲击韧性与回火温度的关系

单元 2　合金钢的分类和编号

【学习目标】了解合金钢的类别及不同类别合金钢的编号方法；掌握根据编号识别不同类别合金钢的方法。

【重点难点】掌握合金钢的分类及编号方法。

5.2.1　合金钢的分类

合金钢的分类方法有很多，以下仅介绍几种常用的分类方法。

1. 按用途分类

合金钢按用途可分为合金结构钢、合金工具钢和特殊性能（物理、化学性能）钢等。

（1）合金结构钢包括渗碳钢、调质钢、超高强度钢、弹簧钢、轴承钢等。

（2）合金工具钢包括刃具钢、模具钢、量具钢等。

（3）特殊性能钢包括不锈钢、耐热钢、耐磨钢、磁钢等。

2. 按合金元素含量多少分类

合金钢按合金元素含量多少可分为低合金钢、中合金钢、高合金钢等。

（1）低合金钢：合金元素总含量小于5%的钢。

（2）中合金钢：合金元素总含量在5%～10%的钢。

（3）高合金钢：合金元素总含量大于10%的钢。

5.2.2　合金钢的编号

1. 低合金高强度结构钢

低合金高强度结构钢的主要合金元素有 Mn、V、Ti、Nb、Al、Cr、Ni 等。低合金高强度结构钢的化学成分特点是含碳量低,一般 w_C 为 0.1% ～ 0.2%,并以 Mn 为主加元素;低合金高强度结构钢性能特点是具有高的屈服强度、良好的塑性和韧性及良好的焊接性能;低合金高强度结构钢的牌号由屈服点的"屈"字的汉语拼音首字母(Q)、屈服点数值、质量等级符号(A、B、C、D、E)3 部分组成。例如,Q390A 表示屈服点 σ_s = 390N/mm² 、质量等级为 A 的低合金高强度结构钢。

2. 合金结构钢

合金结构钢主要用于制造各种机械零件,其质量等级都属于特殊质量等级,大多须经热处理后使用,按其用途及热处理特点可分为渗碳钢、调质钢、弹簧钢、滚动轴承钢、超高强度钢、易切削钢等。

我国合金结构钢的牌号由两位数字、元素符号、数字 3 部分组成。元素符号前面的两位数字代表钢中碳的平均质量分数的万分数,元素符号表示钢中所含的合金元素,元素符号后面的数字表示该元素的平均质量分数。当合金元素的平均质量分数<1.5% 时,一般只标明元素而不标明数值;当合金元素的平均质量分数≥1.5% 、平均质量分数≥2.5% 、平均质量分数≥3.5% ……时,则在合金元素后面相应地标出 2、3、4……例如,40Cr 表示平均 w_C =0.4% ,平均 w_{Cr}<1.5% 的合金结构钢。

在需要保证淬透性的钢的牌号后加 H,如 45H、40CrAH。

合金弹簧钢的牌号表示方法同合金结构钢相似。例如,60Si2Mn 表示平均 w_C = 0.60% ,平均 w_{Si} =2% ,平均 w_{Mn}<1.5% 的合金弹簧钢。若该合金弹簧钢为高级优质,则在牌号末尾加 A。

3. 滚动轴承钢

滚动轴承钢的牌号前加 G("滚"字的汉语拼音首字母),牌号后的数字表示 Cr 的平均质量分数的千分数,其碳的平均质量分数不标出。例如,GCr15 钢表示平均 w_{Cr} = 1.5% 的滚动轴承钢。含 Cr 轴承钢中若还含有除 Cr 外的其他合金元素,那这些元素的表示方法同一般的合金结构钢一致。虽然滚动轴承钢都是高级优质钢,但牌号后不加 A。

4. 合金工具钢

合金工具钢的编号方法与合金结构钢的编号方法的区别仅在于:当平均 w_C<1% 时,用一位数字表示碳的平均质量分数的千分数;当平均 w_C≥1% 时,则在牌号中不标出。例如,因为 Cr12MoV 钢的平均 w_C =1.45% ～1.70% ,所以在牌号中不标出;再如,9SiCr 钢的牌号前面的数字 9 表示碳的平均质量分数为千分之九,即平均 w_C = 0.9% 。不过高速工具钢除外,其碳的平均质量分数无论多少都不标出。因为合金工具钢及高速工具钢都是高级优质钢,所以它的牌号后面也不必再标出 A。

5. 不锈钢与耐热钢

不锈钢与耐热钢的牌号前面的数字表示碳的平均质量分数的千分数,合金元素的表示方法与其他合金钢相同,如 3Cr13 钢,其平均 $w_C = 0.3\%$,平均 $w_{Cr} = 13\%$ 。当平均 $w_C \leq 0.03\%$ 及 $w_C \leq 0.08\%$ 时,则在牌号前面分别加数字 00 及 0;00Cr17Ni14Mo2 钢,其平均 $w_C \leq 0.03\%$,平均 $w_{Cr} \approx 17\%$,平均 $w_{Ni} \approx 14\%$,平均 $w_{Mo} \approx 2\%$;0Cr19Ni9 钢,其平均 $w_C \leq 0.08\%$,平均 $w_{Cr} \approx 19\%$,平均 $w_{Ni} \approx 9\%$ 。此外,当平均 $w_{Si} \leq 1.5\%$,平均 $w_{Mn} \leq 2\%$ 时,在牌号中不标出其元素及含量。

6. 美国钢号介绍

美国用 AISI（American Iron and Steel Institute,美国钢铁协会）标准、SAE （American Society Automotive Engineers,美国汽车工程学会）标准、FS（Federal Specification,联邦政府规格）等对钢进行分类编码。

SAE 标准用一组由 4 位或 5 位数字组成的编码对钢材的品种进行分类。

AISI 标准与 SAE 标准相似,不过有些钢的牌号带有前置或后置字母,如冠以 C 表示平炉钢,B 表示酸性转炉钢,E 表示电炉钢,TS 表示试验性钢。在钢的牌号末尾加 F 表示易切削钢。

FS 与 SAE 标准相似,只是在钢的牌号前加了字母 FS。

美国钢号的表示方法如附录中的表 A-9 所示。

单元3　合金结构钢

【学习目标】了解合金结构钢的化学成分和性能特点;掌握各类典型合金结构钢的性能特点和应用范围;掌握根据需要正确选用合适的合金结构钢的方法。

【重点难点】掌握各类典型合金结构钢的性能特点和应用范围。

合金结构钢是在碳素结构钢的基础上,有意加入了一种或数种合金元素,以满足其各种使用性能要求的钢材。合金结构钢用于制造重要的工程结构零件和机器零件。合金结构钢的应用范围最广、用量也最大。在航空工业中,常用的合金结构钢主要有合金渗碳钢、合金调质钢、超高强度钢、合金弹簧钢、滚动轴承钢等。

5.3.1　合金渗碳钢

合金渗碳钢主要用于制造性能要求较高或截面尺寸较大,且在承受较强烈的冲击作用和磨损条件下工作的渗碳零件,如用于制造承受动载荷和重载荷的汽车变速箱齿轮、汽车后桥齿轮、内燃机上的凸轮轴、活塞销等机器零件。这类零件在工作中会遭受较强烈的摩擦磨损,同时又承受较大的交变载荷,特别是冲击载荷。

1. 化学成分特点

（1）低碳。合金渗碳钢的含碳量较低,通常为 0.10% ~0.25% ,这是为了保证渗碳零件的心部具有良好的韧性。

（2）合金元素。合金渗硫钢中含有的合金元素主要有3种:第1种是一般碳化物形成元素,如 Cr、Mn、Mo、W 等,加入这类合金元素的主要目的是在渗碳后在零件表面形成碳化物,提高钢的硬度和耐磨性;第2种是非碳化物形成元素,如 Ni、Si 等,加入这类合金元素的主要目的是提高基体的淬透性,提高钢的强度和韧性;第3种是强碳化物形成元素,如 V、Ti 等,加入这类合金元素的主要目的是防止渗碳和淬火加热时奥氏体晶粒的粗化,其对提高钢的硬度和耐磨性也有贡献,它们的碳化物稳定性好,硬度比一般碳化物更高。

2. 性能特点及用途

合金渗碳钢经渗碳、淬火和回火处理后,零件表面会形成渗碳层,从而使零件表面具有高硬度、耐磨性、抗疲劳性及适当的塑性和韧性,使未渗碳的心部具有足够高的强度及优良的韧性。合金渗碳钢主要用于制造表面承受剧烈磨损,并承受动载荷的零件,如汽车和拖拉机上的变速齿轮、内燃机上的凸轮和活塞销等。合金渗碳钢是机械制造中应用较广泛的钢种。

3. 热处理及组织性能

为了保证渗碳零件表面具有高硬度和高耐磨性,合金渗碳钢的热处理工艺一般都是在渗碳后直接进行淬火,再低温回火,其回火温度为 $180℃ \sim 200℃$。

渗碳后的钢种,其表面渗碳层的含碳量为 $0.85\% \sim 1.05\%$,经淬火和低温回火热处理后,表面渗碳层的组织为合金渗碳体+回火马氏体+少量残余奥氏体,表面硬度可达 58HRC $\sim$ 64HRC。合金渗碳钢的心部组织与钢的淬透性及零件的截面有关,当全部淬透时,心部组织为低碳回火马氏体,心部硬度可达 40HRC $\sim$ 48HRC;当多数未淬透时,心部组织为托氏体、少量低碳回火马氏体及少量铁素体的混合组织,心部硬度为 25HRC $\sim$ 40HRC,冲击吸收功 $A_k \geqslant 47J$,心部韧性一般都高于 $700kJ/m^2$。常用合金渗碳钢的牌号、化学成分、热处理、性能及用途如附录中的表 A-10 所示。

5.3.2　合金调质钢

合金调质钢一般指在碳素调质钢中加入合金元素,再经调质处理的结构钢。合金调质钢是应用最广的结构钢,它在机械结构钢中占70%。合金调质钢用于制造汽车、拖拉机、机床和其他机器上的各种重要零件,如机床齿轮、主轴、汽车发动机曲轴、连杆、螺栓等。为获得良好的力学性能,通常对合金调质钢进行调质处理,但近年来,有很多合金调质钢采用等温淬火处理,也能获得良好的力学性能。此外,根据不同的技术要求,采用正火、表面淬火、淬火+低温回火和化学热处理工艺,也可以获得良好的力学性能。

1. 化学成分特点

合金调质钢合金化的目的是提高钢的淬透性和综合力学性能。

（1）中碳。合金调质钢的含碳量中等,通常为 $0.25\% \sim 0.50\%$,以保证良好的综合力学性能。若合金调质钢的含碳量过低,则强度、硬度不足;若含碳量过高,则韧性、塑性不足。

（2）合金元素。合金调质钢的主加合金元素为 Mn、Si、Cr、Ni 等，这些合金元素除能提高钢的淬透性之外，还能形成合金铁素体，从而提高钢的强度，如调质后的 40Cr 钢的性能比 45 钢的性能高很多。另外，还有些合金元素是为改善某一特性或满足某一工艺要求而加入的，如在钢中加入 Mo、W 元素可以防止第二类回火脆性；在钢中加入 V 元素可以细化奥氏体晶粒；在钢中加入微量元素 B 可以极为明显地提高钢的淬透性等。

2. 性能特点及用途

合金调质钢具有良好的综合力学性能，除具有高的强度、良好的塑性和韧性之外，其还具有很好的淬透性。合金调质钢可用于制造承受较复杂、多种工作载荷的零件，如各种连接用的螺栓、机床主轴、齿轮及汽车曲轴、凸轮轴等。在生产实践中，由于零件承受载荷的情况不同，因此具体的性能要求也有差异。例如，对截面承受载荷均匀的零件（连杆、连接螺栓等），要求整个截面都有较高强度和韧性；对截面承受载荷不均匀的零件（弯曲或扭转的轴），只要求承受载荷较大的零件表面有较高强度和较好韧性，其余地方要求不高，因此选材时还要考虑合金调质钢的淬透性要求。

3. 热处理特点及组织性能

合金调质钢的最终热处理为淬火+高温回火，即调质处理，调质处理后可获得回火索氏体组织，从而使钢具有最佳的综合性能。合金调质钢的淬透性较高，一般淬火时都用油作为冷却介质。当钢的淬透性特别大时，甚至可以在空气中冷却淬火，以减少热处理缺陷的产生。

合金调质钢的最终性能取决于回火温度。40Cr 钢的回火温度与力学性能的关系如图5-5所示。由图5-5可知，随着回火温度的上升，钢的塑性、韧性提高了，而强度、硬度降低了。选择不同的回火温度，可获得不同的强度与韧性的组合，一般采用 500℃~650℃ 的高温回火处理，以获得回火索氏体，使钢材具有高的综合力学性能。在高温回火时，采用回火后快冷（水冷或油冷）可防止某些钢产生回火脆性，有利于提高钢的韧性。

4. 常用钢种

合金调质钢按淬透性大小可分为低淬透性调质钢、中淬透性调质钢、高淬透性调质钢。

（1）低淬透性调质钢，其油淬临界淬透直径为 20~40mm。低淬透性调质钢的强度比碳钢的强度高，其合金元素总量小于 2.5%，常用作中等截面、要求力学性能比碳钢高的调质零件。典型的低淬透性调质钢有 40Cr 钢、40MnVB 钢等，其中 40Cr 钢是应用最广泛的合金调质钢。

（2）中淬透性调质钢，其油淬临界淬透直径为 40~60mm。中淬透性调质钢的强度很高，可用于制造截面大、承受较重载荷的机器零件，如截面尺寸较大的曲轴、连杆等。典型的中淬透性调质钢有 40CrMn 钢、35CrMo 钢、30CrMnSiA 钢等，其中，30CrMnSiA 钢曾是飞机制造业中应用最广泛的一种中淬透性调质钢。为了获得较高的强度，在多数情况下，中淬透性调质钢不进行调质处理，而是采用淬火后低温回火的热处理工艺，这样得到细针状的回火马氏体组织，使钢具有较高的强度和足够的韧

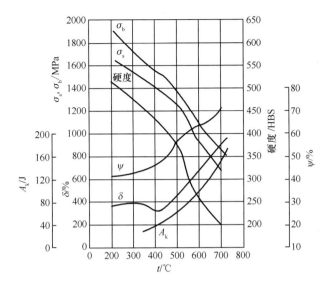

图 5-5　40Cr 钢的回火温度与力学性能的关系

性。在航空工业中,中淬透性调质钢可用于制造各种飞机的重要锻件、机械加工件、钣金件和焊接件,如对接接头、螺栓、缘条、轴、齿轮、框架、发动机架、起落架作动筒等。

　　(3)高淬透性调质钢,其油淬临界淬透直径为 60 ~ 100mm。高淬透性调质钢的强度高,韧性也很好,一般可用于制造大截面、承受较大载荷的重要调质零件。典型的高淬透性调质钢有 40CrMnMo 钢、25Cr2Ni4W 钢等。

　　常用的合金调质钢的牌号、化学成分、热处理、性能及用途如附录中的表 A-11 所示。其中 38CrMoAlA 钢也称氮化钢,其热处理特点是调质、精加工、去应力退火后进行氮化处理,氮化后不再进行其他处理。

5.3.3　超高强度钢

　　随着大型干线飞机、高速飞机的发展,其要求飞机要节省燃油、提高飞行速度、增加续航时间、减少飞机自重、增加飞机载重及提高其他性能。要减小飞机的自重,就应使材料在比重不变或变化不大的前提下,显著地提高材料的使用强度,以减小零部件的截面尺寸。使用强度 $\sigma_b \geqslant 1500\text{MPa}$ 或 $\sigma_s \geqslant 1400\text{MPa}$ 的钢,常称为超高强度钢,飞机上选用这类钢制造起落架、机翼、大梁等大型零部件,因为它既满足了飞机的承载要求,又减轻了飞机自重。超高强度的材料有低合金超高强度钢、马氏体时效强化钢和沉淀硬化不锈钢等。以下仅就低合金超高强度钢进行简要介绍。

　　1. 化学成分特点

　　低合金超高强度钢是由合金调质钢发展而来的,其含碳量中等,一般为 0.30% ~ 0.45%,并含 Cr、Mn、Si、Ni、Mo、V 等合金元素,在碳与合金元素共同作用下,其淬透性、回火抗力增加,固溶体(马氏体或下贝氏体)明显强化。其中,Ni 有降低临界温度及增加固溶体韧性的作用,从而使钢在具有超高强度的同时具有较高的韧性;V 可细化晶粒,亦可改善钢的强韧性。

2. 热处理特点

为了获得超高的强度,低合金超高强度钢的热处理方法是淬火并低温回火,以依靠马氏体强化达到超高强度。为了减少淬火应力和变形,还可采用等温淬火并回火处理获得马氏体组织或下贝氏体组织,以达到强度要求。

3. 制造使用中应注意的问题

低合金超高强度钢对缺口及应力集中敏感,容易导致裂纹萌生并迅速扩展,从而造成脆断,因此在设计时应做好充分地考虑。在制造装配中,应避免敲打低合金超高强度钢工件和划伤其表面,以免降低疲劳性能;应避免在酸性介质中进行表面处理,以防氢元素向钢内部扩散从而导致氢脆断裂。

4. 常用钢种

国内外常用钢种及应用如下。

（1）30Ni4CrMoA 及 40CrNiMoA（AISI4340）,这两种钢的淬透性很好,经调质处理后,可在大截面上获得均匀的高强度、高塑性、高韧性组织。这两种钢的冷脆转变温度低,缺口敏感性小,抗疲劳性好,适合制造截面较大的重要受力零件,而且现已用于制造直升机的重要零件,如旋翼接头、主减速器前后接头、机身专用螺栓、发动机涡轮轴、直升机螺旋桨轴等。

（2）30CrMnSiNi2A 钢是我国航空工业广泛应用的低合金超高强度钢。该钢在 30CrMnSiA 的基础上提高了 Mn 和 Cr 的含量,并添加了平均质量分数为 1.4% ～ 1.8% 的 Ni,使钢的淬透性得到显著提高,改善了钢的韧性和回火稳定性,可获得良好的抗疲劳性和断裂韧度。30CrMnSiNi2A 钢适合制造高强度连接件、轴类零件及起落架等重要受力结构部件,而且该钢长期用于制造起落架、机翼主梁、中央翼的带板及缘条、结合螺栓、涡轮喷气发动机压气机中机匣的后段等重要受力结构部件。

（3）40Ni2Si2MoVA（300M）钢是典型的飞机起落架用钢。该钢具有高淬透性、抗回火能力、超高强度,以及较高的横向塑性、断裂韧性、抗疲劳及抗应力腐蚀等性能。40Ni2Si2MoVA 钢适合制造飞机起落架、机体零件、发动机后框架、接头和轴等零件。

（4）45CrNiMoVA（D6AC）钢是一种均质航空防弹钢。该钢经淬火加低温回火后具有良好的防弹性能,其可用制造歼击机、轰炸机和武装直升机的装甲防护结构。

常用超高强度钢的牌号、化学成分、热处理和性能如表 5-1 所示,其中应用最多的是 30CrMnSiNi2A 钢。

表 5-1　常用超高强度钢的牌号、化学成分、热处理和性能

牌　号	化学成分/%					热　处　理	性能（不小于）				
	C	Cr	Mn	Si	其他		σ_b/ MPa	σ_s/ MPa	δ_s/ %	ψ/ %	a_k/ （MJ/m²）
30CrMnSiNi2A	0.26 ～ 0.33	0.9 ～ 1.2	1.0 ～ 1.2	0.9 ～ 1.2	1.4 ～ 1.8Ni	900℃油冷 + 250℃空冷	1600	1400	9	45	0.6

牌 号	化学成分/%					热 处 理	性能(不小于)				
	C	Cr	Mn	Si	其他		$\sigma_b/$ MPa	$\sigma_s/$ MPa	$\delta_s/$ %	$\psi/$ %	$a_k/$ (MJ/m²)
40CrMnSiMoVA	0.36 ~ 0.42	1.2 ~ 1.5	0.8 ~ 1.2	1.2 ~ 1.6	0.45 ~ 0.6Mo 0.07 ~ 0.12V	920℃硝盐等温 + 250℃空冷	1900		8	35	0.6
300M	0.41 ~ 0.46	0.65 ~ 0.95	0.65 ~ 0.9	1.45 ~ 1.8	1.6 ~ 2.0Ni 0.3 ~ 0.4Mo 0.05V	870℃油冷 + 315℃油冷	2020	1720	9.5	34	

5.3.4 合金弹簧钢

合金弹簧钢是一种专用结构钢,它主要用于制造各种弹性元件,其作用是吸收冲击能量,缓和零件间的冲击或储存能量,使机构完成某一动作。合金弹簧钢必须具有高的屈服强度和较高的疲劳强度,以免产生塑性变形,以及防止过早的疲劳破断。

1. 化学成分特点

(1)中、高碳。合金弹簧钢的含碳量一般为 0.50% ~ 0.85%,含碳量过低,达不到高的屈服强度要求,含碳量过高,不仅屈服强度不高,脆性也太大。

(2)合金元素。为提高钢的淬透性和回火抗力,从而提高屈服强度,在钢中加入Si、Mn、Cr 等合金元素;加入少量的 V 还可细化晶粒并提高回火抗力。

此外,因为弹簧的冶金质量对疲劳强度有很大的影响,所以合金弹簧钢均为优质钢或高级优质钢。

2. 提高屈服强度的措施

屈服强度是合金弹簧钢的一个重要性能指标。通常采用以下方法来提高合金弹簧钢的屈服强度。

1)冷拉硬化

直径小于 7mm 的弹簧钢丝是在一定热处理状态下,经强烈塑性变形拉制而成的,通过加工硬化,使钢丝强度显著提高。这种钢丝绕制成弹簧后,无须淬火、回火处理,只需要进行去应力退火即可。为充分发挥合金元素的作用,也可对冷拉硬化的钢丝进行淬火及中温回火处理。

2)淬火加中温回火

对于直径较大或厚度较大的弹簧,在成形后都要进行淬火及中温回火处理,以获得回火屈氏体组织。因为这种组织没有像残余奥氏体、铁素体一样在微观上容易引起塑性变形的相,而且脆性也不高,所以具有优良的弹性性能。对于重要的弹簧,为了提高其疲劳强度,可在中温回火后进行喷丸处理,使弹簧表面形成压应力,以抵消交变载荷下的拉应力作用。

3. 性能特点及应用

(1)合金弹簧钢具有高的弹性极限(σ_e),尤其是高的屈强比(σ_s/σ_b),可以保证弹性元件具有足够高的弹性变形能力和较大的承载能力。

（2）合金弹簧钢具有高的疲劳强度（σ_r），可以防止弹性元件在振动和交变应力作用下产生疲劳断裂。

（3）合金弹簧钢具有足够的塑性和韧性，可以避免弹性元件在受冲击时脆断。

此外，合金弹簧钢还应具有较好的淬透性、不易脱碳和过热、容易绕卷成形等性能特点；一些特殊合金弹簧钢还要求具有耐热性、耐蚀性等性能特点。

合金弹簧钢一般用于制造截面尺寸较大、承受较重负荷的弹簧和各种弹性零件，有时也用于制造具有一定耐磨性的零件。

4. 常用钢种

常用合金弹簧钢的牌号、化学成分、热处理、性能及用途如附录中的表 A-12 所示。

5.3.5 滚动轴承钢

滚动轴承钢用于制造各种滚动轴承的内外元件，如轴承内外圈、滚动体（滚珠、滚柱、滚针）。从化学成分上看，滚动轴承钢属于工具钢，因此也可用于制造形状复杂的工具、冷冲模具、精密量具及要求硬度高、耐磨性高的结构零件。

1. 化学成分特点

（1）高碳。一般的轴承用钢是高碳铬钢，其含碳量为 0.95% ~ 1.15%，属过共析钢，高含碳量的目的是保证轴承具有高的强度、硬度和耐磨性。

（2）Cr 为基本合金元素。Cr 作为基本合金元素，其含量为 0.4% ~ 1.65%，其作用主要是提高钢的淬透性，使组织均匀，并增加回火稳定性。Cr 与 C 作用形成（Fe，Cr）$_3$C 合金渗碳体，能阻碍奥氏体晶粒长大，减少钢的过热敏感性，使淬火后获得细小针状马氏体组织，从而提高钢的韧性和耐磨性，特别是提高钢的疲劳强度。

（3）加入 Si、Mn、V 等合金元素。Si、Mn 的加入可以进一步提高钢的淬透性，以便于制造大型轴承。V 可部分溶于奥氏体，部分形成碳化物 VC，可以提高钢的耐磨性并防止过热。

（4）高的冶金质量。在滚动轴承钢中，非金属夹杂和碳化物的不均匀性对钢的性能有影响，尤其是对接触疲劳强度影响很大。因此，滚动轴承钢对纯度的要求极高，对硫、磷含量的限制极严（w_S < 0.020%，w_P < 0.027%）。滚动轴承钢是一种高级优质钢，但在牌号后不加 A。

2. 热处理及组织性能

滚动轴承钢的热处理包括预备热处理和最终热处理，预备热处理采用球化退火，以获得球化体组织，从而降低锻造后钢的硬度，使其利于切削加工，并为淬火做好组织上的准备；最终热处理采用淬火+低温回火，以获得滚动轴承钢所需的最终性能。淬火加热温度要严格控制，若温度过高会过热，促使晶粒长大，使韧性和疲劳强度下降，且易发生淬裂和变形；若温度过低，则奥氏体中溶解的铬量和碳量不够，导致钢淬火后硬度不足,因此淬火加热温度一般控制在 840℃±10℃。

滚动轴承钢淬火后得到极细的回火马氏体、分布均匀的粒状碳化物及少量的残余奥氏体的混合组织,回火后其硬度为 61HRC～65HRC。GCr15 钢回火后的显微组织如图 5-6 所示。

精密轴承必须保证在长期存放和使用中不变形。引起变形和尺寸变化的主要原因为存在内应力和残余奥氏体发生转变,因此,为了稳定尺寸,滚动轴承钢淬火后可立即进行

图 5-6　GCr15 钢回火后的显微组织

冷处理(-60℃～-50℃),并在回火和磨削加工后,进行低温时效强化处理(120℃～130℃,保温 5～10h)。

3. 性能特点

(1)高的接触疲劳强度。轴承元件如滚珠与套圈,运动时为点接触或线接触,接触处的压应力为 1500MPa～5000MPa,同时,应力交变易造成接触疲劳破坏,产生麻点或剥落,因此滚动轴承钢的疲劳强度很高。

(2)高的硬度和耐磨性。滚动轴承钢的硬度一般为 62HRC～64HRC。

(3)足够的韧性和淬透性。

4. 常用钢种

常用的滚动轴承钢如下。

(1)铬轴承钢。最典型的铬轴承钢是 GCr15 钢,其含 Cr 量约为 1.5%,具有高硬度、高强度和高耐磨性,是一种比较理想的轴承钢,因此 GCr15 钢在机械制造方面应用较广泛,其使用量占滚动轴承钢的绝大部分。

(2)添加 Mn、Si、Mo、V 的滚动轴承钢。在滚动轴承钢中加入 Mn、Si 可提高钢的淬透性,如 GCr15SiMn 钢、GCr15SiMnMoV 钢等,常用于制造大型轴承工件。

常用的滚动轴承钢的牌号、化学成分、热处理及用途如附录中的表 A-13 所示。

单元4　合金工具钢

【学习目标】了解合金工具钢的化学成分和性能特点;掌握各类典型合金工具钢的性能特点和应用范围;掌握根据需要正确选用合适的合金工具钢的方法。

【重点难点】掌握各类典型合金工具钢的性能特点和应用范围。

合金工具钢按用途分为刃具钢、模具钢和量具钢,但各类钢的实际应用界限并不明显。例如,某些低合金刃具钢除用作刃具之外,也可用于制造冷作模具或量具。重要的是应了解各类钢的化学成分及性能特点,以便根据具体工作条件进行选择。

5.4.1 合金刃具钢

合金刃具钢主要用于制造各种金属切削刀具,如车刀、铣刀、钻头等。

1. 性能特点

合金刃具钢的工作条件较差,在金属切削加工过程中,刀具与工件表面金属相互作用,使表面层脱离基体形成切屑,并使切屑产生变形与断裂,从而使切屑从工件上剥离下来,刀刃本身承受弯曲应力、扭转应力、剪切应力和冲击载荷、振动载荷,同时,刀具与切屑之间会产生强烈的摩擦,切削时产生的切削热会使得刀具的切削部位的温度高达500℃~600℃,切削速度越快、吃刀量越大,则刀刃局部的温度越高。刃具最普遍的失效形式是磨损,因此对合金刃具钢提出如下基本性能要求。

(1)高硬度。高硬度是对合金刃具钢的基本要求,金属切削刀具的硬度一般都在60HRC以上。当合金刃具钢的硬度不足时,会导致刃具卷刃或变形,甚至无法切削。钢在淬火后的硬度主要取决于含碳量,故合金刃具钢一般都是高碳钢。

(2)高耐磨性。高耐磨性是保证刃具锋利不钝的主要因素。耐磨性不仅取决于钢的硬度,而且与钢中硬化物的性质、数量、大小和分布有关。高碳马氏体+均匀细小碳化物的组织的耐磨性要比单一的马氏体组织高得多。

(3)高热硬性(红硬性)。大多数刃具的工作部分的温度都高于200℃,热硬性是指钢在高温下保持高硬度的能力,也称红硬性,通常用保持60HRC硬度时的加热温度来表示热硬性。热硬性与钢的回火稳定性和特殊碳化物的弥散析出有关。

(4)足够的塑性和韧性。刀具需要具有足够的塑性和韧性,以保证刀具在受到冲击和振动时不会折断和崩刃。

2. 合金刃具钢的分类

合金刃具钢按其化学成分及性能特点可分为低合金刃具钢和高速钢。

1)低合金刃具钢

低合金刃具钢的最高工作温度不超过300℃。低合金刃具钢常用于制造截面较大、形状复杂、切削条件较差的刃具,如搓丝板、丝锥、板牙等。低合金刃具钢的化学成分特点如下。

(1)高碳。低合金刃具钢的含碳量为0.9%~1.1%,可以保证刃具的高硬度和高耐磨性。

(2)加入Cr、Mn、Si、W、V等合金元素。加入Cr、Mn、Si主要是为了提高钢的淬透性,其中Si还能提高钢的回火稳定性;加入W、V是为了提高钢的硬度和耐磨性,并防止加热时过热,保持细小晶粒。

低合金刃具钢的预备热处理为球化处理,处理后获得球状珠光体,以便于加工并为最终热处理做准备;机械加工后的最终热处理为淬火+低温回火;热处理后的组织为细小回火马氏体、粒状合金碳化物和少量奥氏体;热处理后的硬度一般为60HRC以上。

2)高速钢

高速钢是一种高合金刃具钢,和其他刃具钢相比,高速钢的显著优点是它具有良好的热硬性,即当高速切削中刃部温度达600℃时,其硬度无明显下降。高速钢比低合金刃具钢具有更高的切削速度,而且不会很快被破坏,因此称之为高速钢,其化学成分特点如下。

(1)高碳。高速钢的含碳量一般在0.70%以上,最高可达1.5%。高的含碳量一方面是为了保证能与W、Cr、V等形成足够数量的碳化物;另一方面还要有一定数量的碳溶于奥氏体,以保证马氏体的高硬度。

(2)加入Cr、W、Mo、V等合金元素。加入Cr是为了提高钢的淬透性;加入V是为了提高耐磨性及细化晶粒;加入W、Mo是为了保证钢的高热硬性。因为W或Mo的碳化物在淬火加热时极难溶解,大约只有一半的量溶入奥氏体,而其余部分作为残余碳化物留下来,起到阻止奥氏体晶粒长大的作用,溶入奥氏体的部分在560℃左右回火时以W_2C或Mo_2C的形式析出,造成二次硬化,而W_2C和Mo_2C在500℃~600℃下非常稳定,从而使钢具有良好的热硬性。

高速钢锻造后的预备热处理一般采用等温退火工艺,以降低钢的硬度、消除内应力,改善切削加工性。高速钢的最终热处理为淬火+回火。高速钢的优越性只有在正确的淬火和回火后才能发挥出来,而且其淬火工艺比较特殊:①高速钢中含有大量难溶的合金碳化物,因此高速钢的淬火加热温度都非常高,一般为1220℃~1280℃,以使难溶碳化物分解并充分溶解于奥氏体中,保证高速钢获得高的热硬性;②高速钢中合金元素的含量高,导热性差,同时淬火加热温度高,因此若淬火加热速度过快,则容易引起零件的开裂,所以高速钢淬火时通常要进行一次或二次预热。高速钢淬火后的组织为淬火马氏体+粒状碳化物+大量残余奥氏体。

高速钢淬火后的回火是为了消除淬火应力,稳定组织,减少残余奥氏体的数量,从而获得需要的性能。为了保证高速钢可以得到高的硬度及热硬性,其一般都在二次硬化峰值温度或稍高一些的温度(通常为550℃~570℃)下进行回火,并进行多次(一般是3次)回火。高速钢回火后的组织为回火马氏体+碳化物+少量残余奥氏体。

3. 常用钢种

常用合金刃具钢的牌号、化学成分、热处理及用途如附录中的表A-14所示。

5.4.2 合金模具钢

用于制造各种模具的钢称为合金模具钢。合金模具钢按其用途可分为冷作模具钢和热作模具钢两大类。

1. 冷作模具钢

用于冷态金属成形的模具钢称为冷作模具钢,如制造各种冷冲模、冷镦模、冷挤压模和拉丝模等。这类模具工作时的实际温度一般不超过300℃。

1）性能特点及用途

由于冷模具在工作时会承受很大的压力、弯曲力、冲击载荷和摩擦，而且冷模具的主要失效形式是磨损，也常出现崩刃、断裂和变形等失效现象，因此冷作模具钢应具有高硬度（一般为58HRC～62HRC）、高耐磨性、足够的韧性和疲劳抗力等优良性能。

冷作模具钢用于制造在冷态下使金属变形的模具，一般的合金刃具钢材料，如T10A、9SiCr、9Mn2V、CrWMn等可以用于制造尺寸较小的轻载模具；对于截面尺寸大、形状复杂、重载的或要求高精度、高耐磨性及热处理变形小的模具，需采用冷作模具钢。

2）化学成分特点

（1）高碳。冷作模具钢的含碳量一般在1.0%以上，个别钢甚至达到2.0%。高的含碳量可以保证钢的高硬度和高耐磨性。

（2）加入Cr、Mo、W、V等提高耐磨性的合金元素。冷作模具钢中的主加合金元素为Cr，w_{Cr}高达12%，Cr与C形成的Cr_7C_3型碳化物，能极大地提高钢的耐磨性，还能大大改善钢的淬透性；辅加合金元素为Mo、W、V等，其作用除能改善钢的淬透性和回火稳定性之外，还能细化晶粒，进一步提高钢的强度和韧性。

3）热处理特点及组织性能

与其他合金工具钢一样，冷作模具钢的热处理也包括球化退火的预备热处理，以及淬火+回火的最终热处理。最终热处理在加工成形后进行，热处理后，模具已达到很高的硬度，通常只能进行研磨和修整。

冷作模具钢在不同的热处理工艺参数下，其硬度不同。提高冷作模具钢的硬度的方法有以下两种。

（1）一次硬化法。采用较低的淬火温度与较低的回火温度，如Cr12钢采用980℃左右的温度进行淬火，然后在160℃～180℃低温回火，其硬度可达61HRC～63HRC。采用这种热处理方法，模具的淬火变形小，耐磨性高，因而得到了广泛的应用。

（2）二次硬化法。采用较高的淬火温度与多次高温回火，如Cr12钢采用1100℃淬火，淬火后残留奥氏体较多，硬度较低为40HRC～50HRC，经过多次510℃～520℃的回火，产生二次硬化，硬度可达60HRC～62HRC，热硬性提高。由于淬火加热温度较高，晶粒较粗大，钢的韧性较前一种处理方法稍差。这种热处理的冷作模具钢主要适用于制造承受强烈磨损，在400℃～500℃条件下工作，要求有一定热硬性的模具。

4）常用钢种

常用的冷作模具钢有Cr12钢、Cr12MoV钢等，这类钢具有很高的硬度、耐磨性和淬透性，且热处理变形小，是一种性能优良的微变形钢，其一般用于制作强韧性和耐磨性要求较高的模具。对强度、韧性和耐磨性要求更高的模具，如钢铁材料冷挤压模具，Cr12钢也不能满足其使用要求，这时须采用高速钢，如W6Mo5Cr4V2钢。

近年来，还发展了高强韧性的冷作模具钢，此类钢的化学成分与高速钢在正常淬火后基体的化学成分相近,故又称基体钢。基体钢的强度和韧性较高,淬火变形小,并具有一定的耐磨性和热硬性,常用于制造冷挤压模。基体钢常用牌号有5Cr4W2Mo3V、6CrMoNiWV 等。

2. 热作模具钢

热作模具钢用于制造高温下使金属成形的模具,如各种热锻模、热压模、热挤压模和压铸模等,这类模具工作时,其型腔表面的温度可达600℃。

1)性能特点及用途

热模具工作时会承受很大的冲击载荷、强烈的摩擦、剧烈的冷热循环引起的不均匀热应变和热应力,可能产生高温氧化、崩裂、塌陷、磨损、龟裂等失效形式,因此对热作模具钢的主要性能要求如下。

(1)高的热硬性和高温耐磨性。

(2)足够的强度和韧性,尤其是受冲击载荷较大的热锻模钢。

(3)高的热稳定性,在工作过程中不易氧化。

(4)高的抗热疲劳能力,以防止龟裂破坏。

(5)由于热模具一般较大,因此还要求热作模具钢具有高的淬透性和导热性。

热作模具钢主要用于制作热锻模和热压模。

2)化学成分特点

(1)中碳。热作模具钢的含碳量一般为 0.3% ~ 0.6% ,可以保证钢的高强度、高韧性、较高的硬度(35HRC ~ 52HRC)和较高的抗热疲劳性能。

(2)加入较多的 Cr、Ni、Mn、Si 等提高淬透性的合金元素。Cr 是提高钢的淬透性的主要元素,同时和 Ni 一起提高钢的回火稳定性;Ni 在强化铁素体的同时可以增加钢的韧性,并与 Cr、Mo 一起提高钢的淬透性和抗热疲劳性能。

(3)加入产生二次硬化的 Mo、W、V 等合金元素,其中 Mo 还能防止第二类回火脆性,提高钢的高温强度和回火稳定性。

3)热处理特点及组织性能

热作模具钢分为热锻模钢和热压模钢。热锻模钢的热处理和合金调质钢的热处理相似,都是淬火后高温(550℃左右)回火,以获得回火索氏体或回火屈氏体组织。热压模钢淬火后,在略高于二次硬化峰值的温度(600℃左右)下回火,获得的组织为回火马氏体、粒状碳化物和少量残余奥氏体,与高速钢类似。为了保证热作模具钢的热硬性,要进行多次回火。

4)常用钢种

与热压模钢相比,热锻模钢对韧性要求高而对热硬性要求不太高,广泛应用的典型钢种有 5CrMnMo 钢、5CrNiMo 钢及 5CrMnSiMoV 钢;热压模钢受的冲击载荷较小,但对热硬性要求较高,常用钢种有 3Cr2W8V 钢、4Cr5MoVSi 钢等。

5.4.3 合金量具钢

合金量具钢主要用于制造各种测量工具(简称量具),如卡尺、千分尺、螺旋测微仪、块规、塞规等。

1. 性能特点及用途

由于量具在使用过程中要求测量精度高，不能因磨损或尺寸不稳定影响测量精度，因此对其性能有如下要求。

（1）高硬度（大于56 HRC）和高耐磨性。

（2）高的尺寸稳定性，热处理变形要小，在存放和使用过程中尺寸不发生变化。

2. 化学成分特点

合金量具钢的化学成分与低合金刃具钢的化学成分相同，即高碳（w_C 为 0.9% ～ 1.5%）和 Cr、W、Mn 等提高淬透性的合金元素。

3. 常用的量具用钢

对于尺寸小、形状简单、精度较低的量具，可选用高碳钢制造；对于形状复杂的精密量具，一般选用低合金刃具钢；对于高精度的精密量具（塞规、量块等）应采用热处理变形小的 CrMn 钢、CrWMn 钢、GCr15 钢等制造；要求耐腐蚀的量具可用不锈钢制造。

量具用钢的选用示例如表5-2所示。

表5-2　量具用钢的选用示例

量具类别	建议选用钢种
平样板或卡板	10、20、50、55、60、60Mn、65Mn
一般量规与块规	T10A、T12A、9SiCr
高精度量规与块规	Cr（合金刃具钢）、CrMn、GCr15
高精度，且形状复杂的量规与量块	CrWMn（低变形钢）
抗蚀量具	4Cr13、9Cr18（不锈钢）

4. 热处理特点

合金量具钢的热处理方法与合金刃具钢相似，其预备热处理为球化退火，最终热处理为淬火+低温回火。为减小变形和提高尺寸稳定性，在淬火和低温回火时要采取相应措施以提高组织的稳定性，具体如下。

（1）在保证硬度的前提下，尽量降低淬火温度，以减少残余奥氏体的生成。

（2）淬火后立即进行-70℃～-80℃的冷处理，使残余奥氏体尽可能地转变为马氏体，然后进行低温回火。

（3）对精度要求高的量具，在淬火、冷处理和低温回火后，还需要进行 120℃～130℃、几小时至几十小时的时效强化处理，使马氏体正方度降低、残余奥氏体稳定和消除残余应力。

单元5　不　锈　钢

【学习目标】了解不锈钢的化学成分和性能特点；掌握各类不锈钢的性能特点和

应用范围;掌握根据需要正确选用不锈钢的方法。

【重点难点】掌握各类不锈钢的性能特点和应用范围。

凡在大气、河水、海水、盐碱和某些酸性溶液中,性能稳定,不生成氧化物的钢称为不锈钢。不锈钢在石油、化工、原子能、宇航、国防工业和一些尖端科学技术及日常生活中得到了广泛的应用,如用于制造化工装置中的各种管道、阀门和泵,以及医疗手术器械、防锈刃具和量具等。对不锈钢的主要性能要求是具有良好的耐蚀性,其次是要有一定的硬度、强度和耐磨性及良好的加工性。

5.5.1　不锈钢的化学成分特点及合金化

1. 碳含量较低

因碳与钢中的合金元素 Cr 易在晶界处形成 Cr 的合金碳化物(主要为 $(Cr,Fe)_{23}C_6$ 型碳化物),从而使碳化物周围贫 Cr,贫 Cr 区组织迅速被腐蚀,造成沿晶界发展的晶间腐蚀,使金属产生沿晶界脆断的危险。同时,随含碳量的增加,渗碳体及其他碳化物的质量分数也随着增加,致使微电池的数量增多,因此,为保证不锈钢具有良好的耐蚀性,不锈钢中的含碳量应低,且耐蚀性要求越高,碳含量应越低。大多数不锈钢的含碳量为 $0.1\% \sim 0.2\%$,而对含碳量要求较高($0.85\% \sim 0.95\%$)的不锈钢,应相应地提高 Cr 的含量。

2. 加入最主要的合金元素 Cr

Cr 是不锈钢中获得耐蚀性的最基本元素,其能提高钢基体的电极电位。随 Cr 元素含量的增加,钢的电极电位急剧升高,如图 5-7 所示。Cr 在氧化性介质(水蒸气、大气、海水、氧化性酸等)中极易钝化,生成致密氧化膜,阻止金属的进一步氧化,从而使钢的耐蚀性大大提高。

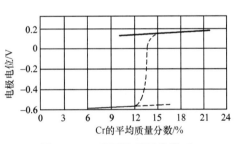

图 5-7　Cr 的平均质量分数对铁碳合金电极电位的影响

3. 加入 Ni

Ni 是扩大奥氏体区的元素,在不锈钢中加入 Ni,可获得单一奥氏体组织,显著提高不锈钢的耐蚀性,同时还可提高不锈钢的韧性、强度及改善其焊接性。

4. 加入 Ti 和 Nb

Ti、Nb 能优先同碳形成稳定碳化物,使 Cr 保留在基体中,避免晶界贫 Cr,从而减轻不锈钢的晶界腐蚀倾向。

5. 加入其他合金元素

Cr 在非氧化性酸(盐酸、稀硫酸等)中的钝化能力差,加入 Mo、Cu 等元素可提高不锈钢在非氧化性酸中的耐蚀性;Si、Al 等元素与 Cr 的作用相似,可在不锈钢表面生成钝化膜;Mn 可部分替代 Ni 以获得奥氏体组织,并提高铬不锈钢在有机酸中的耐蚀性。

5.5.2 常用不锈钢

按化学成分的不同,不锈钢可分为铬不锈钢、镍铬不锈钢、铬锰不锈钢等;按金相组织的特点,不锈钢可分为铁素体不锈钢、马氏体不锈钢、奥氏体不锈钢和奥氏体+铁素体不锈钢(双相型不锈钢)等。航空工业常用的是马氏体不锈钢、奥氏体不锈钢和双相型不锈钢。

1. 铁素体不锈钢

常用的铁素体不锈钢,其 w_C <0.5% , w_{Cr} 为12% ~30% ,属于铬不锈钢。铁素体不锈钢是单相铁素体组织,从室温加热到高温,其组织发生显著变化。铁素体不锈钢的抗大气与酸的能力强,具有良好的高温抗氧化性。铁素体不锈钢的力学性能不如马氏体不锈钢,因此多用于受力不大的耐酸结构和作抗氧化钢使用。

铁素体不锈钢按 Cr 含量的不同,分为 3 种类型:①Cr13 型,如 0Cr13Al 钢、00Cr12 钢,常用作耐热钢(汽车排气阀等);②Cr17 型,如 1Cr17 钢、1Cr17Mo 钢等,可耐大气、稀硝酸等介质的腐蚀;③Cr27-30 型,如 00Cr30Mo 钢、00Cr27Mo 钢,它们是耐强腐蚀介质的耐酸钢。

2. 马氏体不锈钢

正火后能获得马氏体组织的不锈钢称为马氏体不锈钢。常用的马氏体不锈钢有 Cr13 型钢(1Cr13、2Cr13、3Cr13、4Cr13 等)和 Cr18 型钢(9Cr18、1Cr17Ni2 等)。这两类常用的马氏体不锈钢由于只用 Cr 进行合金化,也只在氧化介质中耐蚀,因此在非氧化性介质中不能达到良好的钝化,所以耐蚀性很低。含碳量低的 1Cr13 钢、2Cr13 钢的耐蚀性较好,且具有较好的力学性能;3Cr13 钢、4Cr13 钢因含碳量增加,强度和耐磨性提高,但耐蚀性降低。

马氏体不锈钢采用的热处理工艺通常是淬火+回火,其淬火加热温度较高(1000℃~1150℃),目的是使碳化物($Cr_{23}C_6$)能充分溶入奥氏体,然后在油中快速冷却,以防碳化物析出,保证获得单相的马氏体组织;回火温度为200℃~780℃,具体温度根据使用要求来确定,通常分为两种情况:①1Cr13 钢和 2Cr13 钢含碳量低,多作结构钢使用,为提高其韧性,常采用 700℃左右的高温回火,回火后获得回火索氏体;②3Cr13 钢和 4Cr13 钢含碳量较高,常用于制造工具、弹簧、轴承等,为保持所需的硬度、强度,常采用 250℃左右的低温回火,获得回火马氏体组织。虽然组织中含有大量的 Cr,但马氏体不锈钢仍具有较好的耐蚀性。

常用马氏体不锈钢的牌号、化学成分、热处理、性能和应用如附录中的表 A-15 所示,其中 1Cr11Ni2W2MoVA 钢是在 1Cr13 钢的基础上调整了 C 和 Cr 的含量,并添加了多种合金元素进行强化,从而使其具有很高的淬透性和很高的回火抗力,并可在 600℃以下保持较高的综合力学性能和耐蚀性,故该钢种也称为马氏体耐热不锈钢。9Cr18 钢为高碳高铬马氏体不锈钢,淬火回火后具有比 4Cr13 钢更高的硬度和耐磨性。

3. 奥氏体不锈钢

奥氏体不锈钢一般 $w_{Cr}=17\%$ ~ 19%，$w_{Ni}=8\%$ ~ 11%，属镍铬钢。典型的奥氏体不锈钢是18-8型不锈钢（Cr18Ni9），由于 Ni 的加入，扩大了奥氏体相区而获得单相奥氏体组织，因此奥氏体不锈钢有很好的耐蚀性及耐热性。现已在18-8型不锈钢的基础上发展了许多新钢种。

此外，奥氏体不锈钢的含碳量不能过高，否则易形成 $(Cr,Fe)_{23}C_6$，这不但降低了奥氏体的含铬量，而且使钢成为两相，严重地影响其耐蚀性，因此奥氏体不锈钢的含碳量一般控制在0.10%左右，甚至控制在0.03%以下。

由于奥氏体不锈钢的含铬量、含镍量比马氏体不锈钢的高，且为单相奥氏体组织，因而具有更高的耐蚀性，使其不仅能抗大气、海水、燃气的腐蚀，而且能耐酸蚀，抗氧化温度可达850℃，具有一定的耐热性。由于奥氏体不锈钢没有磁性，不受周围磁场和地球磁场的干扰，因此奥氏体不锈钢可用于制造电气、仪表零件。

奥氏体不锈钢的晶格类型为面心立方结构，滑移系多，又是单相组织，因而塑性很好，热压与冷压加工性能相当优良，便于冲压加工成形。奥氏体不锈钢还具有良好的焊接性能。

奥氏体不锈钢在加热、冷却时无相变发生，因而奥氏体不锈钢不能通过热处理进行强化，只能靠冷变形加工强化，即通过加工硬化和形变诱发奥氏体部分转变成马氏体来实现强化，但其塑性和耐蚀性会发生显著下降。奥氏体不锈钢经固溶处理后，强度、硬度均不如马氏体不锈钢。

奥氏体不锈钢的切削加工性较差，因为这类钢的加工硬化现象严重，使得切削区显著强化，增大了切削阻力，加之它的导热性差，工作时造成刀刃温度迅速上升，而且切屑韧性增大，难以剥离，因此奥氏体不锈钢刀具使用寿命短、加工效率低、零件表面不光滑。

奥氏体不锈钢在航空上应用较多，可用于制造既承受腐蚀，又承受高温的航空零件，如超声速飞机蒙皮、隔热板；涡喷发动机的燃气导管、尾喷管；火箭发动机的液氧箱、液氟箱、液氢箱等。

常用奥氏体不锈钢的牌号、化学成分、热处理、性能及用途如附录中的表 A-16 所示，其中，带字母 PH 的为沉淀硬化型不锈钢，其特点是在保持高的耐蚀性的前提下，具有超高强度。这类钢的成分特点是含碳量很低，含有大量的 Cr 和 Ni 及少量 Mo 或 Al。

4. 双相不锈钢

双相不锈钢是近年发展起来的新型不锈钢，其典型牌号为0Cr26Ni5Mo2。这类钢是在18-8型钢的基础上，提高了 Cr 的含量或加入了铁素体形成元素而制成的一类具有奥氏体和铁素体双相组织的不锈钢，它的化学成分是在 $w_{Cr}=18\%$ ~ 26%、$w_{Ni}=4\%$ ~ 7% 的基础上，根据不同用途加入 Mn、Mo、Si 等合金元素组合而成。双相不锈钢通常采用1000℃ ~ 1100℃淬火获得铁素体及奥氏体组织，奥氏体的存在降低了高铬铁素体钢的脆性，提高了高铬铁素体的强度、韧性和焊接性；铁素体的存在提高了奥氏体不锈钢的屈服强度、抗晶间腐蚀能力等。例如,00Cr18Ni5Mo3Si2 双相不锈钢,其室温屈服强度比镍铬奥氏体钢的屈服强度高了一倍,而其塑性、冲击韧性仍较高,冷、热加工性能及可焊接性也较好。

5. 超高强度不锈钢

超高强度不锈钢是为弥补通用钢材比强度低、耐蚀性差而发展起来的一类超高强度钢,与其他超高强度钢相比,超高强度不锈钢具有优异的耐蚀性。与上述不锈钢相比,超高强度不锈钢又具有优良的比强度。

超高强度不锈钢可分为冷作硬化奥氏体不锈钢、马氏体不锈钢、沉淀硬化不锈钢、时效强化不锈钢、相变诱导塑性不锈钢五大类,其中每一类在航空工业、航天工业中都有应用。例如,马氏体不锈钢中的 1Cr10Co6MoVNbBN 钢、1Cr11Ni2W2MoVA 钢主要用于制造航空发动机耐腐蚀承力件(如压气机盘及其叶片、隔圈);沉淀硬化不锈钢中的 0Cr17Ni4Cu4Nb 钢用于制造飞机上要求高强度及耐蚀性的发动机压气机机匣、燃气导管、液体燃料储箱。

单元6　耐热钢及高温合金

【学习目标】了解耐热钢、高温合金的化学成分特点;掌握各类耐热钢、高温合金钢的性能特点和应用范围;掌握根据需要正确选用合适的耐热钢、高温合金的方法。

【重点难点】掌握各类耐热钢、高温合金的性能特点和应用范围。

航空发动机的许多部件都是在高温环境下工作的,特别是转动件要在不同的温度、载荷、环境介质(空气、燃气)下工作,因此其大多须用比强度高、耐热性好和抗腐蚀能力强的材料来制造。耐热钢及高温合金是制造在高温条件下工作的各种结构零件的主要金属材料。以 Fe-C 系为基的耐热材料称为耐热钢;以 Fe 或 Fe-Ni、Co 等为基的耐热材料称为耐热合金或高温合金。

高温下的结构零件有两方面的破坏因素:一是高温下发生氧化与腐蚀引起的破坏;二是高温下的热强度不足引起的破坏。因此衡量高温材料的主要性能指标为热稳定性和热强度两项。

5.6.1　高温性能指标

1. 热稳定性

在高温下,金属材料抵抗氧化与腐蚀的能力称为热稳定性。热稳定性是以一定温度下,单位时间内单位面积上金属损失或增加的重量来表示的,其单位为 $g/(m^2 \cdot h)$。在其他条件相同的情况下,金属材料失重或增重越少,其热稳性就越高。

提高热稳定性的途径,一是进行表面化学热处理,如渗铝、渗铬、渗硅等;二是合金化,即在材料中加入适量的 Al、Cr、Si 等元素。由于这些元素的存在,可在零件表面形成稳定、致密、牢固的氧化薄膜—Al_2O_3、Cr_2O_3、SiO_2 等，它们可以保护零件不再继续氧化，从而提高材料的热稳定性。

由于 Al、Si 的加入会导致材料发脆，因此 Al 和 Si 的加入量很少，只能作为附加元素。在高温材料中，Cr 是用于提高热稳定性的主加元素，含铬量越高，材料的抗氧化能力也越强，如含铬量由 5% 递升到 12%、20%、30% 时，其抗氧化温度可分别递升到 800℃、1000℃、1100℃。

2. 热强度

在高温下，金属材料抵抗变形和破坏的能力称为热强度或高温强度。衡量金属材料热强度的指标为蠕变极限和持久强度极限。

1）蠕变极限

在高温下，即使金属材料所受应力远远小于 $\sigma_{0.2}$，但随着时间的延长，金属材料还是会缓慢地发生塑性变形，这种现象称为蠕变。

金属材料在给定的温度 T(℃) 下、规定的试验时间 t(h) 内、发生一定蠕变伸长量 ε 的最大应力值称为蠕变极限，并用 $\sigma_{\varepsilon/t}^T$ 表示。例如，$\sigma_{0.2/500}^{800℃} = 200MPa$，即代表该材料在 800℃ 下、500h 内发生不超过 0.2% 的蠕变所需要的最大应力为 200MPa。必须明确的是，蠕变温度高于该材料的再结晶温度。蠕变极限的大小，表明了金属材料在高温下抵抗缓慢塑性变形的能力，而且蠕变变形发展到一定程度，最后也能导致材料的断裂。金属材料、陶瓷材料在高温下会发生蠕变，高聚物在室温下就可能发生蠕变，所以，对于长期在一定温度下承载的机件，就要考虑它的蠕变性能。

2）持久强度极限

持久强度极限是指金属材料在一定温度 T(℃) 下，经过规定时间 t(h) 而不发生断裂的最大应力值，用 σ_t^T 表示。例如 $\sigma_{100}^{800} = 200MPa$，即表示该材料在 800℃ 下，经 100h 使金属不发生断裂的最大应力为 200MPa。持久强度极限的大小，表明了金属材料在高温下抵抗断裂的能力。

3. 提高钢的高温性能的途径

提高钢的高温性能的途径有以下 4 个方面。

(1) 提高再结晶温度。在钢中加入 Cr、Mo、Mn、Nb 等元素，可提高钢基体的固溶体的原子间结合力，使原子扩散困难，并能延缓再结晶过程的进行，从而进一步提高热强度。

(2) 利用析出弥散相产生强化作用。在钢中加入 Ti、Nb、V、W、Mo 及 N、B、Al 等元素，形成稳定而又弥散分布的碳化物 (TiC、NbC、VC、WC 等)、氮化物、硼化物等难熔化合物和一些金属间化合物等。这些化合物在较高温度下不易聚集长大，因而能起到阻碍位错移动，提高钢的高温强度的作用。

(3) 用熔点高的金属作高温合金的基体。因为熔点高的金属，原子间的结合力大，且高温下不易产生塑性变形，抗蠕变能力强，所以高温合金常用 Fe、M、Co 等作基体。

（4）适当粗化晶粒。由于在高温下长时间使用的耐热钢，一般都是沿晶界断裂的，因此粗晶粒的钢的高温强度比细晶粒的钢的高温强度要好。

5.6.2 耐热钢

耐热钢是指在高温下具有高的热化学稳定性和热强度的特殊钢。耐热钢包括抗氧化钢和热强钢。

1. 抗氧化钢

在抗氧化钢中加入 Cr、Si、Al 等合金元素，这些合金元素与氧的亲和力较大，因此优先被氧化，形成一层致密的、高熔点的氧化膜覆盖于钢表面，将钢与外界的高温氧化物隔绝，以避免进一步氧化。例如，当钢的含铬量为 20%～25% 时，其抗氧化温度可达 1100℃。

在实际应用中，大多数抗氧化钢是在铬钢、镍铬钢、铬锰氮钢的基础上添加 Si、Al 后制成的。与不锈钢一样，含碳量的增多会降低钢的抗氧化性，因此一般抗氧化钢为低碳钢。

抗氧化钢分为铁素体和奥氏体两类，常用的抗氧化钢的牌号、化学成分、热处理及用途如附录中的表 A-17 所示。

2. 热强钢

金属在高温下长期承受载荷有两个特点：一是温度升高，金属原子间结合力减弱，强度下降；二是产生蠕变现象。

热强钢采用的合金元素如 Cr、Ni、Mo、W、Si 等，除具有提高高温强度的作用之外，还可提高高温抗氧化性。常用的热强钢按正火状态下组织的不同，大致可分为珠光体热强钢、马氏体热强钢、奥氏体热强钢。常用的热强钢的牌号、化学成分、热处理及最高使用温度如附录中的表 A-18 所示，热强钢牌号的表示方法与不锈钢相同。

1）珠光体热强钢

珠光体耐热钢的含碳量较低，一般为 0.08%～0.20%，可保证钢具有良好的加工性，同时有利于钢中铁素体基体组织的稳定，其工作温度一般在 450℃～600℃。通过 Mo、Cr 的固溶强化可以提高基体的抗蠕变能力，其中，Cr 还能提高钢的抗氧化性。V、Ti、Nb 等碳化物具有沉淀强化作用。

按含碳量及应用特点，珠光体耐热钢可分为低碳珠光体热强钢和中碳珠光体热强钢，前者主要用于制造锅炉管等，常用的低碳珠光体热强钢牌号有 12CrMo、15CrMo、12Cr1MoV 等；后者则用于制造耐热紧固件、汽轮机转子、叶轮等。

2）马氏体热强钢

对于工作温度在 450℃～620℃，要求有更高的蠕变强度、耐蚀性和耐腐蚀磨损性的汽轮机叶片等零件，采用珠光体热强钢来制造是很困难的。在 Cr13 型钢中加入 Mo、W、V 等合金元素，可得到马氏体热强钢。常用的马氏体热强钢有 1Cr13 钢及在其基础上发展而来的 1Cr13Mo 钢、1Cr11MoV 钢、2Cr12MoVNbN 钢等。此外，为进一步提高这类钢的热强性,在 Cr13 型钢的基础上发展了 Cr12 型马氏体热强钢,其典型牌号有 1Cr11MoV。马氏体热强钢常用于制造在 550℃ 以下工作的汽轮机叶片、涡轮机叶片、阀门等部件。

3)奥氏体热强钢

奥氏体热强钢是在 18-8 型奥氏体不锈钢的基础上发展起来的。最常用的奥氏体热强钢为 1Cr18Ni9Ti 钢。奥氏体热强钢的化学稳定性和热强性都优于珠光体热强钢和马氏体热强钢,且其在 600℃ 以下具有足够的热强性。奥氏体热强钢在高温下和室温下都具有较好的塑性和韧性,以及良好的焊接性,但其切削加工性较差。奥氏体热强钢的热处理一般是先经固溶淬火处理,然后在高于使用温度约 100℃ 的温度下进行时效强化处理,使组织稳定。奥氏体热强钢和 Cr13 型钢一样,既是不锈钢,又可作为耐热钢使用,可用于制造锅炉及汽轮机的过热管道和结构部件等。

对于工作温度超过 700℃ 的零件,应选用镍基(Ni-Cr 合金)、铁基(Fe-Ni-Cr 合金)等耐热钢;对于工作温度超过 900℃ 的零件,则应选用钼基、陶瓷合金等耐热钢;对于在 350℃ 以下工作的零件,则选用一般的合金结构钢。

5.6.3　高温合金

用来制造航空发动机、火箭发动机及燃气轮机零部件,如燃烧室、涡轮叶片、涡轮盘、导向叶片、尾喷管等的材料,需在高温(一般指 600℃ ~ 1100℃)氧化性气体中和燃气腐蚀条件下承受振动、气流冲刷、高速旋转离心力的作用长期工作。显然,耐热钢已不能满足上述要求,必须使用高温合金。

高温合金是指工作温度在 600℃ ~ 1000℃(或更高温度)下的合金,高温合金具有较高的高温强度、良好的抗氧化性和抗热腐蚀性,以及良好的抗疲劳性、断裂韧性、塑性等综合性能。目前,航空上广泛使用的高温合金有铁基、铁-镍基、镍基和钴基高温合金。按生产工艺的不同,高温合金又可分为变形高温合金(指可用压力加工方法使毛坯成形的合金)和铸造高温合金(指只能或主要以铸造方式成形,而一般不能进行压力加工的合金)两大类。

我国高温合金牌号的命名考虑到合金的成形方式、强化类型与基体组元,用汉语拼音的首字母+数字序号表示。

变形高温合金的牌号由 GH("高合"汉语拼音的首字母)+4 位数字表示。GH 后的第 1 位数字表示分类号,即高温合金的类型:1 和 2 表示铁基或铁镍基高温合金,3 和 4 表示镍基高温合金,5 和 6 表示钴基高温合金(其中的奇数 1、3 和 5 为固溶强化型合金,偶数 2、4 和 6 为时效强化沉淀强化型合金);GH 后的第 2 位、第 3 位、第 4 位数字表示合金的编号,如 GH4169 表示时效强化沉淀强化型的镍基高温合金,合金编号为 169。

铸造高温合金的牌号由汉语拼音的首字母 K+3 位数字表示。K 后的第 1 位数字表示分类号,即合金的类型(其含义与变形合金相同);K 后的第 2 位、第 3 位数字表示合金的编号,如 K418 表示时效强化沉淀强化型镍基铸造高温合金,合金编号为18。

此外,FGH 表示粉末高温合金;MGH 表示机械合金化粉末高温合金;DZ 表示定向凝固铸造高温合金;DD 表示定向单晶合金等。

按化学成分特点划分,常用的高温合金如下。

1. 铁基变形高温合金

铁基变形高温合金主要是奥氏体耐热钢,其之所以用奥氏体作基体,是因为面心立方晶格的原子间结合力较强,再结晶温度较高,比以铁素体为基体的钢具有更高的热强性。

铁基变形高温合金的主加元素为 Cr 和 Ni,有时还会加入相当数量的 Mn。加入 Cr 可提高合金的抗氧化性;加入 Ni 和 Mn 可使基体变成奥氏体组织;加入 W、Mo、V、Ti、Al 可进一步提高再结晶温度和强化金属。常用的铁基变形高温合金如下。

(1)GH1035 合金。牌号为 GH1035 的高温合金为固溶强化型铁基变形高温合金,其主要成分是 Cr22Ni38WTi,常用于制造在 800℃以下工作的高温薄壁零件,且在固溶状态下使用。

(2)GH2036 合金。牌号为 GH2036 的高温合金为时效强化型铁基变形高温合金,其主要成分是 4Cr12Ni8MoV,热处理工艺为 1140℃淬火+水冷,然后在 650℃ ~ 670℃温度下时效强化,常用于制造涡轮盘,且在时效强化状态下使用。

2. 镍基变形高温合金

因为镍的熔点高,又是面心立方晶格,而且表面能形成致密的氧化膜,可防止 800℃以下的剧烈氧化,所以镍是优良的耐热基体金属。在镍中还可以加入 Cr、W、Mo 等元素以提高合金的抗氧化性与热强性。

镍基变形高温合金是在 700℃ ~ 1000℃工作温度下使用较为广泛的高温合金。镍基变形高温合金是在 Cr20Ni80 中加入 Al、Ti、Nb、Ta、W、Mo、Co 等强化元素的条件下发展起来的。固溶强化、晶格沉淀强化、碳化物强化及晶界控制等的联合作用,改善了合金的热强性。

镍基变形高温合金的热稳定性、热疲劳性、冷压和焊接性良好,常用作燃烧室联焰管、引燃管等。常用的镍基变形高温合金如下。

(1)GH3039 合金。GH3039 合金的主要成分是 Cr20Ni75Mo2AlTiNb,常用于制造在 900℃以下工作的燃烧室、加力燃烧室等冷压焊接零件。

(2)GH3044 合金。GH3044 合金的主要成分是 Cr25Ni60W15Ti,常用于制造在 950℃ ~1100℃下工作的燃烧室、鱼鳞片内腹板等冷压焊接零件。

(3)GH3128 合金。GH3128 合金是我国研制的,目前主要用于制造在 950℃以下长期工作的燃烧室、加力燃烧室、导向叶片等零件。

3. 铸造高温合金

变形高温合金很难进行切削加工,虽然尽量采用新型材料刀具,但是仍然不能解决问题,而且生产效率很低,因此近年来铸造高温合金得到了很大发展。

与变形高温合金相比,铸造高温合金的优点:可加入大量合金元素,而且不会因合金元素过多而使工艺性能变坏;使用温度可相对提高20℃~30℃,甚至80℃;可铸成精度高和形状复杂的零件;可以采用新的铸造工艺,如定向结晶消除横向晶界,控制冷却速度获得所需的晶粒度或使叶片边缘晶粒细化,以提高叶片的力学性能。

航空发动机的导向叶片通常采用铸造高温合金,并以普通精密铸造工艺或定向凝固工艺生产制造。具有代表性的铸造高温合金牌号有 K214、K232、K406、K417、K403、K409、K418 等。

4. 其他高温合金

除上述高温合金外,还有钴基高温合金、钼基高温合金、粉末高温合金、高温复合材料等,它们可在更高的工作温度中使用。

钴基高温合金可在700℃~1050℃的高温中使用,这类合金具有致高熔点和较高的强度。钴基高温合金可采用精密铸造工艺来制造喷气发动机的涡轮机叶片等高温零件或结构件。

粉末高温合金的生产工艺过程:先生产表面不受氧化的细合金粉末,然后将粉末装入密封罐中,以热挤压的方法形成坯料,再进行锻造或轧制,最后加工成零件。

高温复合材料是在镍基高温合金的基础上,嵌入了大量的 W、Mo、Nb 等金属丝,以增强其强度。例如,美国在 W25Cr15Ti2Al2 合金中加入占体积 7% 的直径为 0.4mm 的钨丝,试验的持久强度极限为100Mpa(在1200℃下,经过100h使金属不发生断裂的最大应力值)。

5.6.4 高温合金在航空发动机上的典型应用

在航空涡轮发动机上,高温合金主要用于制造燃烧室、压气机、涡轮机等零部件,如图5-8所示。

1. 燃烧室用高温合金

燃油雾化、油气混合、点火、燃烧等过程都是在燃烧室内进行的,因此燃烧室是发动机各部件中温度最高的区域。当燃烧室内的燃气温度达到1500℃~2000℃时,壁部合金材料承受的温度可达800℃~900℃以上,局部温度可达1100℃。由于用于制造燃烧室的材料除承受急热急冷的热应力和燃气的冲击

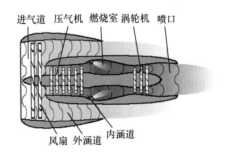

图5-8　航空发动机结构示意图

之外,不再承受其他载荷,因此燃烧室材料的工作特点是温度高、热应力大而机械应力小,所以用于制造燃烧室的材料常采用易成形、可焊接的高温合金,如新型镍基高温合金和钴基高温合金。为了防止燃气冲刷、热腐蚀和隔热,常喷涂防护涂层,但是弥散强化合金不需涂层,其可用于制造耐1200℃高温的燃烧室。用于制造燃烧室的

材料均可用于制造加力燃烧室和尾喷管。

用于制造燃烧室的高温合金的代表性牌号有 GH1140、GH3030、GH3039、GH3333、GH3018、GH3022、GH3128、GH3170。

具有一般使用要求的高温合金,可采用固溶强化的合金原料,也可采用固溶加时效强化的合金原料,用于制作使用温度相对较低、工作应力较大的板类零件。此种高温合金的牌号有 GH21232、GH4141、GH4167、GH4163。

2. 导向叶片用高温合金

导向叶片也称导向器,是涡轮发动机上受热冲击较大的零件之一。导向叶片的失效方式通常为由热应力引起的扭曲、温度剧烈变化引起的热疲劳裂纹及局部的烧伤。有些导向叶片可采用时效强化的合金板材焊接而成,但大多导向叶片用高温合金采用熔模铸造生产,生产中可以加入较多的 W、Mo、Nb、Al、Ti 等固溶强化和时效强化元素。目前,先进航空发动机多采用空心铸造导向叶片,该方法冷却效果好,可以提高合金的使用温度。国内导向叶片用高温合金的使用温度为 1000℃～1050℃,代表性精密铸造合金牌号有 K214、K232、K406、K417、K403、K409、K418、K423B 等。

导向叶片用高温合金除有采用普通精密铸造工艺生产的精密铸造合金之外,还有采用定向凝固工艺生产的定向合金和单晶合金。由于定向合金的晶界与应力方向一致,单晶合金无晶界存在,因此都可以使铸造高温合金的持久强度、热疲劳强度、使用温度提高,并且使其具有较好的薄壁性能。该类定向合金和单晶合金的牌号有 DZ3、DZ5、DZ22、DD3、DD402 等。

3. 涡轮叶片用高温合金

涡轮叶片是航空发动机上关键的构件之一,也是非常重要的转动部件,如图 5-9 所示。涡轮叶片的工作条件最为恶劣,除工作环境温度较高外,转动时还承受了很大的离心力、振动力、气流的冲刷力等作用。用于制造涡轮叶片和涡轮盘的材料是影响发动机性能的重要因素。

用于制造航空发动机涡轮叶片的材料为时效强化型镍基变形高温合金,目前普通精密铸造、定向铸造和单晶铸造叶片合金也得到了广泛的应用。用于制造涡轮叶片的合金的典型牌号:变形合金 GH4033、GH4037、GH4049、GH4118、GH4220 等;铸造合金 K403、K417、K418、K405、DZ3、DZ22 等。

随着燃气涡轮进口温度的提升,普通精铸涡轮叶片已经不能满足航空发动机的需要。先进航空发动机采用了单晶铸造涡轮叶片,其合金的使用温度可提高到 1100℃～1150℃,使航空发动机的性能进一步提高,如 DD402、DD3、DD6 等单晶合金已在部分航空发动机上应用。

4. 涡轮盘用高温合金

涡轮盘是航空发动机上很重要的转动部件,如图 5-10 所示。它在四大类部件中所占重量最大(大型涡轮盘单件质量达几百千克)。工作时,涡轮盘的温差相当大,产生的盘件径向热应力也很大。涡轮盘正常转动时带动涡轮叶片高速旋转,承受最大的离心力;涡轮盘的榫齿部分所受的应力更为复杂,既有拉应力,又有扭曲应力等。每当发动机起动和停止时,都会对涡轮盘构成一次大应力低周疲劳。

图 5-9　涡轮叶片　　　　　　　　图 5-10　发动机涡轮盘

　　用于制造涡轮盘的合金绝大多数是屈服强度很高的、晶粒细小的铁基或镍基高温合金。用于制造涡轮盘的合金的典型牌号有 GH2132、GH2135、GH2901、GH4761 等,其使用温度可达 650℃ ~ 700℃。此外,有些机种选用镍基合金来制造涡轮盘,如 GH4033A、GH4698,使用温度可达 700℃ ~ 750℃。

　　高温合金的变形抗力比普通钢大得多,而且变形温度范围很窄。随着航空发动机性能的不断提高,用于涡轮盘合金的合金元素也增多,随之而来的合金偏析也会加重,变形抗力增大,采用常规的冶金工艺生产涡轮盘已经变得越来越困难。因此,现代新型的航空发动机都采用粉末涡轮盘,即采用粉末冶金工艺生产涡轮盘。粉末涡轮盘合金具有组织均匀、晶粒细小、强度高、塑性好等优点,是现代先进航空发动机使用的理想材料。此外,利用喷涂成形工艺生产涡轮盘——喷射盘,其成本更低,并有一定的性能优势。

　　总之,随着飞机发动机性能的不断提高,其使用温度也越来越高。现代试验型发动机的涡轮进口温度已达到 1650℃,有的要求达到 1930℃,而镍基高温合金的极限使用温度是 1200℃ 左右,因此各国的研究者都在致力于开发新的高温合金材料和新的制造工艺。当前正在通过定向单晶、定向共晶、钨丝增强等技术研制镍基高温合金和陶瓷合金,通过弥散强化技术和粉末冶金技术研制镍基高温合金材料,以适应更先进的发动机涡轮叶片和涡轮盘的使用要求。

习题和思考题

1. 什么叫合金钢? 合金钢与碳素钢相比有哪些特点?

2. 钢中常有的杂质元素有哪些? 它们对钢的性能有何影响?

3. 合金元素对铁碳合金相图有什么影响? 这种影响有什么工业意义?

4. 说明合金钢的分类和牌号的表示方法。

5. 合金渗碳钢的化学成分有什么特点,主要用在什么场合,通常采用哪种最终热处理？

6. 什么是调质钢？为什么调质钢的含碳量为中碳？

7. 合金调质钢中常含有哪些合金元素？它们在调质钢中各起什么作用？

8. 弹簧钢的成分特点是什么？

9. 为什么合金弹簧钢多用 Si、Mn 作为主加合金元素？为什么淬火后采用中温回火？

10. 为什么轴承钢要选用铬钢？为什么这种钢对非金属夹杂物控制特别严？

11. 结构钢能否用来制造工具？试举几个例子说明。

12. 什么是超高强度钢？特点是什么，主要用于哪些方面？

13. 刃具钢的性能要求有哪些？

14. 制作刃具的材料有哪些类别？列表比较它们的化学成分、热处理方法、力学性能特点及用途。

15. 高速钢中的合金元素，如 Cr、W、Mo、V、Co 等在钢中各起什么作用？

16. 热作模具钢的主要性能要求是什么？

17. 解释下列名词。

热硬性、蠕变、热强性、蠕变极限、持久强度极限

18. 腐蚀的根本原因是什么？提高合金耐蚀性的实质是什么？

19. 提高合金耐蚀性的主要合金元素是哪两种？其作用是什么？

20. 说明不锈钢的化学成分特点及其能抵抗腐蚀的原因。

21. 马氏体不锈钢的化学成分、热处理、用途特点是什么？

22. 奥氏体不锈钢在性能特点和用途上与马氏体不锈钢有什么差异？

23. 比较铬在调质钢、滚动轴承钢和不锈钢中的作用。

24. 衡量高温材料的主要性能指标有哪些？

25. 提高金属材料的抗氧化性的途径主要有哪些？

26. 说明高温合金的分类和牌号的表示方法。

27. 镍基变形高温合金在化学成分、热处理、性能和应用上有什么特点？

28. 铸造高温合金在化学成分、热处理、性能和应用上有什么特点？

29. 解释下列牌号中的符号及数字的含义，并指出它们属于哪种类型的钢：

20A、20Cr、40CrNiMoA、T8、09Mn2、9Mn2V、GCr15、CrWMn、9SiCr、60Si2Mn、Cr12MoV、1Cr13、1Cr18Ni9、0Cr18Ni9、GH3030、GH4167、K214、K409、DZ22、DD402

30. 航空发动机的工作特点是什么？分别列出发动机涡轮盘、涡轮叶片和燃烧室的选材特点。

模块 6
有色金属

　　金属种类繁多,通常可分为黑色金属和有色金属两大类。黑色金属包括铁、铬、锰(Fe、Cr、Mn)及其合金。除黑色金属(Fe、Cr、Mn)以外的金属称为有色金属或非铁金属。

　　铝、钛、镁（Al、Ti、Mg）等金属的密度小,分别为 2.7g/cm^3、4.5g/cm^{3}和1.74g/cm^3,因此这几种金属被称为轻金属,其相应的合金被称为轻合金。

　　轻合金具有密度小、比强度高、比刚度大、耐热、耐腐蚀,以及良好的导电性、导热性等特点,在航空工业、航天工业的应用十分广泛。

　　当前,飞机发动机上有色金属的用量已远远超过黑色金属。铝、钛、镁是飞机结构中不可缺少的结构材料,用量最多。在民用飞机结构(不含发动机)中,以重量计,铝合金占机体结构重量的50%～80%。例如,在 MD-82 飞机中,铝合金重量为17.1t,占机体结构重量的74.5%;钛合金重量为272kg,占机体结构重量的1.2%。在 B747 飞机中,铝合金重量为18.6t,占机体结构重量的81%;钛合金占机体结构重量的4%。在 B777飞机中,铝合金重量约占机体结构重量的70%,钛合金占机体结构重量的7%。B787 飞机是个例外,钛合金重量的占机体结构重量的14%,铝合金占机体结构总重量的20%。

单元 1　铝及铝合金

　　【学习目标】了解工业纯铝的基本特性和铝合金的表面防护处理;理解变形铝合金的分类、基本状态、热处理原理与工艺;掌握常用铝合金的牌号、性能特点及应用情况。

　　【重点难点】掌握常用变形铝合金的牌号、性能特点及应用情况。

　　铝为银白色,具光泽的金属,为地壳中含量最高的金属元素,是一种密度小、抗腐蚀的结构材料,可以通过合金化进行强化。根据铝合金中化学成分的不同,还可通过热处理或冷加工进行进一步强化。

6.1.1　工业纯铝

　　工业纯铝不能通过热处理进行强化,因此冷变形是其强化的唯一手段,所以某些工业纯铝可以冷作硬化或半冷作硬化状态提供使用。工业纯铝不仅是炼制铝合金的主要原料,而且在航空上还可用作导线、隔热铝箔等。由于工业纯铝铆钉剪切强度低,因此工业纯铝不用于结构件的制造而用于飞机非结构件的连接。工业纯铝具有以下基本特性。

（1）工业纯铝密度小,只有 $2.7g/cm^3$,仅为钢密度的三分之一,且其熔点较低,仅为 660 ℃。

（2）工业纯铝的晶格类型为面心立方晶格,塑性很好,δ 为 35% ~ 40%;强度低,σ_b 为 80MPa ~ 100MPa;硬度很低,不能通过热处理进行强化。

（3）工业纯铝的导电性、导热性好,仅次于银、铜,铝的电导率为铜的电导率的 60% ,但铝的密度还不到铜密度的三分之一。

（4）工业纯铝具有良好的耐蚀性。

工业纯铝与氧能生成一层致密的组织——Al_2O_3 薄膜,从而阻止其进一步氧化。工业纯铝可以作为铝合金的包铝层,起防腐作用,如包铝层为 1.5% 厚度的 2A12(美国 2024,后同)薄板和中厚板。工业纯铝表面如果再经过阳极处理等表面处理,其耐蚀性更佳。

6.1.2 铝合金的分类及牌号

由于工业纯铝的强度低,不适合用于制造承力结构零件,因此航空上大量使用的是铝合金。以工业纯铝为基础,加入一种或几种其他元素构成的合金,称为铝合金,其中主加合金元素为 Cu、Mg、Zn、Mn、Si 等。

铝合金的分类方法有很多,图 6-1 是比较笼统的两种分类方法,其中坐标原点 Al 表示工业纯铝,B 表示合金(含杂质)元素总含量。按铝合金的化学成分、组织和热处理工艺特点,可以将铝合金分为铸造铝合金与变形铝合金;按热处理工艺能否实现强化效果,可以将铝合金分为不能热处理强化的铝合金与能热处理强化的铝合金。目前使用较多的铝合金分类是铸造铝合金与变形铝合金。变形铝合金是将铝合金铸锭通过压力加工(如轧制、挤压、模锻等)制成半成品或模锻件,因此要求铝合金具有良好的塑性变形能力。铸造铝合金则是将熔融的铝合金直接浇铸成形状复杂的(甚至是薄壁的)成型件,因此要求合金具有良好的铸造流动性。

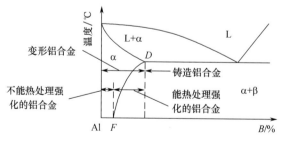

图 6-1　铝合金的分类示意图

1. 工业纯铝及变形铝合金的牌号

航空工业通常采用美国铝业协会(AA)标准对工业纯铝及铝合金进行分类,即铝或铝合金的牌号用4位数字表示。我国的分类方法与美国铝业协会(AA)的分类方法基本相同,即牌号的第1位、第3位、第4位也用数字表示,但第2位采用英文字母表示。工业纯铝及变形铝合金的编号方法如表6-1所示。我国与美国的变形铝合金牌号对照如附录中的表A-19所示。

表6-1　工业纯铝及变形铝合金的编号方法

位 数	美国铝业协会(AA)标准		我国标准(GB/T 16474—1996)	
	工业纯铝	变形铝合金	工业纯铝	变形铝合金
第一位	阿拉伯数字,表示工业纯铝及变形铝合金的组别。1 表示铝含量不小于99.00% 的工业纯铝;2～9 表示变形合金组别,按主要合金元素划分:2 表示 Cu,3 表示 Mn,4 表示 Si,5 表示 Mg,6 表示 Mg+Si,7 表示 Zn,8 表示其他元素,9 表示备用组			
第二位	阿拉伯数字,表示合金元素或杂质极限含量控制情况。0 表示其杂质极限含量无特殊控制;1～9 表示受控杂质或合金元素的个数	阿拉伯数字,表示改型情况。0 表示原始合金;2～9 表示改型合金	英文大写字母,表示原始工业纯铝的改型情况。A 表示原始工业纯铝;B～Y(C、I、L、N、O、P、Q、Z 除外)表示原始工业纯铝的改型,其元素含量略有变化	英文大写字母,表示原始合金的改型情况。A 表示原始合金;B～Y(C、I、L、N、O、P、Q、Z 除外)表示原始合金的改型,其化学成分略有变化
最后两位	阿拉伯数字,表示铝的最低百分含量(99.××%)中小数点后面的两位	阿拉伯数字,无特殊意义,仅用来识别同一组中的不同合金	阿拉伯数字,表示铝的最低百分含量(99.××%)中小数点后面的两位	阿拉伯数字,无特殊意义,仅用来识别同一组中的不同合金

2. 铸造铝合金的牌号

铸造铝合金用汉语拼音的首字母加数字表示,如 ZL1×× ～ ZL4××,其中 ZL 表示铸造铝合金。紧跟 ZL 之后的第1位数字代表主要合金元素,如 ZL1×× 为铝硅合金、ZL2×× 为铝铜合金、ZL3×× 为铝镁合金、ZL4×× 为铝锌合金。最后两位数字没有特殊意义,仅用来识别同一组中的不同合金,有时在这两位数字后面还有一位字母,表示该合金的改型情况。

6.1.3　变形铝合金

变形铝合金的应用面广,生产量大,产品的品种、规格、性能等多样化。在有色金属材料领域中,变形铝合金具有代表性。

1. 变形铝合金的分类

对于变形铝合金来说,图6-1中合金元素总含量位于 F 点左侧的铝合金,在固态时始终是单相的,因此不能进行热处理强化,这类合金称为不能热处理强化的铝合金;合金元素总含量在 F 点和 D 点之间的铝合金,由于合金元素在铝中的溶解度有变化会析出第二相,因此可通过热处理提高合金强度,这类合金称为能热处理强化铝合金。

不能热处理强化的铝合金:防锈铝(按耐蚀性分类)。

能热处理强化的铝合金:硬铝、超硬铝、锻铝(按力学性能分类)。

1×××、3×××、5×××等系列铝合金为不能热处理强化的铝合金。

2×××、6×××、7×××等系列铝合金为能热处理强化的铝合金。

2. 变形铝合金的热处理

1）变形铝合金常用的热处理方法有退火、固溶处理、时效强化。

（1）退火。变形铝合金退火的目的是降低合金的强度、硬度,提高合金的塑性,使合金便于加工。退火包括完全退火和不完全退火。

完全退火:获得最大的成形性,以便随后进行变形量较大的成形工艺。

不完全退火:部分消除加工硬化效应,以便随后进行变形量较小的成形工艺。

（2）固溶处理(淬火处理)。变形铝合金的固溶处理的目的是获得过饱和的铝基固溶体,以便提高铝合金的强度和硬度。

因为铝没有同素异构转变,所以其热处理原理与钢不同。将变形铝合金加热至规定温度,并保温至规定时间(让金属化合物全部溶入固溶体),再将变形铝合金在冷却剂中快速冷却(使金属化合物来不及析出)。变形铝合金淬火后即可得到过饱和、不稳定的固溶体,其强度、硬度不高,但塑性很好。这种热处理方法称为固溶处理。

以 Al-Cu 合金为例,Al-Cu 二元合金状态图如图6-2所示,室温时 Cu 在 α 固溶体中的溶解度最大为0.5%;加热到548℃时,Cu 在 α 固溶体中的极限溶解度为5.6%;将含4% Cu 的 Al-Cu 合金加热到550℃并保温一段时间,然后在水中快冷,此时强化相 $CuAl_2$ 来不及析出,在室温下得到过饱和 α 固溶体,其强度 $\sigma_b \approx 250MPa$(未淬火时 $\sigma_b \approx 200MPa$)。固溶处理得到的过饱和 α 固溶体不稳定,有分解出强化相过渡到稳定状态的倾向。

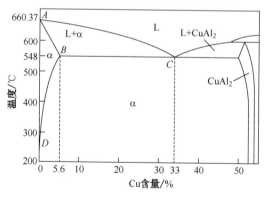

图6-2 Al-Cu 二元合金状态图

（3）时效强化。变形铝合金经过固溶处理后,得到过饱和的铝基固溶体,其强度、硬度较小。这种过饱和铝基固溶体在一定温度下,放置一段时间,其强度和硬度得到明显提高,但塑性、韧性则降低,这个过程称为时效强化,其原因是随着时间的增加,强化相从过饱和 α 固溶体中缓慢析出,这使强度和硬度明显提高。

现以含4% Cu 的 Al-Cu 合金为例说明铝的时效强化。Al-Cu 合金的时效强化过程分为以下 4 个阶段。

第 1 阶段:在过饱和 α 固溶体的某一晶面上产生铜原子偏聚现象,形成铜原子富集区(GP[Ⅰ]区),使 α 固溶体产生严重的晶格畸变,位错运动受到阻碍,合金强度提高。

第 2 阶段:随着时间的延长,GP[Ⅰ]区进一步扩大,并发生有序化,形成有序的富铜区(GP[Ⅱ]区),其成分接近 $CuAl_2$(θ 相),成为中间状态,常用 θ″表示。θ″的析出,进一步加速了 α 相的晶格畸变,使合金强度进一步提高。

第 3 阶段:随着时效强化过程的进一步发展,铜原子在 GP[Ⅱ]区继续偏聚。当铜原子与铝原子之比为 1∶2 时,形成与母相保持共格关系的过渡相 θ′。θ′相出现的初期,母相的晶格畸变达到最大,合金强度达到峰值。

第 4 阶段:时效强化后期,过渡相 θ′从铝基固溶体中完全脱落,形成与基体有明显相界面的独立稳定相 $CuAl_2$,称为 θ 相。此时,θ 相与基体的共格关系完全被破坏,共格畸变也随之消失,随着 θ 相质点的聚集长大,合金明显软化,强度、硬度降低。

根据时效强化温度的不同,可分为自然时效强化和人工时效强化。

自然时效强化是指材料经淬火处理后在室温下自发强化的现象。在自然时效强化开始阶段(孕育期)材料的强度和硬度基本上不变或升高极少,此时易于进行各种冷加工。孕育期后材料的强度和硬度急剧升高。例如,2024-T42 状态是指 2024 材料经固溶处理后,在室温下放置 96h,其强度和硬度明显提高。

在加热条件下进行的时效强化称为人工时效强化,是指淬火后在烘箱内加热到一定温度并保温一定时间。例如,7075-T62 状态是指 7075 材料经固溶处理后,在 120℃下保温 24h,然后空冷,其强度和硬度明显提高。

硬铝合金在不同温度下的时效强化曲线如图 6-3 所示。由图 6-3 可以看出,提高时效强化时的温度,可以使时效强化速度加快,但获得的材料的强度值比较低;而在-50℃时,时效强化过程基本停止,各种材料的性能没有明显变化,因此降低温度是抑制时效强化的有效办法。在自然时效强化条件下,时效强化进行得十分缓慢,需 4~5 天才能达到最高强度值。

在飞机零件制造过程中,通过对超硬铝合金进行时效强化处理来改善材料的耐应力腐蚀或耐晶间腐蚀的性能。过时效强化处理是指时效强化温度过高,或在一定温度下时效强化时间过长的处理,如 7075-T73 状态是指 7075 材料经固溶处理后,在 107℃下保温 8.5h 后继续升温到 176℃并保温 10.5h,然后空冷。这种固溶处理后两级加热保温的过时效

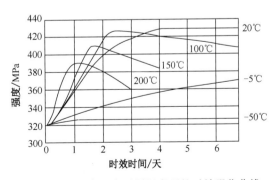

图 6-3   硬铝合金在不同温度下的时效强化曲线

强化处理技术称为二级时效强化,它与一次加热保温的 T62 人工时效强化状态相比,σ_b 大约降低了 13%,虽然不能使材料达到最高强度和硬度,但材料的耐应力腐蚀或耐晶间腐蚀能力大大提高。

2）变形铝合金与钢的热处理工艺对比

在操作步骤方面,虽然变形铝合金的热处理与钢的热处理有很多相同之处,但是处理结果不一定相同,甚至相差很大。因此同样的操作,热处理工艺的名称也不一定相同。变形铝合金与钢的热处理工艺对比如表 6-2 所示。

表 6-2　变形铝合金与钢的热处理工艺对比

操作步骤	工艺名称及力学性能变化趋势	
	钢	变形铝合金
加热→保温→缓慢冷却	退火:材料的强度、硬度明显下降,塑性、韧性明显提高	
加热→保温→快速冷却	淬火:材料的强度、硬度明显提高,塑性、韧性明显下降	固溶:材料的强度、硬度变化不大,塑性、韧性明显提高
（经过淬火或固溶处理后）再次加热（含常温）→保温→空气冷却	回火:材料的强度、硬度有所下降,塑性、韧性有所提高 （按加热温度由低到高分为低温回火、中温回火和高温回火）	时效强化:材料的强度、硬度明显提高,塑性、韧性有所下降 [按加热温度由低到高分为自然时效强化（常温）、人工时效强化和过时效强化]
加热→保温→空气冷却	正火:材料的强度、硬度有所下降,塑性、韧性有所提高	—

3. 变形铝合金的基本状态

1）变形铝合金的热处理状态表示法

O:变形铝合金处于退火状态。

F:变形铝合金处在制造状态(对热处理未加控制)。对于铸造铝合金,则表示材料处于铸造状态。

T:与其后面的数字表示能热处理强化变形铝合金的热处理状态。几种常用的热处理状态如下。

（1）T3:固溶处理,然后冷作硬化和自然时效强化。只有供货厂提供的材料有这种状态。

（2）T31:固溶处理,然后通过矫平拉伸冷作硬化,最后自然时效强化。该热处理的一种典型的应用是 2A12 铆钉。

（3）T3511:固溶处理,然后通过拉伸来消除内应力,并允许略加矫直,最后自然时效强化,适用于 2A12 挤压型材料。

（4）T42:由用户进行固溶处理和自然时效强化到基本稳定状态,适用于 2A12-O 和 6061-O 铝合金。

（5）T6:固溶处理,然后人工时效强化,冷作产生的影响不大。

（6）T62：由用户进行固溶处理和人工时效强化。

（7）T73：由用户进行固溶处理和过时效强化，适用于7×××铝合金。

2）变形铝合金的应变硬化表示法

对于不能热处理强化变形铝合金，可以通过变形进行强化，用字母H和后面的一位或几位数表示其强化处理状态，具体如下。

H1×：冷加工达到所需尺寸后产生应变硬化，第2位数表示硬化程度，如H12表示1/4硬化；H14表示1/2硬化；H16表示3/4硬化；H18表示完全硬化；H19表示超硬化。

H2×：冷加工应变硬化后，不完全退火，第2位数表示硬化程度，与H1×的表示方法相同。

H3：应变硬化，需进行消除内应力的稳定化处理。

4．常用变形铝合金

根据性能和用途，变形铝合金又分为防锈铝、硬铝、超硬铝和锻铝等。

1）防锈铝

防锈铝的耐蚀性好，具有良好的塑性和焊接性。防锈铝不能进行热处理强化，但可通过冷作硬化来提高其强度和硬度。防锈铝主要有Al-Mn系防锈铝和Al-Mg系防锈铝。

Al-Mn系防锈铝：含有少量Mn，强度很低。例如，3003合金具有良好的工艺性能，在冷、热状态下均可加工成型，焊接性能良好，仅用于制造飞机非结构件（如小的整流罩）和要求深冲压、受力不大的零件（如油箱、润滑油导管）。

Al-Mg系防锈铝：含有少量Mg和Cr，强度比Al-Mn系防锈铝高。由于Al-Mg系防锈铝缺乏显著的热处理强化效果，因此一般在退火状态或应变硬化状态下使用。Al-Mg系防锈铝通过应变硬化后强度可达280MPa，仅用于制造飞机非结构件，如飞机油箱、防锈蒙皮、液压管、铆钉等。5A30（5456）合金是Al-Mg系防锈铝中强度最高的合金，具有高耐蚀性，但不能在应变硬化状态下用于温度高于100℃的场合，因为此时其对应力腐蚀开裂敏感。

2）硬铝（Al-Cu-Mg系）

硬铝的表面通常需包工业纯铝（将工业纯铝板放在硬铝铸锭的上下两侧，进行热轧，工业纯铝即焊合在硬铝板材的表面），然后进行阳极化处理或涂阿洛丁，使表面形成一层致密的氧化膜，从而起到防腐作用。

硬铝通过固溶处理与时效强化后，具有较高的强度、抗疲劳性能和断裂韧性，裂纹扩展速率较低，因此硬铝适合用在疲劳问题比较突出的部位，如机翼下翼面的蒙皮和桁条、水平尾翼上翼面的蒙皮和桁条、机身蒙皮等。

2A12（2024）合金是硬铝中的典型代表，其性能随状态的不同而有明显区别，其T3、T4状态下具有高韧性，其T6、T8状态则有较高的强度和较好的耐蚀性。

冰箱铆钉：使用前应经固溶处理，淬火后放在冰箱内冷冻保存（延迟时效强化），使用时从冰箱中取出。例如，2A12-T4 铆钉、2A11(2017)-T4 铆钉，它们具有高的剪切强度，用在受力大的部位。2A12-T4 铆钉在铆后 11h 只达到一半的剪切强度，约 4 天后达到最高剪切强度。

外场铆钉：使用前可以常温保存的铆钉，如 2117-T3。外场铆钉即时可用，具有较高的剪切强度和良好的耐蚀性。

2A12 合金是我国飞机上应用范围较广的材料之一，$\sigma_b \approx 460\text{MPa}$。2A12 合金是硬铝中强度最高的合金，比强度与高强度钢的比强度相近，可用于制造蒙皮、翼肋、隔框等受力构件，其缺点是晶间腐蚀倾向大。

3）超硬铝（Al-Mg-Zn-Cu 系）

超硬铝主要是通过固溶处理与时效强化来提高强度的，属于强度最高的铝合金系列。7A09 合金是超硬铝中的典型代表，其 T6 状态具有最高的强度和最低的韧性，对应力腐蚀开裂敏感，一般不推荐用于低温场合；而 T73 状态具有最低强度、相当高的韧性和优良的抗应力腐蚀开裂性能和剥蚀性能。

7A04 合金是强度最高的一类合金，其 $\sigma_b \approx 600\text{MPa}$，$\sigma_{0.2} \approx 500\text{MPa}$。7A04 合金是在飞机上应用广泛且比较成熟的超硬铝，常用来制造屈服强度要求高的飞机结构件，如机翼蒙皮、桁条、隔框等，甚至可代替部分高强度钢制造起落架、机翼、大梁。7A04 合金的缺点是应力腐蚀倾向大，缺口敏感性大。

4）锻铝（Al-Mg-Si-Cu 系）

锻铝的热塑性好，韧性高，适合锻造。6061 合金是锻铝中的典型代表，应用范围广；2A14 合金强度较好，接近硬铝的强度。锻铝主要用于制造受载很大的、形状复杂的锻件。

6.1.4 铸造铝合金

用来直接浇铸成各种形状的机械零件的铝合金称为铸造铝合金。铸造铝合金所含合金元素的量较多，强度和塑性较低，流动性、铸造性良好，适用于制造形状复杂的零件。按合金元素不同，铸造铝合金可分为 4 个系列，具体如下。

1. Al-Si 系铸造合金

Al-Si 系铸造铝合金又称铝硅明，ZL102 具有优良的铸造性能，强度较低（约 600MPa），适用于制造形状复杂受力很小的零件，如仪表壳体。ZL107 合金是我国常用的铝活塞材料。

2. Al-Cu 系铸造合金

ZL201 合金是铸造铝合金中强度最高的铝合金，在 300℃ 下仍能保持较高的强度和良好的铸造性能，但耐蚀性差，适用于制造在 300℃ 以下工作的形状简单的零件，如活塞。

3. Al-Mg 系铸造合金

ZL301 合金的强度高，耐蚀性好，但铸造性能差。

4. Al-Zn 系铸造合金

ZL401 合金的强度较高,铸造性能好,但耐蚀性差。

6.1.5　铝合金在飞机上的应用

铝合金在飞机上应用广泛,表 6-3～表 6-6 简单列出了铝合金在不同型号飞机上的应用。

铝合金在 MD-82 飞机上的应用如表 6-3 所示。

表 6-3　铝合金在 MD-82 飞机上的应用

典型结构	零件	合金牌号及状态	典型结构	零件	合金牌号及状态
主起落架	安装接头	7075-T73 锻件	水平尾翼	蒙皮	7075-T73
机身	蒙皮	2014-T6、2024-T351		肋腹板、梁腹板	7075-T6
	长桁、框	7075-T6		梁缘条	7075-T73
机翼	上蒙皮	7075-T76	垂直尾翼	蒙皮	2014-T6、7075-T6、2024-T62
	下蒙皮	2024-T3		梁缘条、长桁	2014-T6
	上下翼面长桁	7075-T6			
	梁腹板、翼肋腹板、翼肋缘条	7075-T6		梁腹板、肋	7075-T6

铝合金在波音 707/727/737/747 飞机上的应用如表 6-4 所示。

表 6-4　铝合金在波音 707/727/737/747 飞机上的应用

典型结构	零件	合金牌号及状态	典型结构	零件	合金牌号及状态
机身及机翼	隔框、紧固件	7075-T73 锻件	水平尾翼	下表面	2024-T3
机身	蒙皮	2024-T3		上表面	7075-T6
	长桁	7075-T6	垂直尾翼	蒙皮	7075-T6
机翼	上蒙皮、长桁、弦梁	7178/7075-T6		长桁	7075-T6
	下蒙皮、长桁、弦梁	2024-T3			

铝合金在波音 737/757/767 飞机上的应用如表 6-5 所示。

表 6-5　铝合金在波音 737/757/767 飞机上的应用

典型结构	零件	合金牌号及状态	典型结构	零件	合金牌号及状态
机翼	上蒙皮	7150-T651 板材	机身及机翼	隔框、紧固件	7075-T73、 7050-T736、7175-T736 锻件
	长桁	7150-T6511 挤压件	水平尾翼	蒙皮、长桁	7075-T6
	下蒙皮	2324-T39	垂直尾翼	蒙皮、长桁	7075-T6
	长桁、弦梁	2224-T3511 挤压件			

铝合金在空客 A320 飞机上的应用如表 6-6 所示。

表 6-6　铝合金在空客 A320 飞机上的应用

典型结构	零件	合金牌号及状态
机身	客舱门、货舱门、机身门蒙皮	2024-T42
	机身隔框	2024-T3
	机身长桁	7075-T73511
	地板、客舱地板支撑结构	7075-T73511
中央翼盒	下蒙皮	2124-T351
	肋	2124-T351
	上蒙皮加强筋	7010-T6511
	下蒙皮加强筋	2124-T3511
	梁	7175-T7351
大翼	上蒙皮	7075-T76
	下蒙皮	2024-T42
	肋	7075-T6511 型材
	长桁	7010-T6511 型材

6.1.6　铝合金的表面防护处理

工业纯铝具有良好的耐蚀性,但硬度低,机械强度低,因此工业纯铝在工业中无法直接应用。工业纯铝中加入合金元素后,经热处理形成铝合金,其机械性能得到提高,但其耐蚀性却大大降低,因此需要对铝合金进行表面防护处理。对飞机结构铝合金进行表面防护处理的方法有很多,如包铝处理,表面阳极化处理、阿洛丁处理等。

1. 铝合金的包铝处理

为硬铝和超硬铝合金等板材表面包覆工业纯铝称为包铝处理。包铝处理是利用覆盖在铝合金表面上的工业纯铝的钝化作用,阻止腐蚀的进一步发生。

包铝处理的具体工艺方法是用滚轧工艺将工业纯铝轧制在铝合金板的表面,使得工业纯铝和铝合金紧密结合在一起,形成一个整体,如图 6-4 所示,图中 T 为包铝后的板料总厚度。工业纯铝和氧原子具有较强的亲和力,可以很快与氧气发生作用,生成 Al_2O_3 保护膜,这种膜不但有银灰色的光滑外表,而且具有保护性氧化膜的所有特点,可以保护铝合金不被氧化。包铝处理中包铝层的厚度通常是整块铝合金板厚度的 3% ~5% 。

除板材以外的其他铝合金材料都无法进行包铝处理,只能通过表面处理来提高其耐蚀性。

2. 铝合金的表面阳极化处理

对于无包铝层的 2 系列和 7 系列的硬铝和超硬铝合金,应进行表面阳极化处理(也称阳极氧化处理)。这种工艺方法是在铝合金表面生成氧化膜的方法之一,也称

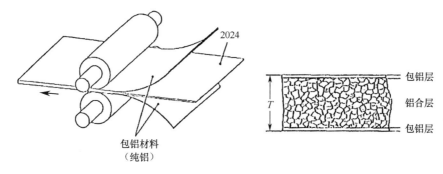

图6-4　板材包铝

电解法。铝合金经过表面阳极化处理后,耐蚀性、硬度、耐磨性、绝缘性、耐热性等均有大幅度地提高。

对硬铝和超硬铝合金进行表面阳极化处理的方法主要有3种:一种是硫酸阳极化处理,一种是铬酸阳极化处理,还有一种是硬质阳极氧化处理。采用铬酸阳极化处理时必须经过试验确认其耐蚀性与硫酸阳极化处理结果相同。一些对疲劳性能要求较高的零件通常采用铬酸阳极化处理。

1）硫酸阳极氧化法

在15% ~20% 的硫酸电解液中,通以直流或交流电对铝及铝合金的阳极进行氧化,这种方法称为硫酸阳极氧化法。通过硫酸阳极氧化法能够在铝及铝合金表面上形成一种硬度高、吸附能力强的无色氧化膜,该氧化膜的厚度一般为 5 ~20μm,易于封闭染色,但必须经过热水和重铬酸钾溶液封闭处理之后,氧化膜才具有较高的防锈能力。

硫酸阳极氧化法主要用于防护和装饰膜层,还可以用于检查锻造毛坯的表面缺陷。硫酸阳极氧化法所用的电解液成分单纯、溶液稳定、杂质的含量允许范围较高,氧化工艺过程简单、时间短、生产操作易掌握,因而制取氧化膜的成本较低。几乎所有铝合金零件都能氧化,如机械加工零件、钣金件、部分铸件和焊接件等,因此硫酸阳极氧化法在国内外航空工业、电气工业、机械制造业、民用生产中得到了广泛应用。

硫酸阳极氧化法不适合氧化松孔度大的铸件、点焊件或铆接的组合件,因为零件缝隙内藏酸后很难排除,容易腐蚀零件。在硫酸阳极氧化过程中,化学反应会产生大量的热,这使电解液的温度很快升高,阻碍氧化膜的生长,从而影响氧化膜的质量,因此在生产过程中必须安装冷却装置以强制冷却电解液,使温度保持在13℃ ~26℃。

2）铬酸阳极氧化法

在3% ~10% 的铬酸电解液中,通以直流电对铝及铝合金的阳极进行氧化,这种方法称为铬酸阳极氧化法。这种方法在工业上获得了广泛应用。通过铬酸阳极氧化法制取的氧化膜比通过硫酸阳极氧化法制取的氧化膜要薄,一般情况下厚度只有 2 ~5μm;膜层质软、弹性高,耐磨性不如硫酸膜;氧化膜的颜色由灰白色到深灰色,不易染色;膜层松孔度较低,在不做封闭处理的情况下可以使用;膜层对气体的流动性比硫酸膜好。铬酸阳极氧化法可以检查材料的晶粒度、纤维铺设方向、裂纹等冶金缺陷。因铬酸溶液对铝的溶解度小，所以铬酸阳极氧化法用于尺寸容差小和表面光洁度高的零件，如飞机发动机的涡轮叶片等。

铬酸阳极氧化法适用于机械加工件、钣金件，以及用硫酸阳极氧化法难以加工的松孔度大的铸件、铆接件、点焊件，即便缝隙内遗留洗不尽的铬酸溶液，采用铬酸阳极氧化法对零件腐蚀性也较小。

因为铬酸溶液对铜的溶解度大，所以含铜量大于4%的铝合金零件不适合用铬酸阳极氧化法处理。铬酸阳极氧化法无论在溶液成本上，还是在电力消耗上，都高于硫酸阳极氧化法，因此铬酸阳极氧化法在使用方面较受限制。

3) 硬质阳极氧化法

经过普通阳极氧化的生产实践，人们总结出一套制取膜层厚、硬度高的氧化膜的阳极氧化工艺方法，即硬质阳极氧化法。

硬质阳极氧化法（又称厚层阳极氧化法）是一种铝及铝合金的阳极氧化法，通过该方法得到的氧化膜的最大厚度可达 $250\mu m$，在工业纯铝上通过该方法能获得 $1500kg/m^2$ 显微硬度的氧化膜，在铝合金上通过该方法能获得 $400 \sim 600kg/m^2$ 显微硬度的氧化膜，其内层硬度值大于外层硬度值。由于该氧化膜上有松孔，可吸附各种润滑剂，因此增加了减摩能力。氧化膜的导热性很差，其熔点高达2050℃，电阻系数较大，经过封闭处理（浸绝缘漆或石蜡），其击穿电压可达2000V。氧化膜在大气中有较高的耐蚀能力。由于该氧化膜硬度高，耐磨性强，有良好的绝缘性，并与基体金属结合得很牢，因此硬质阳极氧化法在航空工业和各种机械制造工业上获得广泛应用，主要用于制造具有耐磨、耐热、绝缘等要求的铝合金零件，如各种作动筒的内壁、活塞、汽缸、轴承，以及飞机货舱的地板、滚棒、导轨等。该氧化膜的缺点为膜层厚度大时对合金的疲劳强度有所影响。

制取硬质阳极氧化膜的电解液有很多，如硫酸、草酸、丙二酸、磺基水杨酸及其他的无机酸和有机酸等。硬质阳极氧化法所用的电源为直流、交流和交流直流叠加电源，其中应用较广的组合方式为：电源为直流电，电解液为硫酸，处理过程中还常伴有压缩空气搅拌、冷却处理等处理措施，其优点是溶液成分简单、稳定、操作方便、成本低，氧化处理适应材料范围较广泛。

用硫酸电解液进行硬质阳极氧化法的机理与硫酸阳极氧化法的机理一样，不同点是为了得到硬度高、膜层厚的氧化膜，在阳极氧化过程中，零件和电解液必须保持比较低的温度（-10℃ ~ 10℃）。硬质阳极氧化法生成的膜层厚，具有较高的电阻，会直接影响电流强度和氧化作用。为了得到较厚的氧化膜，势必要增加外电压以消除电阻大的影响，并保持一定的电流密度使零件继续氧化。当通过较大的电流时，会产生剧烈的放热现象，加上氧化膜生成时会产生大量的热，这使得零件周围的电解液温度升高，加速了氧化膜的溶解。在氧化膜与金属的接触面处，发热现象处最为严重，如不消除，则会使零件因局部表面温度升高被烧毁。通常采取人工强制降温和搅拌电解液的方法来消除发热现象,但是这给生产和设备配套增加了一定的困难。

3. 铝合金的阿洛丁处理

当铝合金表面的氧化膜破损或被清除时,可以通过在氧化膜的受损表面上涂阿洛丁来修复。阿洛丁是美国化学涂料公司生产的一种涂料,用于保护铝合金表面,其可以在铝合金表面形成一层由浅金色到棕黄色的保护膜,该保护膜有着极好的耐蚀性,而且能保证外面的涂料和塑料涂层有极好的黏着力。

通常用阿洛丁1200处理被切割或修锉过的修理件,用无色的阿洛丁1000处理无漆层包铝结构件,用阿洛丁600处理涂有耐燃油底漆的铝合金。

波音飞机的一般结构使用阿洛丁1200;外部金属光面使用阿洛丁1500;燃料箱使用阿洛丁600,因为这种燃料箱内的底漆与其他类型的阿洛丁不相容,所以其他类型的阿洛丁会破坏燃料箱内的底漆。

对铝合金材料涂覆阿洛丁的主要目的为提高铝合金表面的耐蚀性;提高与漆层的结合力;改变电导率。通常阿洛丁在销售时是粉状的,在使用前需要按照说明将其调配成一定浓度的酸性水溶液,然后至少静置1h后才能涂用。

涂覆阿洛丁的一般程序如下(这里仅以涂覆阿洛丁1200为例,具体机体涂覆阿洛丁的程序要按飞机结构修理手册第51章进行涂覆)。

(1) 使用清洁刷或抹布,去除部件受损表面的液体及润滑脂,并用热空气对表面进行干燥,或者用抹布擦干表面。

(2) 用氧化铝砂纸或砂布等去除部件表面的杂物,直到获得清洁、光滑的表面。

(3) 用经过MEK湿润的棉布(不浸泡)擦拭部件表面,直到在棉布上没有剩余的颗粒。

(4) 干燥至少15min,并进行水膜试验,确保部件表面清洁达到要求。

(5) 在保持氧化膜受损区域表面湿润的状态下,采用刷子刷或喷涂的方法涂一层充足的阿洛丁涂层,让溶液停留在表面,直到出现明显颜色变化(大约30s后);再用一块带有少量阿洛丁溶液的棉布保持氧化膜受损区域的潮湿(有一个容易看到的颜色转换,可从浅黄彩虹色到棕褐色),不能让阿洛丁溶液干掉直到表面颜色发生变化。

(6) 用干净的棉布和水仔细冲洗部件表面。注意,擦干部件表面时一定要小心,不要清除掉涂层,也不要在表面上产生擦伤,应轻轻地用清洁干燥的棉布去清除多余的液体,直到液体清理干净。

(7) 风干表面(一般1~3h)。在49℃环境中干燥最合适,最高温度不要超过54℃。在需要接触到该部件或部件表面时,要戴干净的手套,并且保持部件或部件表面干燥和干净,防止部件表面被污染。

单元 2　钛及钛合金

【学习目标】了解工业纯钛的基本特性、钛合金的分类及热处理工艺；了解钛合金的主要性能特点和应用；掌握典型钛合金的牌号、性能特点及应用。

【重点难点】掌握 α 型、β 型、α+β 型钛合金的牌号、性能特点及应用。

钛是银白色的金属，其在地壳上的蕴藏量十分丰富，仅次于铝、铁、镁，居金属元素中的第 4 位。钛合金具有密度小、耐蚀性好、耐热性高、比刚度和比强度高、焊接性能好等特点，是航天工业、航空工业的理想材料。

6.2.1　工业纯钛的基本特性

（1）工业纯钛的密度为 $4.5g/cm^3$，介于钢密度和铝密度之间。

（2）工业纯钛的熔点为 1668℃，具有较高的热强度。

（3）在常温下，工业纯钛的表面能形成致密的氧化膜，因此其抗氧化能力优于大多数奥氏体不锈钢，且在大气、海水中具有优良的腐蚀性，在酸碱中很稳定。

（4）同素异构转变。钛合金在 882.5℃ 发生同素异构转变，在 882.5℃ 以下为密排六方晶格的 α-Ti，在 882.5℃ 以上为体心立方晶格的 β-Ti。

α-Ti 具有良好的塑性，但 σ_s、σ_b 接近，σ_s/σ_b 为 0.7～0.9，弹性模量 E 值小，压力加工性能不如钢好。

（5）工业纯钛和一般纯金属不同，具有相当高的强度、良好的塑性和焊接性，以及较高的热强度。

工业纯钛常以退火状态供应，在退火状态下，σ_b 为 450MPa～600MPa，$\sigma_{0.2}$ 为 230MPa～500MPa，δ 为 15%～30%，硬度为 160HV～200HV。工业纯钛可直接用于制造航空产品，如可用于制造工作于 350℃ 以下的飞机构件（如飞机蒙皮、隔热板）。

（6）工业纯钛按其杂质含量可分为 3 个等级：TA1、TA2、TA3。因为工业纯钛具有单相 α 组织，所以归入 α 型钛合金，其中 TA 为 α 型钛合金的代号。

6.2.2　钛合金

1. 钛的合金化及分类

以钛为基础，加入一种或几种其他元素构成的合金称为钛合金。

加入钛中的合金元素（如 Al、V、Sn、Mo 等）起固溶强化作用，溶入 α-Ti 形成 α 固溶体，溶入 β-Ti 形成 β 固溶体。

根据钛合金的组织状态，钛合金可分为 α、β、α+β 三大类，其牌号分别以 TA、TB、TC 加上编号来表示。

（1）α 型钛合金，如 TA4（Ti-3Al）、TA7（Ti-5Al-2.5Sn）。

（2）β 型钛合金，如 TB1（Ti-3Al-8Mo-11Cr）、TB2（Ti-5Mo-5V-8Cr-3Al）。

（3）α+β 型钛合金，如 TC4（Ti-6Al-4V）、TC10（Ti-6Al-6V-2Sn）。

2. 钛合金的热处理工艺

1）退火

（1）去应力退火。经各种加工成型的钛合金构件，其内部都有残余内应力，如不消除，则容易发生应力腐蚀开裂等现象，因此应进行去应力退火，即对构件加热，并在 525℃ 下保温 6h，然后空冷。处理后构件表面会起皮或色泽发暗，可把构件浸在酸性溶液中进行酸洗（10% ~20% 硝酸+1% ~3% 氢氟酸，温度为室温或稍高于室温）。

（2）完全退火。将构件加热到 538℃ ~900℃，并保温 16min 至数小时（保温时间取决于构件厚度和冷加工量），然后空冷。处理后构件表面会起皮，可进行碱性清洗。完全退火后，构件的韧性和延展性得到提高，机械加工性能也得到改善。

2）强化热处理

钛合金的强化热处理既有钢和铝合金的特点，又和它们有所区别，其不同点如下。

（1）钢和钛合金经淬火后可以得到马氏体，但钢的马氏体硬度高，强化效果大，回火使钢软化；而钛的马氏体硬度不高，强化效果不大，回火使钛合金弥散硬化。

（2）钛合金的固溶处理和时效强化过程与铝合金基本相似。钛合金的强化热处理主要用于 α+β 型及 β 型钛合金。

淬火加热的保温时间与淬火温度及合金化程度有关，一般可与退火保温时间相同。当淬火加热温度低时，因原子扩散困难，淬火处理需要较长的保温时间。β 型钛合金空冷后即可淬火，且淬透性高。其他钛合金常用的淬火介质为冷水，冷却速度快，时效强化后的强化效果较好。钛合金在淬火状态下强度不高，为了提高钛合金的强度需进行时效强化，时效强化时性能的变化规律与铝合金相似。大多数 α+β 型钛合金在 450℃ ~550℃ 时，时效强度最高，且只保温 1 ~2h，但要达到性能稳定则需保温 6 ~8h。

3. 钛合金的优缺点

1）优点

（1）比强度高。钛合金的比强度一般为 600MPa ~1110MPa，最高比强度可达 1500MPa。钛合金的比强度比各种合金都高，这是其可作为航空工程材料的主要原因。

（2）热强度高。钛合金的熔点高，再结晶温度也高，具有较高的热强度。钛合金能在 600℃ 下长期工作，且其工作温度有望提高到 800℃ ~900℃，可与耐热钢相媲美。

（3）耐蚀性好。钛合金表面可形成一层致密、牢固的 TiO_2 膜，能抵抗大气腐蚀。钛合金在海水中的耐蚀性仅次于铂，且在高温下仍具有良好的耐蚀性，其耐蚀性比不锈钢好。

2）缺点

（1）钛合金的导热性差（是铁的1/5，铝的1/14），摩擦系数大，耐磨性也较差，故在切削加工时，易使工件及刀具温度升高，导致粘刀，降低刀具寿命，故切削加工性差。

（2）由于钛合金在高温下易吸收氢、氧等而变脆，因此热加工只能在真空或保护气体中进行。在室温下与酸接触或在288℃以上处在含氢物质中，也会引起氢脆，而去氢处理方法是在真空中进行烘烤。由于钛合金的屈服强度高，弹性模量较低，冷压加工成形时回弹较大，因此一般需要采用热压加工成形的工艺方法。

（3）钛的化学活性很高，极易受氢、氧、氮污染，难以冶炼和加工，因此钛合金生产工艺复杂，成本较高。

4. 常用钛合金

1）α型钛合金

α型钛合金中主要的合金元素是铝及中性元素锡和锆，其中铝大大地强化了合金。α型钛合金不能进行热处理强化，因此只能在退火状态下使用。

在室温下，α型钛合金本质上只有单一相存在，这点与工业纯钛相似。α型钛合金组织稳定，抗氧化性好，具有良好的焊接性、低温韧性和高温持久强度（高于β型和α+β型钛合金）。其缺点是在室温下强度不高、变形抗力大、热加工性差等，因此钛合金常用于制造飞机上受力不大的板材或管材结构件。

TA7合金属于Ti-Al-Sn系，不能通过热处理进行强化，但退火后的TA7合金具有中等强度和较高的蠕变抗力，长期工作温度可达450℃。TA7合金的焊接性能及热变形性能良好，耐蚀性高。

Ti-5Al-2.5Sn钛合金（相当于TA7）为全α相钛合金，可用于制造在500℃下长期工作的零件，如超音速飞机中的涡轮机匣；因为其在低温下仍然具有优良的力学性能，所以可用于制造阿波罗宇宙飞船装载火箭燃料的氮和氦增压气体容器、液氢压力容器及结构管道等。

近α钛合金基本上全是α相结构，但含有少量的β相，主要用于制造航空发动机中工作温度低于600℃的零件。

2）β型钛合金

β型钛合金属于高强钛合金，在室温下基本上是单一的β相，可通过热处理进行强化，时效强化后达到较高的强度，甚至可代替超高强度钢。

时效强化状态下的β型钛合金，兼有所需的高强度和断裂韧性。退火状态下的β型钛合金，具有优良的冲压性能、中等强度和所需的断裂韧性。但由于合金化比较复杂，其形成的组织不稳定，耐热性不高，因此β型钛合金的实际应用较少。

TB1、TB2钛合金应用较少，常用于制造在250℃以下长期工作或在350℃以下短时工作的零件，如压气机叶片、轴、轮盘等重载荷旋转件及成形性好的飞机构件或紧固件。

Ti-13-11Cr-3Al钛合金在退火状态下有很好的加工性和韧性，通常在固溶处理和时效强化后使用,是一种弹簧材料,有很好的弹性。

Ti-10V-2Fe-3Al 钛合金比 Ti-6Al-4V 钛合金有更高的强度,具有低温锻造及精密模锻特性,已应用于波音 777 飞机的锻件。

3)α+β 型钛合金

α+β 型钛合金兼有 α 型钛合金和 β 型钛合金的优点,通过热处理可以进一步强化。α+β 型钛合金的热强度高,塑性好,便于成形,但大多数 α+β 型钛合金的焊接性能较差。

α+β 型钛合金应用很广泛,其中 Ti-6Al-4V(TC4)钛合金是应用最多、综合性能较好的多用途钛合金。TC4 钛合金具有良好的力学性能和工艺性能(包括热变形性、焊接性、切削加工性和耐蚀性),可加工成棒材、型材、板材、锻件、模锻件等半成品。TC4 钛合金在淬火时效强化后,$\sigma_b \approx 1110\text{MPa}$;在退火状态下,$\sigma_b \approx 950\text{MPa}$,最高工作温度为 400℃,可用于制造飞机压气机盘、叶片及飞机构件等。TC4 钛合金在飞机结构零件上也有广泛应用,如 MD-82 机身尾段吊挂处蒙皮(退火状态)、肋(退火状态)、后梁(退火状态);B737-700 水平尾翼与机身连接的接头;B747 主起落支撑梁模锻件等。当 TC4 钛合金中的氧、氮控制在较低含量时,能在低温(-196℃)条件下保持良好的塑性,可用于制造低温高压容器。

6.2.3　钛合金的应用

表6-7 列出了钛合金在航空工业和火箭、导弹及宇宙飞船工业中的部分应用情况。

表6-7　钛合金的应用

应用领域		材料的使用特性	应用部件
航空工业	喷气发动机	在 500℃ 以下具有高的屈服强度和疲劳强度,良好的热稳定性,优异的抗大气腐蚀性能,可减轻结构质量	工作温度在 500℃ 以下的部件:压气盘、静叶片、动叶片、机壳、燃烧室外壳、排气机构外壳、中心体、喷气管等
	机身	在 300℃ 以下,比强度高	防火壁、蒙皮、大梁、起落架、翼肋、隔框、紧固件、导管、舱门、拉杆等
火箭、导弹及宇宙飞船工业		在常温及超低温下,比强度高,并具有足够的韧性及塑性	高压容器、燃料箱、火箭发动机及导弹壳体、飞船船舱蒙皮及结构骨架、主起落架、登月舱等

单元3　镁及镁合金

【学习目标】了解工业纯镁的基本特性;掌握镁合金的主要性能特点和应用;掌握铸造镁合金和变形镁合金的牌号、性能特点及应用。

【重点难点】掌握典型变形镁合金的牌号、性能特点及应用。

镁是地球上储量较丰富的轻金属元素之一。镁是重要的合金元素,我国是世界上著名的产镁大国,世界上大多数镁是作为铝合金的添加元素使用的。镁合金是实际应用中最轻的金属结构材料,但与铝合金和钛合金相比,镁合金的应用很有限。镁合金的耐蚀性较差,高温强度、蠕变性能较低,这限制了镁合金在高温(150℃~350℃)场合的应用。

6.3.1 镁及镁合金的基本特性

1. 工业纯镁的特性

(1)工业纯镁的密度为 1.74g/cm³,很轻,只有铝密度的 2/3、钛密度的 2/5。工业纯镁的熔点为 651℃,压铸成形性能好,其弹性模量在常用航空工程材料中是最低的。

(2)工业纯镁属密排六方晶格,因此在室温下和低温下的塑性较低,当温度提高到 150~225℃时,其塑性较好,能进行各种形式的热变形加工。

(3)工业纯镁的强度低,铸态时 σ_b 约为 115MPa,冷变形状态时 σ_b 约为 200MPa。

(4)工业纯镁的化学活性很强,在空气中,特别是在高温条件下容易氧化形成疏松的氧化膜。若氧化反应放出的热量不能及时发散,则容易引起燃烧。

(5)工业纯镁的电极电位很低,电化次序在常用金属中居最后一位,所以工业纯镁的耐蚀性差,不宜作为结构材料。

2. 镁合金性能

虽然镁的化学性质非常活泼,但其在合金中却很稳定。在镁中加入 Al、Zn、Mn 等合金元素形成镁合金,σ_b 为 300MPa~350MPa,最高可达 600MPa。镁合金是航空工业中应用较多的一种轻有色金属合金。

(1)镁合金的比强度高于铝合金和钢,其比刚度与铝合金、超高强度钢相当。

(2)镁合金的减振性好,弹性模量小,能承受较大的冲击振动载荷,可作为飞机起落架轮毂材料。

(3)镁合金的塑性差,不宜作为冲压零件材料。

(4)镁合金的切削加工性很好,易于进行铸造和热加工。

(5)镁合金的耐蚀性差,应注意防止电化学腐蚀。

镁合金的主要缺点是在潮湿大气中耐蚀性差、缺口敏感性较大。如果镁合金和其他金属直接装配接触,则极易发生接触腐蚀,如无法避免,必须采用涂层、涂漆或镀层等隔离措施加以保护。

3. 镁合金的分类及牌号

镁合金按加工特点分为变形镁合金和铸造镁合金。变形镁合金的牌号用 MB 表示,如 MB15(相当于美国牌号 AK60A);铸造镁合金的牌号用 ZM 表示,如 ZM5(相当于美国牌号 AZ91C)。

6.3.2 变形镁合金

属于 Mg-Zn 系变形镁合金的有 MB1 合金和 MB8 合金,它们的热处理强化作用很小,一般在退火状态下使用,通常以板、带、棒材和锻件形式供应。Mg-Zn 系镁合金最主要的优点是具有优良的耐蚀性和可焊性,但缺点是铸造性能差,收缩率大,有形成热裂纹的倾向。MB1 合金和 MB8 合金的塑性好,应力腐蚀倾向小,容易焊接,其中合金板材可用于制造飞机蒙皮、壁板及内部零件;模锻件可用于制造外形复杂的构件;管材多用于制造汽油系统、润滑油系统等要求抗腐蚀的管路。

属于 Mg-Al-Zn 系变形镁合金的有 MB2 合金和 MB3 合金,它们不能进行热处理强化,一般在热加工或退火状态下使用。MB2 合金和 MB3 合金的塑性良好,可加工成各类半成品,如板材、棒材和锻件;MB2 合金和 MB3 合金的耐蚀性一般,稍有应力腐蚀倾向,航空工业上主要用于制造在 150℃ 以下工作的承受中等负荷的零件。

航空工业应用较多的变形镁合金是 MB15 合金,它属 Mg-Zn-Zr 系合金,$\sigma_{0.2}$ 约为 250MPa,强度是镁合金中最高的。MB15 合金是可进行热处理强化的高强度变形镁合金,热挤压变形或锻造后,在人工时效强化(160℃ ~ 170℃,10 ~ 24h)状态下使用,主要用于制造热挤压制品及模锻件。

变形镁合金的室温强度高,室温拉伸强度、屈服强度、塑性、韧性均优于其他镁合金,综合性能好。该合金还具有良好的热塑性、切削加工性、耐蚀性,但焊接性较差,可用于制造在 150℃ 下工作的受力构件,是生产和应用历史较久的合金之一,在国内外被广泛用于航空工业、航天工业的结构材料。变形镁合金的性能与应用如表 6-8 所示。

表 6-8 变形镁合金的性能与应用

牌号	制品形式、状态	主要性能	应用
MB2	锻件、模锻件,热锻状态,不可通过热处理进行强化	热塑性好,应力腐蚀倾向小	航空发动机零件
MB3	板材,退火状态,不可通过热处理进行强化	中等室温强度,有应力腐蚀倾向	导弹蒙皮、壁板及飞机内部零件
MB8	板材,退火状态,不可通过热处理进行强化	力学性能有所改善,没有应力腐蚀倾向	飞机的蒙皮、壁板、汽油系统和润滑油系统的附件
MB15	挤压件、模锻件,人工时效强化,可通过热处理进行强化	室温强度高,综合性能好	用于制造需承受一定载荷的翼肋、座舱滑轨、机身长桁及操纵系统的摇臂、支座等受力构件,工作温度不超过 150℃
MB22	板材,热轧状态,不可通过热处理进行强化	高温瞬时强度和压缩屈服强度优于其他镁合金,无应力腐蚀倾向	300℃ 以下短期工作的宇航结构材料
MB25	挤压件,热挤压状态,人工时效强化;模锻件,热锻状态,不可通过热处理进行强化	室温拉伸强度、屈服强度、高温瞬时强度均优于 MB15 合金	替代部分中等强度的铝合金,用于制造飞机的受力构件

6.3.3 铸造镁合金

ZM5 合金、ZM1 合金均属于高强度铸造镁合金,有较高的常温强度和良好的铸造工艺性,但它们的耐热性较差,长期工作温度不超过150℃。

ZM1合金属Mg-Zn-Zr系,是铸造镁合金中抗拉强度和屈服强度最高的一种合金,耐蚀性良好,但铸造工艺性能比ZM5合金差。在ZM1合金的基础上加入稀土元素(Re)得到ZM2合金、ZM8合金,其铸造性能得以改善,但强度、塑性下降。ZM2合金、ZM8合金适合制造在170℃～200℃环境下工作的发动机机匣、整流舱、电机壳体等零件。

ZM5合金属Mg-Al-Zn系,Al含量较高,能通过热处理进行强化(淬火+人工时效强化),具有较高的比强度、良好的铸造性能,可以焊接。ZM5合金应用广泛,可用于制造发动机、仪表等承受较高载荷的结构体或壳体等。铸造镁合金的性能与应用如表6-9所示。

表6-9 铸造镁合金的性能与应用

牌号	制品形式、状态	主要性能	应用
ZM1	铸件,人工时效强化	拉伸强度、屈服强度高,塑性好,有热裂倾向	飞机机轮铸件、形状简单的各种飞机受力构件
ZM2	铸件,人工时效强化	强度较高,塑性中等,高温蠕变强度、瞬时强度、疲劳强度突出	发动机、导弹的各种铸件,也可用于制造在170℃～200℃工作环境下长期工作的零件
ZM4	铸件,人工时效强化(200℃～250℃,5～12h,空冷)	室温强度低,在200℃～250℃下具有良好的持久强度和抗蠕变性能	用于制造高温下要求高气密性的铸件、在150℃～250℃下长期工作的发动机、附件和仪表等壳体、机匣零件
ZM5	铸件,固溶处理或人工时效强化	良好的流动性,热裂倾向小。固溶处理:较高的拉伸强度、塑性和中等屈服强度。人工时效强化:塑性降低,屈服强度提高	使用最广泛,可用于制造飞机的框、翼肋、油箱隔板、各种挂架及支臂、支座、轮毂等,发动机的进气机匣、附件机匣、附件和仪表的各种壳体
ZM9	铸件,稳定化时效强化	室温性能较好,在300℃下具有良好的抗蠕变强度和持久强度	用于制造可在300℃下长期工作的航空发动机、附件的机匣和壳体等零件

6.3.4 镁合金的应用领域

镁合金作为目前密度最小的金属结构材料之一,广泛应用于航空工业、航天工业。

镁合金的特点可以满足航空工业、航天工业等高科技领域对轻质材料吸噪、减振、防辐射的要求,能大大改善飞行器的气体动力学性能,并明显减轻结构重量。从20世纪40年代开始,镁合金优先在航空工业、航天工业中得到应用。

在国外,每架B-36重型轰炸机用4086kg镁合金薄板;喷气式歼击机"洛克希德F-80"的机翼若采用镁合金板,则结构零件的数量将从47758个减少到16050个;"德热来奈"飞船的启动火箭"大力神"曾使用600kg的变形镁合金;"季斯卡维列尔"卫星使用了675kg的变形镁合金;直径约1m的"维热尔"火箭壳体是用镁合金挤压管材制造的。

我国在歼击机、轰炸机、直升机、运输机、民用机、机载雷达、地空导弹、运载火箭、人造卫星、飞船上均选用了镁合金构件。一个型号的飞机最多选用了 300 ~ 400 个镁合金构件,其中,构件的最大质量近 300kg,最大尺寸达 2m。

随着镁合金生产技术和性能的改进,镁合金在航空工业、航天工业上的应用范围呈现扩大的趋势。在航空工业、航天工业上,镁合金用于制造飞机的起落架、舱门、连杆机构、壁板、加强框、隔框、舱面、副翼蒙皮、战术航空导弹舱段等,尤其是密度最小的 Mg-Li 合金,它是目前结构金属材料中最轻的,有超轻合金之称,而且兼有强度、韧性和可塑性方面的优势,备受航空工业、航天工业的青睐。

单元 4 铜及铜合金

【学习目标】了解工业纯铜的基本特性及铜合金的分类;掌握铜合金的性能特点和应用;掌握典型黄铜和青铜的牌号、性能特点及应用。

【重点难点】掌握典型铜合金的牌号,典型黄铜、青铜的性能特点及应用。

我国不仅拥有丰富的铜资源,而且是世界上最早使用铜合金的国家。在有色金属材料中,铜的用量仅次于铝及铝合金。

6.4.1 工业纯铜的特点和应用

工业纯铜的外观呈紫色,又称紫铜。工业纯铜具有以下特点。

(1)工业纯铜的密度为 $8.9g/cm^3$,熔点为 1083℃。

(2)工业纯铜具有很高的导电性、导热性,仅次于银。

(3)工业纯铜具有良好的耐蚀性,但工业纯铜及铜合金与其他金属接触时能产生接触腐蚀,因此工业纯铜及铜合金在使用时应进行表面处理。

(4)工业纯铜具有抗磁性,可用于制造具有抗磁干扰的罗盘、航空仪器等。

(5)工业纯铜为面心立方晶格,强度低,在退火状态下,σ_b 为 250MPa ~ 270MPa,塑性很好,δ 为 30% ~ 45%;工业纯铜具有良好的延展性,易于冷、热加工,可采用压延、挤压和拉伸等压力加工方法来制作各种半成品。

工业纯铜有 T1、T2、T3、T4 等 4 种牌号,序号越大,表示其纯度越差。工业纯铜主要用于制造电线、电缆、电刷、铜管及电器设备零件。

6.4.2 铜合金的特点和应用

铜合金按制造工艺可分为变形铜合金和铸造铜合金两大类,除高锡、高铅、高锰等专用的铸造铜合金外,大部分铜合金既可作变形铜合金,也可作铸造铜合金。

习惯上按合金成分分类,即按主加合金元素的不同,将铜合金分为黄铜(加 Zn)和青铜(加 Sn、Al、Be 等)。

1. 黄铜

以锌为主要合金元素的铜合金称为黄铜。黄铜一般含 60% ~ 95% 铜,不能进行热处理强化,在退火状态下使用,表面处理采用酸洗和钝化。黄铜具有良好的塑性和耐蚀性、良好的变形加工性和铸造性,在工业中有很大的应用价值。锌的加入降低了铜的导电性、导热性及密度。含锌量为30%的黄铜的塑性最大,是Cu-Zn二元合金中塑性最好的合金。冷变形是一种提高黄铜强度的重要方法。按化学成分的不同,黄铜可分为普通黄铜和特殊黄铜两类。

只含锌的黄铜称为普通黄铜。黄铜牌号用字母H开头,常用的牌号有H80、H70、H68等,其中,数字表示平均含铜量的百分之几,如H68,表示$w_{Cu}=68\%$,$w_{Zn}=32\%$的黄铜。普通黄铜塑性好,具有极好的冷加工性,适于制造冷轧板材、冷拉线材、管材、深冲零件,是航空工业应用最广和最经济的结构铜合金。

H70、H68,又称三七黄铜,它们大量用于制造枪弹壳和炮弹筒,故又称弹壳黄铜。H70、H68的强度较高,塑性特别好,具有中等的强度和高的塑性及良好的冷、热加工性能,特别适于制造外形复杂的深冲、深拉和模压件。

H62的强度高,塑性也比较好,可用于制造水管、油管等,是应用最广的合金,有"商业黄铜"之称。

为了获得更高强度、更好耐蚀性和更好铸造性,可以在黄铜中加入Al、Fe、Si、Mn、Ni等元素,形成各种特殊黄铜。

特殊黄铜可分为变形(压力加工)黄铜和铸造黄铜两类,其中变形黄铜的编号方法为H+主加元素符号+铜含量+主加元素含量。例如,HPb60-1表示其成分为60%的Cu、1% Pb、其余为Zn的铅黄铜;铸造黄铜的编号方法为Z+Cu+主加元素符号+主加元素含量。例如,ZCuZn31Al2表示成分为31% Zn、2% Al、其余为Cu的铝黄铜。

锡可显著提高黄铜在海洋大气和海水中的耐蚀性,也可使黄铜的强度有所提高,因此锡黄铜有"海军黄铜"之称。压力加工锡黄铜广泛用于制造海船零件。

硅黄铜ZCuZn16Si4(字母Z代表铸造铜合金,Cu含量为79%～81%,Si含量为2.5%～4.5%,其余为Zn)是最常见的铸造铜合金,属Cu-Zn-Si系。ZCuZn16Si4具有优良的铸造工艺性能,在大气、淡水、海水中能形成致密的SiO_2保护膜,这大大提高了其耐蚀能力。该合金不能通过热处理进行强化,在进行消除应力退火(450℃,2～3h)时,σ_b为470MPa～520MPa。ZCuZn16Si4合金特别适合浇注外形复杂的薄壁铸件,如仪表壳体等。

2. 青铜

铜与除锌之外的元素组成的铜合金称为青铜。青铜原指铜锡合金,但是,工业上习惯把铜基合金中不含锡而含有铝、镍、锰、硅、铍、铅等特殊元素的合金也称为青铜,所以青铜实际上包含锡青铜、铝青铜、铍青铜和硅青铜等。青铜可分为变形(压力加工)青铜和铸造青铜两类。变形青铜的编号规则为Q+主加元素符号+主加元素含量(+其他元素含量),Q是"青"字汉语拼音的首字母,如QSn4-3表示成分为4% Sn、3% Zn、其余为铜的变形锡青铜。铸造青铜的编号规则为Z+Cu+主加元素符号+主加元素含量,如ZCuSn10P1表示成分为10% Sn、1% P的铸造锡青铜。

1)锡青铜

以锡为主要合金元素的铜合金称为锡青铜,如青铜器时代的青铜。锡青铜在大气、海水中的耐蚀性好,具有良好的耐磨性、抗磁性、低温韧性。锡青铜的铸造性能良好,可以通过铸造方法获得滑动轴承、涡轮、齿轮。由于锡青铜具有优良的弹性,因此可通过压力加工的方法制造航空仪表、弹簧片、电极等零件。

QSn6.5-0.1(Sn 含量为 6%～7%,P 含量为 0.1%～0.25%)属于 Cu-Sn-P 三元系合金,具有高的强度、硬度、弹性、抗微塑性变形能力,以及很好的冷热加工性和优良的耐蚀性,其抗拉强度最高可达 1130MPa,不能进行热处理强化,表面处理采用酸洗和光亮处理。由于锡青铜具有优良的弹性,因此可通过压力加工方法制造导电性能好的弹簧、接触片、航空仪表中的耐磨零件和抗磁元件等。

ZCuSn10P1 属锡含量、磷含量较高的 Cu-Sn-P 三元系合金,是此类锡青铜中力学性能较好的合金之一。ZCuSn10P1 在 300℃ 以下具有足够的热稳定性,σ_b 最高可达 365MPa,不能进行热处理强化,只能进行去应力退火(400℃～500℃ 空冷)。ZCuSn10P1 可用于制造承受重载荷、高滑动速度和在较高温度下工作的耐磨零件。

2)特殊青铜

特殊青铜是指不含锡的青铜。根据所含主要合金元素的不同,特殊青铜分为铝青铜、硅青铜、铍青铜等。大多数特殊青铜比锡青铜具有更好的力学性能、耐磨性、耐蚀性。

以铝为主要合金元素的铜合金称为铝青铜。铝青铜的强度和耐蚀性比黄铜和锡青铜的强度和耐蚀性还高,铝青铜是锡青铜的代用品,常用于制造弹簧、船舶零件等。铝青铜具有良好的铸造性能,在大气、海水、碳酸及大多数有机酸中具有比黄铜和锡青铜更高的耐蚀性,此外,它还具有耐磨损、冲击时不发生火花等特性。铝青铜也有缺点,如体积收缩率比锡青铜大,因此铸件内容易产生难熔的氧化铝;难于钎焊;在过热蒸汽中不稳定。

QAl9-4(Al 含量为 8%～10%,Fe 含量为 2%～4%)是 Cu-Al-Fe 三元系合金,Fe同 Al 形成微粒状的 $FeAl_3$ 化合物,大大提高了合金的强度、硬度和耐磨性,$\sigma_{0.2}$ 最大可达 800MPa,不能进行热处理强化,表面处理为酸洗和光亮处理。QAl9-4 具有高强度、耐磨性、耐寒性、耐蚀性,是航空工业及其他工业部门广泛使用的主要结构材料之一。

QAl10-4-4(Al 含量为 9.5%～11%、Ni 含量为 3.5%～5.5%、Fe 含量为 3.5%～5.5%)是 Cu-Al-Ni-Fe 四元系合金,其中 Ni 能够明显提高合金的强度、硬度、热稳定性和耐蚀性,其最大 $\sigma_{0.2}$ 可达 843MPa,可进行热处理强化,表面处理为酸洗和光亮处理。QAl10-4-4 是各国通用的高强度、高耐蚀性的结构铜合金,可用于制造在 400℃ 以下工作的零件。

以铍为合金化元素的铜合金称为铍青铜,它是极其珍贵的金属材料,热处理强化后的 σ_b 可达 1250MPa～1500MPa,硬度可达 350HB～400HB,远远超过其他铜合金,可与高强度合金钢媲美。铍青铜的含铍量为 1.7%～2.5%,铍溶于铜中形成 α 固溶体,且固溶度随温度变化很大,铍青铜是唯一可以固溶时效强化的铜合金,经过固溶处理和人工时效强化后,可以得到很高的强度和硬度。

铍青铜具有很高的弹性极限、疲劳强度、耐磨性和耐蚀性,以及极好的导电性、导热性,并且耐热、无磁性,受冲击时不发生火花,因此铍青铜常用于制造各种重要的弹性元件、耐磨零件及防爆工具等。但铍是稀有金属,价格昂贵,因此在使用上受到限制。

QBe2（Be 含量为 1.8% ~ 2.1%，Ni 含量为 0.2% ~ 0.5%）属 Cu-Be-Ni 系，是可进行热处理强化的合金，而且热处理后得到很高的强度、硬度与弹性极限。QBe2 是工业中常见的高强度工程结构材料和高弹性功能材料。

当 ω_{Be} 为 1.7% ~ 2.5% 时，铍青铜是时效强化效果极好的合金，经淬火（780℃水冷，σ_b 为 500MPa ~ 550MPa，δ 为 25% ~ 35%），冷压成形，再人工时效强化（300℃ ~ 350℃，2h）后，该合金具有很高的强度、硬度与弹性极限（σ_b 为 1250MPa ~ 1400MPa，δ 为 2% ~ 4%，硬度为 300HB ~ 400HB），其性能远超其他铜合金，甚至可以和高强度钢相媲美，而且耐磨性、耐蚀性也很高，是一种综合性能很好的合金。铍青铜可以用于制造精密仪表、仪器中重要的弹性元件，如钟表齿轮，在高温、高压、高速条件下工作的轴承，航空航海罗盘等。

习题和思考题

1. 硬铝合金板材采用了包铝层，包铝层的作用是什么？
2. 铝合金的热处理强化方法与钢的有什么不同？
3. 铝合金的固溶处理与退火相比有什么不同？
4. 铝合金时效强化对其强度、硬度、延展性有什么影响？
5. 什么是人工时效强化？什么是自然时效强化？它们的主要区别是什么？
6. 7×××的合金元素是什么？2×××的合金元素是什么？
7. 什么是外场铆钉？什么是冰箱铆钉？
8. 简述铝合金的分类及牌号表示方法。
9. 简述铝合金的牌号、性能及在飞机上的应用。
10. 简述钛合金的分类及牌号表示方法。
11. 简述钛合金的牌号、性能及飞机上的应用。
12. 简述镁合金的性能特点及应用。
13. 什么是黄铜？什么是青铜？
14. 铍青铜有哪些优异性能及应用？其热处理强化方法是什么？
15. 说明下列合金牌号分别属于哪种类型的合金。

2A12、2014、6061、7A09、Ti-6Al-4V（TC4）、Ti-5Al-2.5Sn（TA7）、MB15、ZM5、H70、ZCuZn16Si4、QSn6.5-0.1、QAl10-4-4

模块7
高分子材料

高分子化合物是指分子量在 10^4 以上的有机化合物,又称高分子或大分子。高分子材料是以高分子化合物为基体,再配以其他添加剂所构成的材料,它是以聚合物为基本组分的材料,所以又称聚合物材料或高聚物材料。实际上,高分子化合物与低分子化合物并没有严格的界限,主要根据是否显示高分子化合物的特性来判断。

常见的高分子材料有天然的(如松香、淀粉、天然橡胶等),也有人工合成的(如塑料、合成橡胶、胶黏剂等)。工业用高分子材料主要是人工合成的。

由于高分子材料来源丰富、生产成本低廉、品种繁多,因此高分子材料已成为航空工业、航天工业、工农业及人们日常生活中不可缺少的一类材料。

单元1　高分子材料的结构与分类

【学习目标】掌握高分子材料的大分子链的结构和高分子材料的分类。

【重点难点】掌握高分子材料的大分子链的3种结构、高分子材料的分类、高分子材料的习惯命名、高分子材料分子量的确定。

一个高分子化合物中可能包含成千上万个原子,原子之间是以共价键连接起来的。高分子化合物的分子量高达几万、几十万,甚至上百万。高分子化合物的分子量虽然非常巨大,但其化学组成一般都比较简单。这表现在以下两个方面:一方面是元素种类少,组成高分子化合物的元素主要是碳、氢、氧、氮、硅等;另一方面是结构简单,高分子化合物只不过是许多简单的结构单元重复连接起来的长链而已,所以这种链结构也叫作大分子链。

以聚乙烯分子 $n(C_2H_4)$ 为例,它是由许多个乙烯分子 C_2H_4 连接起来的。聚乙烯分子只包含碳和氢两种元素,可以表示为

$$n(CH_2—CH_2) \rightarrow (\cdots—CH_2—CH_2—CH_2—CH_2—CH_2—CH_2—\cdots)$$

或写成

$$+CH_2—CH_2+_n$$

再如聚氯乙烯分子 $n(C_2H_3Cl)$,是由许多氯乙烯分子 C_2H_3Cl 连接而成的,可以

143

表示为

$$n(CH_2{-}CH{-}Cl) \rightarrow (\cdots{-}CH_2{-}CH{-}CH_2{-}CH{-}CH_2{-}CH{-}\cdots)$$
$$\underset{Cl}{|} \quad \underset{Cl}{|} \quad \underset{Cl}{|}$$

或写成

$$\left[\!\!\begin{array}{c}CH_2{-}CH\\ |\\ Cl\end{array}\!\!\right]_n$$

上述两例中构成聚乙烯的分子 $CH_2{-}CH_2$ 和构成聚氯乙烯的分子 $CH_2{-}CH{-}Cl$ 是合成高分子所用的小分子，称为单体，而 $-CH_2{-}CH_2-$ 和 $-CH_2{-}CH-$ 是高分子

$$\underset{Cl}{}$$

中的重复结构单元，简称重复单元，又称为链节。结构式中的 n 称为聚合度，代表一个高分子化合物中包含的重复单元的数目，聚合度在一定程度上反映了大分子链的长短和分子量的大小。

所有高分子材料都是由大量大分子链聚集而成的，而各个大分子链的聚合度却不尽相同，所以任何一种高分子材料所包含的大分子链的长短不一，分子量也不相同。高分子材料的不同分子量（或不同长度）的大分子链的数量呈如图 7-1 所示的统计规律分布。所以，某一种高分子材料的分子量实际上是其中大分子链分子量的平均值。

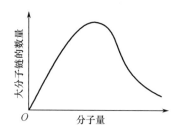

图 7-1　高分子材料的分子量分布规律

按照大分子链的几何形状，高分子材料可以分为 3 种结构类型：线型结构、支链型结构和体型结构，如图 7-2 所示。线型结构高分子材料的大分子链为卷曲成线团状的长链，这种结构的高分子材料的弹性好、塑性好、硬度低，是热塑性材料（可以重复加热变形的材料）；支链型结构高分子材料的主链上带有支链，其性能和加工工艺都接近于线型结构高分子材料；体型结构高分子材料的分子链之间有许多链节互相交连，形成网状，其特点是硬度高、脆性大、无弹性和塑性，是热固性材料（一次加热定型的材料）。

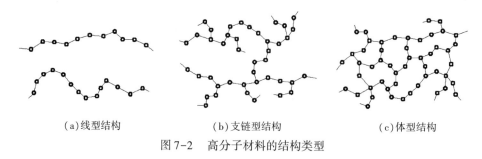

（a）线型结构　　　　　（b）支链型结构　　　　　（c）体型结构

图 7-2　高分子材料的结构类型

高分子材料的分类方法很多,常用的有以下几种。

(1)按用途分类,高分子材料可分为塑料、橡胶、纤维、胶黏剂、涂料等。塑料在常温下有固定形状,强度较高,受力后能发生一定形变;橡胶在常温下具有高弹性;纤维的单丝强度高。这些高分子材料的基体称为树脂,树脂是由单体经聚合反应得到的聚合物。

(2)按聚合物反应类型分类,高分子材料可分为加聚物和缩聚物。加聚物是由单体经加成聚合反应(简称加聚反应)得到的,由一种单体经加聚反应形成的加聚物称为均聚物,由两种或多种单体经加聚反应形成的加聚物称为共聚物;而缩聚物是由两种或多种单体经带有小分子副产物的缩合聚合反应(简称缩聚反应)得到的,由于在缩聚反应中会生成低分子副产物,因此缩聚高分子的组成不可能与原料单体的组成完全相同,缩聚高分子的分子量也不可能是单体分子量的整数倍。

(3)按聚合物的热行为分类,高分子材料可分为热塑性聚合物和热固性聚合物。热塑性聚合物的特点是热软冷硬,如聚乙烯;热固性聚合物受热后软化成形,成形后再受热不软化,如环氧树脂。

(4)按主链上的化学组成分类,高分子材料可分为碳链聚合物、杂链聚合物和元素有机聚合物。碳链聚合物的主链由碳元素组成,如—C—C—C—C—C—。杂链聚合物的主链除碳元素外还有其他元素,如—C—C—O—C—、—C—C—N—、—C—C—S—等。元素有机聚合物的分子主链上不含碳元素,由氧元素和其他元素组成,如—O—Si—O—Si—O—等。

高分子材料多采用习惯命名,常用的有以下几种。

(1)在单种原料单体名称前加聚字,如聚乙烯、聚氯乙烯等。

(2)在多种原料单体名称后加树脂或橡胶,如(苯)酚(甲)醛树脂、丁(二烯)(丙烯)腈橡胶等。

(3)采用商品名称,如聚酰胺称为尼龙或绵纶,聚酯称为涤纶,聚甲基丙烯酸甲酯称为有机玻璃等。

(4)采用英文字母缩写,如聚乙烯用 PE、聚氯乙烯用 PVC 等。

单元2　高分子材料的基本性质及应用

【学习目标】掌握高分子材料密度小、比强度高、弹性强等基本性能及其在航空工业中的应用。

【重点难点】掌握高分子材料的基本性质及其形成机理。

7.2.1　高分子材料的基本性质

不同的高分子材料的性能、特点各不相同,即使是同一种高分子材料,也会因为其聚合物反应类型不同(如聚甲醛的均聚和共聚)而在性能方面有所差异。随着科技的发展和进步,新型高分子材料不断涌现,它们的性能也会出现一些新特点,但绝大多数高分子材料具有如下基本性质。

1. 密度小

高分子材料都比金属密度小,一般密度为 $1\sim2g/cm^3$。纯塑料中密度最小的是聚丙烯,其密度为 $0.91g/cm^3$,比纸的密度还小,有些泡沫的密度甚至可达 $0.01g/cm^3$。

2. 比强度高

材料的抗拉强度与材料的密度之比叫作比强度。由高比强度材料制成的构件,与其他材料制成的构件相比,相同抗拉强度下可以减轻构件重量,或者相同质量下可以提高构件抗拉强度,这正是航空工程对材料的基本要求。由于高分子材料的一个分子链中有几万甚至几百万个原子,而且分子链的长度是直径的几万倍,因此分子与分子之间接触点很多,相互间作用力很大。大分子链中有很多单链,这些单链都可以做内旋转,这使大分子链卷曲成各种不同形状,互相纠缠在一起。这是高分子材料具有高比强度的主要原因。

3. 弹性强

由于高分子材料的分子链是卷曲纠缠在一起的,当受力拉伸时,这种卷曲纠缠的分子链可以被拉长,但当去掉外力时,又会恢复到原来的形状。因此,橡胶和塑料之类的高分子材料的弹性都很强。

4. 可塑性好

高分子材料是由许多很长的分子链构成的,当分子链的某一部分受热时,其他部分则受热较少,甚至还没有受热,热量在分子链的传递速度很慢,导致高分子材料受热后不能立刻就变成液体,而是先经过一个软化过程,即具有可塑性。

5. 难结晶

由于高分子材料的分子很大,分子链卷曲,因此原分子不容易排列整齐,自然也就不容易结晶。

也有不少线型结构的高分子材料具有部分结晶的特点,但结晶仅发生在分子链与分子链之间。如果在链带之间含有某些基团,由于基团之间具有较强的吸引力,那么所产生的结晶状态就可以固定下来。利用这种性质,可以把高分子材料拉成细而坚实的纤维,这就是纤维高分子材料。

6. 耐磨性好

由于高分子材料有较高的分子量,因此其耐磨性好、抗撕裂程度比较高,如尼龙、聚四氯乙烯不仅耐磨,而且自润滑性比金属和天然材料都强。合成橡胶比天然橡胶耐磨,合成纤维也比天然纤维耐磨。

7. 绝缘性好

由于高分子材料的分子中的化合键是共价键,不能电离,因此高分子材料不能传递电子。又由于高分子材料的分子链细长、卷曲,在电、热、声的作用之下,分子间振动不大,因此高分子材料对电、热、声具有良好的绝缘性。

8. 耐蚀性强

高分子材料的分子链是纠缠在一起的,许多分子链上的基团被包在里面,当接触到能与高分子材料发生反应的试剂时,只有露在外面的基团比较容易发生反应,因此高分子材料比较稳定,具有耐酸、碱腐蚀的特性。

9. 抗射线能力强

高分子化合物对多种射线(如 α 射线、β 射线、γ 射线、X 射线)的抵抗能力较好。

7.2.2　高分子材料的应用

利用高分子材料质轻、透明的特点,可制作视镜、仪器罩盖、仪表罩盖。由于高分子材料具有导热性能差的特点,因此被广泛用于冷藏、隔热、节能装置和其他绝热工程。特别是经过发泡成形的塑料,其热导率与静态的空气相当。由于高分子材料具有弹性强的特点(如橡胶),因此可作为阻尼材料,用于减振、消声。由于大多数高分子材料具有减摩、耐磨和自润滑的特点,因此可制成在各种液体(如油、水、腐蚀介质等)、边界摩擦和干摩擦等条件下有效工作的摩擦件,特别是某些塑料,其可贵的摩擦性能是许多金属耐磨材料不能及的,因此常被制成轴承、保持架、活塞环及动密封磨块等。

在航空工业中,防腐是一个重大工程问题,在腐蚀介质条件下,一般金属材料的耐蚀性能有限,特别是对酸、碱、盐等强腐蚀介质,更难以达到有效的防腐效果。由于高分子材料结构的多样性和性能的可设计性,因此在一定温度范围内,高分子材料耐酸、碱、盐的腐蚀性优于金属及其合金材料。高分子材料可以现场制备和施工,能充分发挥其他材料不能代替的作用,在防腐设备及防腐元件中应用广泛。例如,利用HD 型环氧煤沥青漆对航空煤油输送管道进行防腐保护。

密封材料的用量虽然不多,却占据了很重要的地位。用丁腈橡胶或氯丁橡胶材料制造的各种轴用密封件广泛地应用在有油介质的密封环境。特别是近年来,以氟塑料为主制造的静密封或动密封耐腐蚀部件已成为新的发展趋势,如塑料活塞环、导向环等。特别是这些氟塑料在制氧机、气体压缩机上作为无油润滑材料使用,应用效果显著。由氟塑料制造的活塞环用在气体压缩机上,不会磨损气缸。由耐高温、耐高压的聚酰亚胺及聚苯硫酸制造的密封环,在循环压缩机中应用效果也较好。用石墨填充尼龙材料制造的密封圈,密封性好,不易漏油,也不易烧坏。

虽然绝大多数高分子材料与钢材相比,强度和刚度较低,耐热性较差,作为结构材料使用还不令人满意,但是对一些受力不大的零件,如仪器仪表外壳、盖板、底座,以及机械设备上的手柄、叶片、膨胀节等零件,则可以采用高分子材料制造。随着新型高分子材料的开发,将高分子材料作为结构材料会成为必然的发展趋势。

单元 3　航 空 塑 料

【学习目标】掌握塑料的基本组成、特性、分类和航空塑料的优缺点。

【重点难点】掌握塑料的基本组成、塑料具有优良特性的原因及常用的航空塑料。

塑料是指由高分子化合物（天然或合成树脂）为基础组成的具有可塑性质的材料。这种材料在加热、加压等条件下具有良好的可塑性，可以制成一定形状的零件。

塑料不但具有许多优良的性能，如密度小、比强度高、绝缘性、绝热性、隔声性、吸振性、耐磨性、耐水性和化学稳定性良好等，而且塑料的原料来源非常广泛，适合大批量工业生产，制取方便、加工简单。因此塑料在航空工业和宇宙飞行等尖端技术方面的应用越来越普遍，是很有发展前途的航空工程材料。

7.3.1　塑料的组成、特性和分类

1. 塑料的基本组成和特性

塑料主要由树脂、填充剂（填料）、增塑剂、着色剂（颜料）等组成，可根据需要加入适量的稳定剂、润滑剂和阻燃剂等。

1）树脂

树脂可将塑料的各部分黏成整体，所以又称为黏合剂或黏料，它是塑料的基本组成部分，塑料的性质基本是由它的性质决定的。

根据树脂在加热和冷却的重复条件下具有的特性，可将树脂分为热塑性树脂和热固性树脂两类。热塑性树脂在加热时具有较大的塑性，冷却后会变硬，再次加热时塑性又可以恢复，如此可以多次重复，如聚氯乙烯、聚甲基丙烯酸甲酯等。热固性树脂在加热时也有较大的塑性，但加热到一定的温度并保存一定的时间后会硬化，硬化后再次加热时不再具有塑性，且当加热温度过高时会被分解破坏，如酚醛树脂、环氧树脂等。

树脂的来源有两个方面：一方面是天然树脂，是自然界里植物和动物分泌出来的有机物质，如松香、虫胶等；另一方面是合成树脂，是采用人工合成方法制造的、具有天然树脂性质的高分子化合物。

2）填充剂

填充剂又称为填料，其在塑料中的含量为 50% ~70% ，降低了塑料的成本。填充剂的主要作用是提高塑料的强度，有些填充剂还能赋予塑料耐热性、绝缘性、减摩性等。常用的填充剂有木粉、纸、布、亚麻、石棉、石墨、玻璃纤维等。

3）增塑剂

增塑剂的作用是增加塑料的可塑性、柔软性、弹性、抗震性、耐寒性及延展性等，

但增塑剂也会降低塑料的强度和耐热性。常用的增塑剂有樟脑、邻苯二甲酸二丁酯等。增塑剂在塑料中的含量一般是5%～20%。

4）抗氧化剂

抗氧化剂的作用是增强材料的抗老化能力。常用的抗氧化剂有硬脂酸盐类及铝化物等。

此外，为了使塑料具有所需的颜色，还需加入着色剂；为了防止塑料在成形过程中发生黏模现象，还需加入润滑剂；为了加速热固性树脂的硬化过程，还需加入硬化剂。

2. 塑料的分类

塑料一般可分为热塑性塑料和热固性塑料两类。

1）热塑性塑料

热塑性塑料是以热塑性树脂为基础，加入少量填充剂、增塑剂和着色剂混合制成的。这种塑料在受热时会软化，冷却后又会变硬，并可多次重塑，如有机玻璃、聚氯乙烯塑料、尼龙等。

2）热固性塑料

热固性塑料是以热固性树脂为基础，加入填充剂、着色剂等混合制成的。这种塑料一旦固化成形，即使加热到接近分解温度也不会软化，也不能溶解于溶剂中，如酚醛塑料、氨基塑料、环氧塑料等。

7.3.2　常用的航空塑料

1. 有机玻璃（代号PMMA）

有机玻璃的主要成分是聚甲基丙烯酸甲酯，聚甲基丙烯酸甲酯是无色透明的高分子化合物；有机玻璃还含有增塑剂，常用的增塑剂是邻苯二甲酸二丁酯。

1）有机玻璃的主要优点

有机玻璃具有很好的透光性，能透过99%以上的日光；在常温下具有较高的强度；与普通玻璃相比脆性较小，受震动时不易碎裂；耐蚀性和绝缘性良好；容易成形。

2）有机玻璃的主要缺点

有机玻璃的主要缺点是硬度低，容易磨损划伤；导热性差，热膨胀系数大；受到温度、日光和溶剂等作用时，性质会发生变化。有机玻璃在外界因素的作用下主要有以下几方面性质的变化。

（1）在温度变化时力学性能会变差。随着温度升高，有机玻璃的分子活动能力增强，分子间的引力减小，因此强度和硬度会逐渐降低，而塑性则增大。当温度超过80℃后，有机玻璃很易发生变形；但随着温度降低，有机玻璃的脆性逐渐增大，当它受到震动时，容易产生裂纹。

（2）在温度急剧变化时容易产生银纹。由于有机玻璃的导热性差，热膨胀系数大，当温度急剧变化时，表面层与内层之间往往会因为温差较大、膨胀收缩不一致，从而产生热应力,这将使有机玻璃表面出现细微的裂纹。在日光下或从一定的角度观察这些细微裂纹,其呈现银色光泽,所以通常把这种裂纹称为银纹。有机玻璃产生银纹后,透光性会降低,强度和塑性也会下降。

(3)在日光作用下会氧化。有机玻璃的化学性质较稳定,但受到日光长期作用后,日光中的紫外线使空气中的氧分子和有机玻璃基体的大分子变得更活泼,因此会发生氧化。有机玻璃氧化后,原来的大分子会分解成许多小分子,它的颜色就逐渐变黄,透明度降低。日光的长期照射,还会促使有机玻璃中的增塑剂挥发,从而使有机玻璃变脆。在温度较高的情况下,不应使有机玻璃受力过大,以防变形。在冬季气温低时,由于有机玻璃变脆,应注意防止震动。此外,还应注意不要使硬物与有机玻璃接触,以免划伤。

(4)在丙酮、乙酸乙酯等溶剂中会溶解。有机玻璃在与丙酮、乙酸乙酯(油漆和褪漆剂中常含有此类溶剂)接触时,表面很快就会溶解而变成乳白色,透光性变差。这种现象通常称为"发雾"(有时称为"龟裂")。所以应防止丙酮、乙酸乙酯与有机玻璃接触。汽油、酒精等对有机玻璃影响较小,但能使有机玻璃轻微膨胀,因此它们也不宜长时间黏附在有机玻璃上。

2. 塑料王(代号 PTFE)

塑料王即聚四氟乙烯,是氟塑料的一种。氟塑料与其他塑料相比,具有耐高低温性、耐蚀性、耐老化性、绝缘性良好,以及吸湿性和摩擦系数小等优良性能。在氟塑料中,尤其是塑料王的这些特性最为突出。

塑料王的耐高低温可达-180℃～260℃,在此温度范围内零件可长期使用;塑料王几乎不受任何化学药品的腐蚀,不易黏合、不吸水、绝缘性良好,是现有固体中摩擦系数最小的。

塑料王是航空工程常用的一种塑料,可用作航空轴承、涡轮喷气发动机加力燃烧室喷管调节机构中的涨圈;可用作绝缘材料;还可以用作各种耐腐蚀的零件(如喷气发动机的润滑油管路、燃油箱的密封垫圈等)。

3. 聚氯乙烯塑料

聚氯乙烯塑料是通过在聚氯乙烯树脂中加入抗氧化剂、增塑剂等制成的。

不含增塑剂或含增塑剂很少的聚氯乙烯塑料称为硬聚氯乙烯塑料,它具有较高的强度(相对软聚氯乙烯而言)、良好的耐酸碱性和绝缘性,易焊接或黏合。硬聚氯乙烯塑料的缺点是使用温度范围小,其正常工作温度是-15℃～60℃,主要用作耐腐蚀材料和绝缘材料。

含增塑剂较多的聚氯乙烯塑料称为软聚氯乙烯塑料,其性质柔软,耐摩擦和挠曲,耐酸碱性、耐油性和绝缘性也很好。但是由于软聚氯乙烯塑料含有较多的增塑剂,所以它的分子间距离较大,分子之间的引力降低,因此它的强度、硬度较低。软聚氢乙烯塑料耐寒性较差,随着温度降低会变脆。

软聚氯乙烯塑料在飞机上常用作电线和电缆的保护套、液压系统和冷气系统的密封垫,以及封存或包装各种航空零件和设备的材料。

由于软聚氯乙烯塑料在低温下会变脆、变硬,因此电缆保护套等在冬天应注意不要弯曲、折叠,以防损坏。

4. 酚醛塑料

酚醛塑料俗称电木,又称胶木,主要由酚醛树脂组成,其余成分是填充剂和颜料等。酚醛塑料是一种热固性塑料。

酚醛塑料有较高的强度和良好的绝缘性,不易受溶剂侵蚀,能在100℃~130℃温度下工作,即使在非常高的温度下也不会软化变形,仅在表面发生烧焦现象。

以木粉、云母粉、石英粉等为填充剂的酚醛塑料,可以在模具内压制成外形复杂且光亮的零件,主要用来制造飞机上的电气开关装置,如旋钮、按钮、插销、插座及手柄、仪表外壳等。

以布、玻璃布、纸等纤维材料为填充剂的酚醛塑料,其抗弯强度、抗拉强度和冲击强度等力学性能都很高,吸振性也很好,在航空工程用途较广,如齿轮、滑轮、发动机架的缓冲器垫片、飞机操纵踏板、驾驶盘、配电盘、接头座板、软油箱槽、电气绝缘件等。

以石棉为填充剂的酚醛塑料具有很好的耐热性、耐磨性和很大的摩擦系数,可用来制造飞机刹车系统零件,如刹车块。在维护工作中,应注意防止液压油、润滑油等落在刹车块上,以免使其摩擦系数减小,降低刹车效果。

5. 环氧树脂塑料

环氧树脂塑料是向环氧树脂(常用的是由环氧氯丙烷与二酚基丙烷缩聚而成的二酚基丙烷环氧树脂)中加入填充剂制成的一种热固性塑料。

在航空工程中应用较多的是以玻璃纤维为填充剂的环氧树脂塑料(玻璃钢),其强度高,有良好的绝缘性和化学稳定性,吸湿性和成形收缩率小。

环氧树脂塑料可用于制造雷达天线整流罩、翼尖等航空结构零件及绝缘零件等。

环氧树脂与金属、木材、陶瓷、橡皮、塑料、玻璃等有很好的黏接性,所以还可用来制造胶黏剂和涂料等。

单元4　航空胶黏剂

【学习目标】了解胶黏剂的主要组成;掌握胶黏剂的一般特点;熟悉常用的航空胶黏剂及其在维护使用中应注意的事项。

【重点难点】掌握胶黏剂的特点和常用航空胶黏剂的应用。

任何型号的飞机上都有需要密封的区域,如承受空气增压的密封舱,阻止燃油渗漏、气味窜流、腐蚀性液体侵蚀的结构区域等。作为密封用的封严材料,胶黏剂多由两种或多种物质成分按适当的比例混合调制而成。

胶黏剂是一种具有良好黏合性能，且能将各种相同或不同的材料牢固地黏合在一起的物质，也称为黏合剂，通常称为胶。用胶黏剂对各种材料进行连接的方法，称为胶接或黏接。

胶黏剂已成为实现飞行器零部件连接的重要材料之一，广泛用于各种接合面的连接，现代飞机的接合面有 67% 左右是用胶黏剂连接的。

7.4.1　胶黏剂的组成

航空结构用胶黏剂都是合成树脂材料，其组成有以下几种。

1. 树脂

常被用于胶黏剂的热固性树脂有酚醛、环氧、脲醛、有机硅等，常被用于胶黏剂的热塑性树脂有聚醋酸乙烯酯、聚乙烯醇缩醛、聚苯乙烯等。应用较广的是热固性树脂，因为它的黏接强度较高。为了改善黏接性能，常在热固性树脂中加入热塑性树脂或弹性材料(如橡胶)。

2. 固化剂和催化剂

固化剂也叫作硬化剂。在胶黏剂配方中，往往加入一定比例的固化剂，使某些具有线型大分子链结构的高分子化合物与固化剂交联成体型结构，从而硬化成坚固的胶层。

催化剂也叫作促进剂。在胶黏剂中加入催化剂是为了加速高分子化合物的硬化过程。

3. 填充剂

在胶黏剂中，有时加入一定量的填充剂来改善胶黏剂的性能，如提高胶层的抗冲击韧性、强度、耐热性、黏度等。

常用的填充剂有石棉粉、石英粉、滑石粉、金属粉等。

4. 溶剂

胶黏剂分为有溶剂型胶黏剂和无溶剂型胶黏剂两种。溶剂型胶黏剂是通过向树脂中加入溶剂来溶解黏料、调节胶黏剂的黏度的，目的是便于施工。

5. 附加剂

某些胶黏剂为适应特殊需要，还要加入一些附加剂，如增塑剂、防腐剂、防老剂等。

7.4.2　胶黏剂的特点

胶黏剂的应用十分广泛，因为它具有良好的黏接性能，不仅可以黏接木材、玻璃、陶瓷、橡胶、塑料、编织布、纸张等非金属材料，而且还能黏接铝合金、合金钢等金属材料。特别是飞机上大量采用复合材料和蜂窝结构，增大了胶黏剂的应用范围。

胶黏剂不仅黏接性能好、黏接强度高，而且还具有密封性、耐水性、耐热性和化学稳定性。与普通常用的铆接、螺栓连接和焊接相比，在航空工业使用胶黏剂对飞机零部件的接合面进行黏接,具有以下几个特点。

(1)可以减轻飞机的结构重量,增加航速。例如,大型雷达采用黏接方法重量可减轻20%;重型轰炸机采用黏接方法重量减轻34%。不仅如此,机体表面采用黏接方法时,表面光滑平整,保证了良好的气动力外形,有利于改善飞机的飞行性能,提高接合飞机的飞行速度。

(2)黏接结构强度高,应力分布均匀。由于采用黏接方法时,整个接合面都能承受载荷,应力分布均匀,因此抗剪强度、抗压强度和疲劳强度都比较高。例如,飞机铝合金蒙皮与长桁黏接壁板比同类铆接壁板的抗压强度高出10%~20%。

(3)黏接结构具有密封和防腐作用。飞机上的一些部位需要设计成密封隔舱结构,用于密封燃油或空气,如油箱和机舱。由于不能单独使用铆接方法密封这些部位,因此必须使用密封剂。采用黏接的结构可以防止水分及其他腐蚀性液体进入,以起到较好的防腐作用。

(4)采用黏接方法,可节省劳动力、降低成本。黏接工艺可大面积同时进行,可提高效率。

(5)黏接可以在较低温度(甚至室温)下进行,可以避免热敏感的部位受到损坏。

胶黏剂也有一些不足之处,如工作温度过高会使强度迅速下降;某些胶黏剂容易老化;黏接工艺复杂,需加温加压,固化时间长;还没有完善的无损检验方法来检验黏接后的产品质量等。

7.4.3 常用航空胶黏剂

常用航空胶黏剂主要是以合成高分子化合物为基础的胶黏剂,其可以分为如下3类:热固性树脂胶黏剂、热塑性树脂胶黏剂、合成橡胶胶黏剂。其中热固性树脂胶黏剂应用最为广泛。在飞机机体设计制造中引进黏接蜂窝结构(夹芯结构)是黏接结构形式的一个重大突破。

1. 酚醛树脂胶黏剂

酚醛树脂胶黏剂的主要成分是酚醛树脂。酚醛树脂固化后性能很脆,只能用来黏接木料、泡沫塑料及其他多孔性物质。

飞机上使用的酚醛树脂胶黏剂主要有以下3种。

1)E-5胶黏剂

E-5胶黏剂的主要成分为酚醛树脂、聚乙烯醇缩甲乙醛树脂、酚醛环氧树脂和丁腈橡胶,具有良好的韧性和密封性,适用于铝、钢、铜等金属之间的黏接,也适用于使用胶铆方法制造密封的容器。

2)酚醛-丁腈胶黏剂(J-03)

酚醛-丁腈胶黏剂由酚醛树脂与丁腈橡胶在有机溶剂中冷混而成,具有良好的耐热性、耐寒性,优异的弹性和良好的黏接性,适用丁各种材料及蜂窝结构的黏接。

3）204 胶黏剂

204 胶黏剂由酚醛-缩醛型胶黏剂与有机硅化合物组成。在常温至 350℃ 高温下都有满意的强度,弹性不高,适用于钛合金、硬铝等金属材料及蜂窝结构的黏接。

2. 环氧树脂胶黏剂

环氧树脂胶黏剂俗称"万能胶",由环氧树脂、胺类或酸酐(固化剂)、无机填充剂等按一定的比例配制而成。航空工程常用的环氧树脂胶黏剂有自力-3 胶黏剂、H-703 胶黏剂、HYJ-6 胶黏剂 3 种。

自力-3 胶黏剂具有优良的抗疲劳强度、固化过程挥发物少等优点,适用于钣金件、蜂窝结构及胶铆等的复合连接;也适用于钢、铝、铜等金属和部分非金属材料的黏接。

H-703 胶黏剂耐老化和耐水性良好,适用于黏接不锈钢、铜等金属和玻璃、陶瓷、木材、胶木等非金属材料。

HYJ-6 胶黏剂具有良好的耐淡水性、耐海水性、耐乙醇性、耐丙酮性、耐燃油性和耐气性,适用于金属-玻璃钢的大面积黏接,还适用于木材、玻璃、陶瓷等材料的黏接。

3. 101 胶黏剂(聚氨酯胶黏剂)

101 胶黏剂具有良好的黏接性、柔软性、绝缘性、耐水性和耐磨性,适用于铝、钢、玻璃、陶瓷、木材、皮革、塑料等材料的黏接,还用作尼龙等编织布、皮革、涤纶薄膜的涂料。

7.4.4 胶黏剂使用注意事项

(1)采用黏接的金属构件或非金属构件的黏接表面必须彻底清洗干净,以确保黏接表面之间具有最大的黏接力,以达到黏接强度要求。

(2)当进行修理时,如果使用人工照明,则一定要使用防爆型灯,而且应穿上不受褪洗剂和清洁剂腐蚀的工作服,以防止化学药剂与皮肤接触;工作区应充分通风,当在封闭区工作时,应戴上防毒面具。

(3)为了确保构件表面的黏接强度,必须注意黏接时的温度和固化时间。如对木制构件进行黏接时,温度在 21℃ 下搭接中的胶黏剂层固化到充足的强度,所需的时间长达一周,而较高的温度将大大缩短固化时间。此外,当在 21℃ 以下进行黏接固化时,黏接强度不能得到保证。

(4)由于事故或施加到黏接部位上的机械载荷过大(或受拉,或受剪),黏接结构可能受到损坏。由于黏接结构的抗剪切能力较强,所以黏接结构通常被设计成承受剪切载荷。

(5)黏接结构在受到日光紫外线的照射或受到腐蚀性溶剂侵蚀时容易老化,因此应加强检查。

单元5　航　空　橡　胶

【学习目标】了解橡胶的基本组成;掌握橡胶的性质和种类;熟练掌握橡胶在飞机上的应用。

【重点难点】掌握橡胶的优缺点、形成原因及硫化过程。

7.5.1　橡胶的组成

橡胶分为天然橡胶、合成橡胶两种。早期使用的橡胶都是天然橡胶,是从橡胶树和橡胶草的胶乳中提取出来的,其主要成分是聚甲基丁二烯。随着社会生产力的发展,天然橡胶的产量和性质都不能再满足需要了。工业上使用的橡胶制品,都是经过硫化处理,采用人工合成的方法生产的。所谓硫化,就是在橡胶中加入硫化剂和其他配合剂,通过加温、加压,并保持一定时间,使线型结构的橡胶分子间形成横键,最后交连成为网状结构,即体型结构。经硫化处理的橡胶具有不溶解也不熔融的性质;力学性能(如硬度和弹性)也得到了提高;克服了橡胶因温度升高而变软发黏的缺点,耐热性、耐寒性和对有机溶剂作用的抗耐性都有所提高。

没经过硫化的橡胶,一般称为生橡胶。硫化以后的橡胶称为硫化橡胶,也称为热橡胶。硫化橡胶的主要成分是生橡胶,除此之外还有硫化剂、填充剂、防老剂。

1. 硫化剂

硫化剂的主要成分是硫。当硫化剂较少时(2%~3%),可以得到柔软且富有弹性的软橡胶;当硫化剂较多时(25%~50%),则得到坚硬的硬橡胶。

2. 填充剂

常用的填充剂有炭黑和氧化锌等,其作用主要是提高橡胶的强度和耐磨性,并降低橡胶的成本。

3. 防老剂

常用的防老剂有石蜡和酚等,其作用是使橡胶的老化作用滞缓,从而延长橡胶件的使用寿命。

7.5.2　橡胶的性质

天然橡胶和合成橡胶都是高分子化合物,它们的分子主要由碳和氢两种元素组成。

橡胶在常温下具有很好的弹性。橡胶的弹性在温度升高和降低时都会降低,强度也会降低。橡胶在空气中易于氧化,橡胶氧化后会变硬变脆或变软发黏,弹性显著降低,这种现象称为橡胶的老化。

橡胶除有高弹性的特点外,还具有良好的绝缘性、耐磨性、密封性、减振性和隔声性等。

除容易老化外,天然橡胶的耐油性也很差,在汽油、煤油中会溶解,力学性能较差。由于橡胶在力学性能方面存在明显不足,所以不宜直接作为承力零件使用。

7.5.3 橡胶的种类

根据原材料来源的不同,橡胶可分为天然橡胶和合成橡胶两类。

1. 天然橡胶

天然橡胶是一种密度为 $0.9g/cm^3$ 的弹性物质,生橡胶呈棕色,具有较高的抗拉强度和弹性;以及不透气性和高度绝缘性,能耐水、弱酸和碱。

天然橡胶耐热老化性和耐大气老化性较差,在 50℃~70℃ 下生橡胶就会软化,在 200℃~230℃ 下便就会变成液体。在受到日光、干热空气的作用下,橡胶就会变脆。天然橡胶的耐油性和抵抗有机溶剂的性能也很差,能溶解于汽油、苯和矿物油中(但能耐受植物基油)。此外,橡胶还是一种易燃物质。

天然橡胶经硫化处理后,其物理性能和力学性能都得到增强。天然橡胶在航空工程中常用作气动和液压系统的密封件、减振件,以及垫圈、垫片等。

2. 合成橡胶

合成橡胶的种类有很多。航空工程常用的合成橡胶的组成、性质和用途如表 7-1 所示。

表 7-1 航空工程常用的合成橡胶的组成、性质和用途

类别	组成	性质	用途
丁苯橡胶	由丁二烯和苯乙烯聚合而成	良好的耐磨性、耐热性和抗老化性	外胎、密封件、缓冲件、胶布、胶管
丁腈橡胶	由丁二烯和丙烯腈聚合而成	较高的强度和良好的耐热性、耐油性	耐油件、密封圈、密封垫、软油箱
氯丁橡胶	由氯丁二烯聚合而成	耐氧性、耐臭氧性、耐油性、耐溶剂性好,不易燃烧,密度大,绝缘性差	胶管、胶带、电缆胶黏剂、油箱保护套
聚硫橡胶	由多硫化钠和二氯乙烷缩聚而成	耐油性好,耐老化,气密性好,强度低,绝缘性差,耐温性差	燃油箱、燃油管、燃油系统密封件、润滑油系统密封件
硅橡胶	有机硅聚合物	导热性、散热性、耐热性好,透气性高,耐寒性较好,绝缘性好	绝缘件、密封件、胶黏剂
氟橡胶	偏二氟乙烯和全氟丙烯的共聚物	耐热性、耐油性、耐有机溶剂性、耐化学腐蚀性好,耐氧性和耐大气老化性好,力学性能差,耐寒性差	特种电线、电缆护套,适用于高温、有机溶剂和化学药品腐蚀的场合

7.5.4 橡胶在飞机上的应用

在飞机上采用橡胶制成的零部件有机轮的外胎和内胎、软油箱、硬油箱的保护套、各种缓冲器、密封件、绝缘件、除水装置、橡胶液等。

1. 航空轮胎

1）功用

航空轮胎的主要功用是吸收飞机在降落和滑跑时产生的冲击和振动,在刹车和停放时承受载荷。

2）构造

航空轮胎由外胎和内胎组成。内胎用来装盛空气;外胎用来使内胎固紧在轮缘上,保护内胎不受机械损伤,承受机体载荷。目前,飞机上广泛使用无内胎的航空轮胎。

3）航空轮胎的维护

（1）严禁用汽油、煤油或其他橡胶溶剂洗涤或擦洗航空轮胎（清洗轮胎时可用肥皂水）。不要让发动机、燃油系统、润滑油系统中的燃油或润滑油落在轮胎上,以免橡胶遇到油膨胀。

（2）在飞机露天放置时,要防止航空轮胎受温度、日光等因素的影响而变硬、变脆或变软发黏。在夏天,应该将航空轮胎用布罩套上。

（3）航空轮胎必须储存在一个阴凉干燥并远离电动机的地方。在库房存放外胎应竖立放置,而且要定期翻动;存放内胎时要摊开,不能重叠平放;安装内胎时,应充入少量的气体,以使内胎更加贴合外胎,防止皱褶。

（4）为防止橡胶制品老化,各种橡胶制品使用、存放都应在规定的期限范围内,以确保其安全。

2. 橡胶软管

橡胶软管（胶管）用于连接燃油系统、润滑油系统、液压系统和空气导管,根据所选用材料不同,橡胶软管可分为垫布胶管和编织层胶管两类。

垫布胶管也称为夹布胶管或夹布软管。夹布胶管是用橡胶带沿螺旋线卷绕在芯棒上,用胶液胶黏,然后包卷上数层胶布,在胶布上再黏附外层橡胶,最后对胶管进行硫化。

根据胶管用途的不同,采用耐汽油、耐润滑油、耐热或耐寒的橡胶制成的不同胶管具有各种不同厚度的管壁和管径、不同颜色和标记,以便准确地识别和使用。

夹布胶管的工作压力不超过13MPa,工作温度是−45℃～80℃。

编织层胶管由内层胶、一层或二层棉线编织层和胶层组成,按承受的工作压力分为高压（6MPa～12MPa）胶管、中压（3MPa～5MPa）胶管和低压（小于1.5MPa）胶管3种。

3. 密封用橡胶型材

飞机上的窗口、舱口、检查孔、小门等都应采用各种橡胶型材进行密封。

密封用橡胶型材要求抗震性强、弹性好,工作温度在−30℃～80℃,不易老化,多采用丁苯橡胶作密封材料。密封用橡胶型材在储存时应水平放置。

4. 橡胶密封件

橡胶密封件的作用是防止油液渗出及防止空气、尘土渗入。由于液压件和气动件在飞机上的应用日益增多,因此必须根据它们的运动速度和工作温度设计出多种密封垫、密封圈和密封皮碗,以满足不同的特性要求。

不同橡胶密封件的适用环境不尽相同,应根据使用环境正确选择橡胶制件。天然橡胶密封件适宜用植物基液压油;合成橡胶密封圈适宜用矿物基液压油;合成橡胶中的异丁橡胶适宜用磷酸酯基液压油。如果天然橡胶密封件上有石油基液压油或磷酸酯基液压油,则密封件将发生膨胀、损坏及堵塞系统的现象。若不慎用错液压油,首先应放掉液压油,再进行清洗,并拆换密封圈。

5. 橡胶液

橡胶液是天然橡胶或合成橡胶在有机溶剂中的黏性胶态溶液,用于黏接橡胶或橡胶与编织布、金属等。黏接接合面在一定温度下经过化学变化后,便形成牢固的固体胶膜。

习题和思考题

1. 什么是高分子材料? 它有怎样的结构特征?

2. 如何确定高分子材料的分子量? 按用途和热行为分别可以将高分子材料分为哪几类?

3. 简述高分子材料性能的主要特点及应用。

4. 塑料是由哪些成分组成的? 它们各起什么作用?

5. 简述有机玻璃材料的优缺点。

6. 塑料王具有哪些特点? 简述其在航空工程中的用途。

7. 为什么飞机上使用酚醛塑料制作刹车块?

8. 胶黏剂是由哪些成分组成的? 这些成分对每一种胶黏剂来说是否都是必需的?

9. 简述胶黏剂的特点及在维护使用过程中应注意的事项。

10. 简述橡胶的分类及其性质。

11. 对航空轮胎进行维护时应注意哪些问题?

12. 针对植物基液压油、矿物基液压油和磷酸酯基液压油,应分别选择怎样的橡胶密封件?

模块 8
复 合 材 料

复合材料由两种以上的材料结合而成,其中一种称为增强相,另一种称为基体相,增强相经常以纤维、板片或颗粒的形式分布于基体相之中。增强相材料和基体相材料可以是金属、陶瓷或高分子聚合物。典型的增强相材料是强度高、密度小的材料,而基体相材料通常是延性(或韧性)材料。因此,复合材料能够结合增强相材料的强度与基体相材料的韧性,从而得到单一的传统材料所不能得到的理想力学性能。由于可利用的增强相材料与基体相材料的多样性,以及它们可以在很大的质量分数范围内进行材料设计的特点,使复合材料的性能,特别是弹性模量、强度及韧性的综合性能,可以在很大的范围内变化,以满足实际工程中更广泛的特殊需要。同时,与传统材料相比,复合材料的优点还在于它可以根据零件在不同方向的不同性能要求,设计出其所希望的各向异性。

单元1　复合材料的分类和特点

【学习目标】了解复合材料的特点、分类方法及其具体分类;理解不同复合材料的增强机理。

【重点难点】掌握复合材料的特点、分类及不同复合材料增强机理的差异。

8.1.1　按增强相的结构形态与特征分类

按照增强相的结构形态与特征,复合材料可以分为定向纤维复合材料、连续与不连续纤维复合材料、叠层复合材料、二维或三维编织纤维复合材料、颗粒增强复合材料。

1. 定向纤维复合材料

在复合材料中,定向纤维复合材料所有的纤维都是相互平行排列的,在纤维排列的方向上有很好的力学性能,但在其横向排列上的力学性能却较差。大多数定向纤维增强复合材料都是各向异性的。

159

2. 连续与不连续纤维复合材料

在大多数定向纤维复合材料中，纤维的长度不会连续地由复合材料的一端到达另一端。如果纤维的长度比起复合材料的长度来说相当短，则该类复合材料称为不连续纤维复合材料。为了达到最佳的增强效果，纤维必须具有足够的长度，使其所能承受的应力远大于复合材料的正应力。如果纤维过短，则当复合材料承受载荷时，纤维所承受的应力就会低于其极限抗拉强度，不能达到充分增强的效果。为了达到增强效果，复合材料所需要的临界纤维长度(l_c)与纤维的直径(d)的比值 l_c/d 称为临界长径比，对于大多数纤维增强复合材料和基体相材料，该比值的典型数值为 $20 \sim 150$。由于纤维的直径一般为 $10 \sim 30\mu m$，因此临界纤维长度为 $0.2 \sim 4.5mm$。

3. 叠层复合材料

复合材料还可以被设计成叠层状结构，每一层中纤维的取向不同。一维定向纤维复合材料薄板的叠层排列方式如图8-1所示。这种称为层的薄板有规律地排列堆垛在一起形成叠层复合材料。如果纤维的方向仅为0°和90°，则沿此两个方向虽然有较高的强度，但其剪切抗力较弱。因此，为了提高剪切抗力，还必须有纤维取向为±45°的薄板层。这样的复合材料在平行纤维层面的任意方向上都有较高的强度，但在与纤维层垂直的方向上的强度较低。

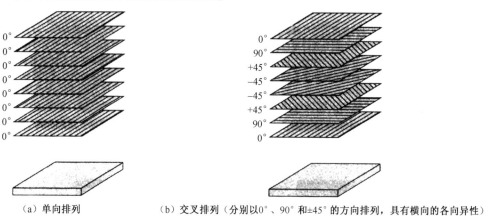

(a) 单向排列 (b) 交叉排列（分别以0°、90°和±45°的方向排列，具有横向的各向异性）

图8-1　一维定向纤维复合材料薄板的叠层排列方式

4. 二维或三维编织纤维复合材料

纤维的二维编织结构如图8-2所示。通过立体编织可以得到纤维的三维编织结构，获得接近于各向同性的复合材料，这样由二维编织或三维编织得到的复合材料，即二维或三维编织纤维复合材料。纤维的三维网状结构也可以由不连续纤维的随机排列而得到，这样得到的复合材料也具有各向同性的性质，而且其成本要比编织复合材料低得多。但是，因为短纤维的长度及其固有的低体积分数的限制，这种短纤维随机排列的复合材料的力学性能也要比编织复合材料的力学性能差。

5. 颗粒增强复合材料

上述几种复合材料的增强相均为纤维，也可以统称为纤维增强复合材料，材料增

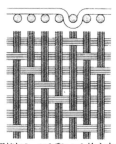

（a）简单编织　　　（b）五通丝缎纹编织（分别以0°、90°和±45°的方向排列,具有横向的各向异性）

图8-2　纤维的二维编织结构

强的机理是纤维具有更好的力学性能,而颗粒增强复合材料的增强机理与之不同。在颗粒增强复合材料中,颗粒与基体相的热膨胀系数的差异会导致基体相材料在制备冷却的过程中,形成高的位错密度,从而对基体相产生应变强化的增强效果。

8.1.2　按基体相材料分类

除上述分类方法外,复合材料还经常按基体相材料分类,可分为金属基复合材料、聚合物基复合材料、陶瓷基复合材料及碳-碳基复合材料。

1. 金属基复合材料

金属基复合材料具有良好的耐高温性和横向性、较高的抗压缩与剪切强度,这主要是因为金属基体强度、韧性、界面黏结的良好结合。常见的金属基复合材料包括硼纤维强化铝合金、SiC 纤维/晶须强化铝合金、SiC 强化钛合金、碳纤维强化镁、碳纤维强化铜或碳纤维强化铝等,应用于汽车发动机的活塞头、发动机的曲轴连杆、气体涡轮机叶片等零件。金属基复合材料也广泛应用于电子集成电路的封装。

2. 聚合物基复合材料

聚合物基复合材料是复合材料工业中的主流材料,其具有优异的室温性能且成本较低,聚合物基复合材料的基体相材料包括各种热固性树脂。近年来出现了一些以热塑性树脂为基体的聚合物基复合材料,其采用的增强纤维包括玻璃纤维、碳纤维、硼纤维及有机纤维等。聚合物基复合材料的传统应用是作为承受较轻载荷的飞机结构(见图8-3)。聚合物基复合材料现广泛地应用于城市建设中的工字梁、汽车零件、钢带轮胎及体育用品等。

3. 陶瓷基复合材料

众所周知,陶瓷具有优异的抗氧化性和抗蠕变性,但是很脆,传统陶瓷的断裂韧性在 $1MPa \cdot m^{-1/2} \sim 5MPa \cdot m^{-1/2}$ 的数量级,因而限制了其应用。而由陶瓷纤维增强陶瓷基体的陶瓷基复合材料的断裂韧性可以达到 $15MPa \cdot m^{-1/2} \sim 20MPa \cdot m^{-1/2}$,应用于汽车与飞行器中气体涡轮机的受热部件,如叶片、盘、活塞及转子等。

4. 碳-碳基复合材料

在碳-碳基复合材料中,增强纤维和基体相材料均由碳元素构成,这样的复合材料表现出优异的综合性能,包括耐极高的温度(<3000℃)、高的比强度、优异的耐磨

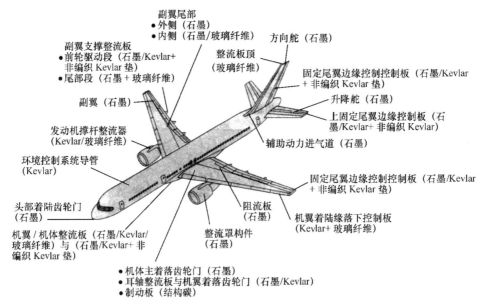

图 8-3　某型飞机主要结构中的复合材料部件

(源自：波音商用飞机公司)

性、良好的耐热冲击性及合适的机械加工性能。典型的应用包括刹车元件、热屏蔽材料、火箭喷嘴等。

单元 2　金属基复合材料

【学习目标】了解金属基复合材料的种类及其一般特性；掌握常用增强相的典型性能；熟悉金属基复合材料的制备工艺。在此基础上，掌握金属基复合材料在航空工程的应用。

【重点难点】掌握增强相及其典型性能，以及金属基复合材料具有某一特性的原理。

8.2.1　金属基复合材料的种类与一般特性

1. 定义与分类

金属基复合材料是以金属或合金为基体相，以纤维、晶须、颗粒等为增强相，采用多种工艺方法制成的复合材料。按基体相的不同，金属基复合材料可分为铝基复合材料、镁基复合材料、铜基复合材料、钛基复合材料、高温合金基复合材料、金属间化合物基复合材料、难熔金属基复合材料；按增强相的不同，金属基复合材料可分为纤维增强金属基复合材料、晶须增强金属基复合材料和颗粒增强金属基复合材料。

2. 一般特性与应用范围

金属基复合材料与一般金属相比，具有耐高温、高比强度、高比刚度、抗蠕变、耐疲劳、热膨胀系数小和抗磨损等优点。金属基复合材料与树脂基复合材料相比，不仅剪切强度高、对缺口不敏感，而且物理和化学性能更稳定，具有不吸湿、不放气、不老化、抗原子氧侵蚀、抗核辐射、抗电磁脉冲、抗阻尼、热膨胀系数小、导电性和导热性好等优点。因此，金属基复合材料是理想的航天器材料，适合航天工程使用。金属基复合材料在航空器上也有潜在的应用前景，是研制高温结构材料的重要领域。

在各类纤维增强金属基复合材料中，连续纤维增强金属基复合材料具有更明显的增强、增模效果，但因其性能有各向异性，所以需要考虑取向设计。通常可采用各种纤维混杂增强，调整各向异性；晶须增强金属基复合材料具有较低的冲击韧性，制备和加工的工艺较复杂，须认真解决润湿性、界面反应、稳定工艺、降低成本等问题。在研制比强度和比刚度高、耐高温性和耐磨性强、降噪阻尼性和抗核辐射性好的材料方面，纤维增强金属基复合材料具有无可替代的优异特性和很强的竞争力。

由于颗粒增强铝合金成本较低，又具有某些不可替代的性能，因此在汽车、机械等民用工业得到日益广泛的应用。颗粒增强铝合金是金属基复合材料大规模产业化的先驱，在军工领域从导航系统中的精巧零件到大批量生产的各种装甲零件，还包括桥梁钢构、传动箱体、坦克履带板、导弹及炮弹壳体、发动机压气机涡轮等零件，颗粒增强铝合金都得到了广泛应用。

直接铸造或直接成形是选用金属基复合材料的最好方法，因为只有减少不经济的切削加工及浪费的材料，才能降低应用成本。加工金属基复合材料需用金刚石、碳化物切削刀具，采用特种加工技术和磨料水喷枪、激光、电火花、电子束切割、滚压、挤压等技术。切削和成形加工可能损害较多金属基复合材料的增强纤维，切削和滚压明显降低了纤维长径比，使纤维增强复合材料的强度降低。与聚合物基复合材料的热稳定性较差、使用温度较低，以及陶瓷基复合材料的韧性较差、适于超高温环境中应用相比，金属基复合材料具备独有的优点。自从以单丝硼纤维 B_f（用脚标 f 表示单丝纤维）作增强相制造的 B_f/Al 管用于航天飞机机身构件以来，B_f/Al 复合材料的应用范围正在逐渐扩大，研究领域不断拓宽。B_f/Al 复合材料的应用与特点如表 8-1 所示。几种金属基复合材料的应用前景如表 8-2 所示，该表显示出金属基复合材料不可替代的重要作用。

表 8-1 B_f/Al 复合材料的应用与特点

构件名称	飞行器	用量/kg	应用特点
中机身框构件	航天飞机	141	由 243 根 B_f/Al 管和钛接头组成
中机身上翼板	航天飞机	136	B_f/Al 板加筋与铝蒙皮铆接
中机身上侧板	航天飞机	364	B_f/Al 板加筋与铝蒙皮铆接
主起落架柱杆	航天飞机	332	由 B_f/Al 管与钛接头组成
受压缩壁板	航天飞机	95.1	由多条 1.2m×1.8m 桁条组成

表8-2　几种金属基复合材料的应用前景

材料名称	增强相	应用前景
C_f/Al G_f/Mg	石墨纤维	人造卫星支架、L频带平面天线、空间望远镜和照相机的波导与镜筒、红外反射镜、卫星抛物面天线、航天飞机大面积蜂窝结构蒙皮、动力回收系统
SiC_f/Al	SiC纤维	导弹弹体及垂直尾翼
SCS/Ti	SCS-6纤维	压气机整体叶环、火箭发动机箱体等
SCS/Cu	SCS-6纤维	火箭高温部件
W_f/Cu	W纤维	火箭喷管
W_f/Ni，W_f/Fe	W纤维	火箭发动机
SiC_w/Al	SiC晶须	导弹平衡翼、制导元件（仪表壳、框架、加速度表、反射镜）航天器结构和发动机部件
SiC_p/Al	SiC颗粒	卫星支架连接件、金属镜光学系统（如红外探测器、空间激光镜、高速旋转扫描镜、导弹翼面等）
TiC_p/Ti-6Al-4V	TiC颗粒	导弹壳体、导弹尾翼、发动机部件

8.2.2　增强相及其典型性能

增强相是金属基复合材料中承受载荷、具有特殊功能的组成部分,其按几何形状可分为零维的颗粒增强相、一维的纤维增强相、二维的片状增强相、三维的立体结构增强相;按属性可分为无机增强相和有机增强相,其还有天然和合成的区别。一维的纤维可以制成二维的布、毡,也可以制成三维的异形编织布预制体。随着金属基复合材料的发展,增强相的类型、品种、性能得到不断改进和创新,可以混杂增强,也可以多维编织预制体等。为使增强相与基体相润湿、结合适当,以得到理想的界面组织,增强相表面会按复合材料性能要求进行表面处理,涂覆复合材料涂层。

1. 金属基复合材料用颗粒增强相

金属基复合材料通常选择具有高弹性模量、高强度、高温性能好、耐磨、物理和化学性能与基体金属匹配的材料作为颗粒增强相。常用的颗粒增强相有SiC、Al_2O_3、TiC、TiB_2、B_4C、石墨等非金属颗粒。要发挥颗粒增强相作用,必须采取适当工艺措施使其在基体相中分布均匀,并减少相互接触与团聚,改善其受载时内部的应力分布,保证其具有良好的力学性能。

2. 金属基复合材料用纤维增强相

在金属基复合材料的纤维增强相中,常用的连续纤维增强相有B_f(单丝)、C_f(石墨)、SiC_f(单丝、束丝)、Al_2O_3纤维等;短纤维增强相有Al_2O_3、Al_2O_3-SiO_2、BN纤维等;金属纤维增强相有W、Mo、钢丝。硼纤维增强相用得最早,碳、石墨纤维增强相性能优异且产量大、品种多。采用化学气相沉积、化学镀、离子镀、电镀、有机金属液法等,可使纤维表面涂覆薄而均匀的陶瓷涂层,如TiC、SiC、B_4C、BN、SiO_2 等,也可以涂覆金属涂层,如Ni、Cu、Cr、Ta、Mo 等,在纤维表面涂覆涂层后,可改善其与金属的浸润性,形成界面反应阻挡层,阻止高温界面反应。

3. 金属基复合材料用晶须增强相

晶须是在人工控制的条件下以单晶形式生长的一种纤维,其直径非常小,缺陷少,原子排列高度有序,强度接近完整晶体理论值,晶须包括金属、氧化物、碳化物、氮化物、卤化物等,晶须增强金属基复合材料的应用前景广阔。常用的 SiC_w 晶须已投入工业化生产, SiC_w/Al 晶须增强铝基复合材料已在航空工业、航天工业和汽车工业中得到应用。 SiC_w 晶须是将 C、 SiO_2 、促进剂、催化剂混合,然后经过化学反应、净化等流程制成的。

SiC_w 晶须比 Al_2O_3 晶须更易于润湿低熔点金属基体,现已形成工业规模生产。 β-SiC_w 为面心立方结构,由于不同的制备方法有不同的缺陷,因此 β-SiC_w/Al 复合材料具有不同的界面结构。

8.2.3　金属基复合材料制备工艺

金属基复合材料的制备过程是增强相经预处理或预成形后,先与基体相材料复合,再经第二次成形和加工制成复合材料。在金属基复合材料的制备过程中,重要的是要使增强纤维材料与基体相间界面反应在高温下不引起损伤和具有较强的界面结合。

1. 纤维增强金属基复合材料制备方法

1)真空压力浸渍法

真空压力浸渍法是将一定纤维含量和排布方向的预制件放入精密铸造壳型模具或金属模具,在真空压力浸渍设备中加热,同时熔化金属基体,当两者均达到一定温度时,通过外加惰性气体将液态金属压入纤维预制件中,制成形状复杂的复合材料零件的方法。真空压力浸渍法是一种低成本工艺方法。真空压力浸渍法示意图如图 8-4 所示。通过纤维表面处理和合金化可以改善纤维的浸润性,减弱纤维与金属基体的界面反应。

2)液态金属浸渍法

液态金属浸渍法是将纤维预制件置于模具中,用真空吸铸、离心铸造或重力铸造等方法将液态金属压入预制件中,制成复合材料零件的方法。短纤维复合材料可用挤压铸造零件,也可先铸成锭坯,再用锻、挤、轧等制成管材、型材、板材或精锻零件等。液态金属浸渍法工艺简单、成本较低、零件适应性强,被认为是很有效且经济的方法。

3)挤压铸造法

挤压铸造法是首先将长纤维或短纤维加入合适的黏结剂中制成预制件,然后将预制件放入并固定在压机上预热至一定温度的模具中,最后浇入液态金属,即用压头加压(150MPa～300MPa)将其强行压入纤维预制件中,制成复合材料零件的方法。挤压铸造法示意图如图 8-5 所示。挤压铸造法是一种高效批量生产方法。

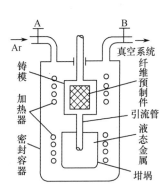

图 8-4　真空压力浸渍法示意图

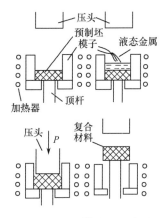

图 8-5　挤压铸造法示意图

4) 热压扩散黏结法

热压扩散黏结法是将用液态金属浸渍法或等离子喷镀法(见图 8-6)制备的复合丝或复合编织布,按一定纤维含量和排布方向与基体合金箔交替叠层排布,并置于模具(金属、陶瓷、石墨)中,在惰性气体或真空中加热、加压,在基体液固两相区将液态金属压入纤维或预制复合丝、复合编织布中,制成复合材料零件或板材的方法。热压扩散黏结法示意图如图 8-7 所示,该方法适于制造形状简单、尺寸较小的零件,但成本较高。

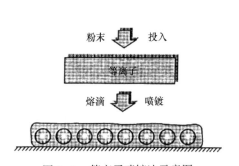

图 8-6　等离子喷镀法示意图

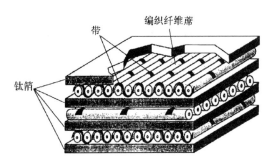

图 8-7　热压扩散黏结法示意图

2. 颗粒增强金属基复合材料制备方法

1) 粉末冶金法

将增强颗粒与金属或合金粉末均匀混合后装入模具,按要求加热至固相、固液相、液相,在真空或非真空下加压成坯,再二次加工挤、轧、锻制成各种型材,这种方法称为常规粉末法;将上述混合粉末加热至引燃温度,发生进一步放热反应后将材料烧结成坯,再二次加工挤、轧、锻制成材,这种方法称为反应烧结粉末法;将上述混合粉末装入金属罐经抽气后直接挤压成材,这种方法称为挤压粉末冶金法;将上述混合粉末经高能球磨、冷压成坯,再经热处理后挤压成材,这种方法称为反应球磨粉末冶金法或机械合金化(MA)粉末冶金法。此外,还有接触反应法(CR)、放热弥散法(XD)、自蔓延燃烧法(SHS)。

2) 铸造法

将颗粒加入熔化合金中并不断搅拌,随温度降低呈半固态后浇铸成零件或铸锭,再二次加工成材,这种方法称为流变铸造法;以惰性气体为载体,用喷枪将颗粒喷入熔体,搅拌,浇铸成零件或铸锭,再二次加工成材,这种方法称为喷射分散法;将颗粒压块加入熔体,搅拌,浇铸成零件或铸锭,再二次加工成材,这种方法称为块状分散法;用双搅拌杆(真空)均匀搅拌后浇铸成零件或铸锭,再二次加工成材,这种方法称为双重搅拌(真空)法;将颗粒与熔体均匀搅拌后用螺旋挤压力[有低压(5MPa ~ 25MPa)、中压(100MPa)、高压(约350MPa)之分]挤压成材,这种方法称为螺旋挤压法。以上方法统称为弥散混合工艺法。此外,还有液态浸渗法,包括挤压浸渗法、气压浸渗法和无压浸渗法,均是先将颗粒制成预制块,再将液态金属浸入预制件,最后制成近终形制件。

3)喷雾共沉积法

喷雾共沉积法是一种液相、固相喷雾共沉积制备方法。熔化合金从底部浇注孔流出,经雾化器被高速惰性气体流雾化,同时由气体携带陶瓷颗粒加入雾化流中使金属滴与陶瓷颗粒混合、沉降,在金属滴尚未完全凝固前喷至基板或模板上,如图 8-8 所示。

3. 晶须增强金属基复合材料制备方法

1)粉末冶金法

粉末冶金法是先将粉末与晶须搅拌均匀,再放入模具型腔进行冷压、热压制成复合材料零件或坯料,最后进行后续二次加工的方法。

2)压力铸造法

压力铸造法是将晶须加入熔化合金中,经均匀混合后用压力铸造制成复合材料零件或各种加工材料的方法。采用压力铸造工艺制备的零件内部孔隙率低,晶须分布均匀。表 8-3 对比了两种晶须增强金属基复合材料的制备方法。

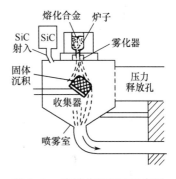

图 8-8　喷雾共沉积法示意图

表 8-3　两种晶须增强金属基复合材料制备方法的对比

方法	工艺	特点
粉末冶金法	粉末混合搅拌,冷压,热压,脱模	晶须的加入量可准确控制(一般占总量的 5% ~ 25%),原材料与设备成本高,晶须分布不均匀,孔隙率高,需二次加工
压力铸造法	将晶须加入熔化合金搅拌,加压铸造	工艺简单,晶须含量 15% ~ 30%,原材料与设备成本低,晶须分布均匀,孔隙率低,尚不成熟

4. 自生型金属基复合材料制备方法

自生型金属基复合材料也叫作原位自生金属基复合材料,与一般金属基复合材料的增强相在与基体相混合之前就已经完成制备不同,自生型金属基复合材料的增强相是与基体相混合之后才生成的,即在自生型金属基复合材料的制备过程中,首先是将增强相原料(非增强相制品)与基体相材料均匀混合,然后在一定环境和条件下使混合物熔化,再通过化学反应使增强相原料原位生成增强相,分布于金属基体中,从而制成自生型金属基复合材料。这种复合材料的特点是增强相尺寸小,可达亚微米级,与基体相相容性好、界面结合好、表面无污染,可使复合材料的力学性能进一步提高。自生型金属基复合材料制备工艺及特点如表8-4所示。

表8-4 自生型金属基复合材料制备工艺及特点

方法	工艺过程	制备材料	备注
自蔓延燃烧反应法（SHS）	混合+压坯+引燃+放热续燃反应生成增强相密度,致密化后增强相密度从78%到92%	$TiC/Al, TiB_2/Al,$ $Al_2O_3/Al, SiC_p/Al$	致密化工艺有+HIP、+HP、+HE、+涂层
放热弥散法（XD）	混合+压坯+加热(大于基体相熔点)→反应生成增强相	$TiC/Al, TiB_2/Al$ 优点:增强相致密,不引燃,优于SHS	应用广泛、设备简单、成本低
接触反应法（CR）	混合+压坯+熔化+搅拌→反应生成增强相	$TiC/Al, TiB_2/Al, Al_3Ti/Al, SiC_p/Al$ 优点:增强相均匀,优于XD	
气液反应合成法（VLS）	熔化基体相+通过气体+气体分解→反应生成增强相	$TiC/Al, HfC/Al, TaC/Al, NbC/Al$ 优点:适合多种复合材料的制备	
直接熔体氧化法（DIMOX）	熔化金属+氧化生成氧化物→毛细扩散→生成增强相	$Al_2O_3/Al-Mg-Si, Al_2O_3-SiC/Al$ 优点:增强相生成量、均匀性不易控制	
机械合金化法（MA）	混料+球磨+真空脱氧+冷压或热压成形+烧结→生成增强相	SiC/Al,弥散强化TiAl 优点:基体相材料与增强相材料的选择范围较广	

5. 金属基复合材料二次加工技术

金属基复合材料在制成铸锭、铸坯、铸板后,通常要采用二次加工技术,制成可应用的零件、锻件、旋压件、型材等。

1) 金属基复合材料的模锻

金属基复合材料的模锻工艺是采用压力机或锻锤使金属基复合材料锭坯发生塑性变形制成锻件。该工艺一般在加热状态下进行,生产率高、劳动强度低、尺寸精确、加工余量小,可以生产形状复杂的零件,适用于批量生产,通常适用于颗粒增强金属基复合材料、晶须增强金属基复合材料。金属基复合材料一般比基体相材料变形抗力大,增强相会引起铸模磨损,故模锻件形状不宜太复杂,过渡圆角要稍大些,模锻温度可适当提高些,变形速度要适当降低,润滑要好些。铝基复合材料可用模锻的方法制成火箭发动机端头盖($25\% SiC_p/2009$)、接头、连杆、活塞等锻件。

2) 金属基复合材料的二次挤压

金属基复合材料的二次挤压工艺是用挤压机使短纤维增强、晶须增强、颗粒增强的金属基复合材料锭坯挤压成管材、棒材、型材。挤压加工一般在加热状态下进行,因金属基复合材料比单一的基体金属材料变形抗力大、塑性差,故需要较大的挤压力、较慢的挤压速度和较小的挤压比。而且要求挤压制品断面形状简单,过渡圆角要大些,壁厚不宜过薄,截面变化适当小些。一般采用润滑挤压,采用锥形模、曲线模,变形过的材料可采用平模。挤压制品中的增强相有取向,并伴有局部损伤,整体呈各向异性,纵向性能有一定降低。增强相的体积比小于 15% 的颗粒增强铝基复合材料可挤压成各种制品。高体积比的金属基复合材料采用挤压方法较困难,可以对上述普通挤压方法进行改进,用静液成形方法进行加工。

3)金属基复合材料的旋压

在进行金属基复合材料旋压成形时,先将坯料(板或预成形件)固定在随机床主轴转动的芯模上,用旋轮对坯料施加压力,制成薄壁旋转体。在普通旋压过程中,壁厚不变,强力旋压时壁厚会产生变化。非连续纤维增强、晶须增强、颗粒增强的铝基或铜基复合材料均可采用强力旋压制成锥形件、筒形件。金属基复合材料的强力旋压一般都在加热状态下进行。可旋性以不破裂所能承受的最大旋压变形量表示,如 $SiC_p/LY12$ 铝基复合材料允许的最大壁厚减薄率为 50%。

4)金属基复合材料的轧制

采用用热轧方法可将颗粒增强、晶须增强的铝、铜或钢基复合材料轧制成板材和管材。轧制坯料一般采用挤压方法或锻造方法制成,而采用粉末压制或搅拌铸造浇铸方法制成的坯料比较难于轧制,须采用塑性金属包覆法改善坯料的轧制性能。与基体金属比较,金属基复合材料的轧制成形温度稍高,轧制首次变形量稍小,厚度减薄率一般在 15% ~ 30%(小于 40%)。另外要求轧辊要预热、润滑要良好,以免出现零件表面龟裂或边部开裂缺陷的现象。

5)金属基复合材料的超塑性成形

颗粒增强金属基复合材料和晶须增强金属基复合材料,可以进行超塑性成形。以铝基复合材料为例,当增强相为占比 20% ~ 30% 的颗粒或晶须时,在一定温度和应变速率下,铝基复合材料的变形延伸率可达 300% ~ 500%,通过超塑性成形可制备形状复杂、尺寸精确的零件。金属基复合材料常用的超塑性成形方法包括超塑挤压成形、等温模锻成形等。材料进行超塑性成形的先决条件是要获得细晶组织并具有超塑性。增强相占比为 20% 的 $SiC/6061$ 铝基复合材料在 450℃ 恒温蠕变条件下,延伸率为 12%,而在 100℃ ~ 400℃ 热循环及适当应变速率下延伸率(δ)能达到 1400%。增强相占比为 25% 的 $SiC_w/2024$ 铝基复合材料或增强相占比为 12% 的 $SiC_p/2024$ 铝基复合材料在液压模锻后经 723℃ 挤压(10∶1)后热轧(350℃,总变形 86%,每道 10%,中间加热 5min)或再经冷轧(总变形 30%,每道 10%),经上述预处理后,$SiC_w/2024$ 铝基复合材料的热轧状态在 530℃、$1.1×10^{-1}s^{-1}$ 下,$\delta = 350\%$;$SiC_p/2024$ 铝基复合材料冷轧状态在 530℃、$4.8×10^{-4}s^{-1}$ 下,$\delta ≈ 250\%$,具有超塑性。因此一些较难变形的铝基复合材料也可以采用超塑性成形方法实现复杂形状零件的高效近净成形。

6)金属基复合材料的热压扩散结合

金属基复合材料的热压扩散结合工艺是按照制件形状、纤维体积密度及增强方向等要求,将金属基复合材料预制条带及基体相金属箔或粉末布经剪裁、铺设、叠层、组装成预制件,然后在低于复合材料基体相金属熔点的温度下加压并保持一定时间,经蠕变与扩散使纤维与基体形成良好的界面结合,获得金属基复合材料制件。金属基复合材料的热压扩散结合工艺参数有温度、压力、时间、真空度等。在真空度为 $10^{-3}Pa \sim 1Pa$ 下进行热压时，由于氧气含量较低可减少材料在高温下界面的氧化，获得较好的扩散与结合效果。预制件及模具均须置于真空室中完成热压过程，增加压力和加热温度、延长加压时间均有利于扩散过程的进行，但应考虑界面的物理化学反应及可能造成的纤维损伤，合理选择工艺参数。金属基复合材料的热压扩散结合工艺参数易于精确控制，容易保证制件质量，可获得受力构件所需的纤维精细排布及产品质量要求。鉴于模压的单向性，金属基复合材料的热压扩散结合工艺仅限于制备形状简单的板材、型材、叶片等。

7）金属基复合材料的热等静压

金属基复合材料的热等静压工艺可用于金属基复合材料各种固相复合，可通过对金属基复合材料进行包套，然后在真空度为 $10^{-3}Pa \sim 1Pa$ 的条件下制成包套组件。热等静压后可采用机械加工、化学腐蚀等方法去除包套，以得到成形的复合材料制件。与普通热压相比，热等静压在相同温度下施加压力更大、保压时间更长，而且各方向均保持恒定压力，可用于制造复杂形状构件，如 T 形、I 形、无缝管材等。热等静压工艺的缺点是工艺复杂、成本较高、需热等静压设备。

8）金属基复合材料的离心铸造

金属基复合材料的离心铸造工艺是指利用铸型旋转产生的离心力使熔液中密度不同的增强相和基体相分离至内层或外层形成复合铸件。可通过转速的控制来控制制件外层增强相颗粒的大小和不同位置的颗粒密度，实现选择性强化。但这种离心铸造方法仅限于制备管材。

8.2.4　金属基复合材料的应用

金属基复合材料有多种基体相和多种增强相，可制成不同性能水平的制件，适用于各种使用条件。因金属基复合材料具有高的比强度、比刚度、耐磨性、耐热性、导热性、阻尼性及屏蔽性等特性，所以除作为结构材料外，它还是一种优异的功能材料，在军用和民用高技术领域均具有广阔的应用前景。美国政府早在 1979 年就将金属基复合材料列为军事材料进行研发，其主要应用目标是航空、航天、兵器，主要应用对象有航空发动机高压压气机部件、导弹壳体、卫星支架、坦克履带板、火炮炮管、轨道器骨架、仪表架等，以及汽车的发动机连杆、活塞、制动器、刹车等。金属基复合材料的应用可以减轻构件重量，显著提高构件使用性能。重点发展的有铝基复合材料、钛基复合材料、镁基复合材料，金属间化合物基复合材料，金属基复合材料及其一般应用范围如表 8-5 所示。

表 8-5 金属基复合材料及其一般应用范围

基体相	增强相	一般应用范围
铝基	B 纤维	压气机叶片、航天器结构支架和机身结构件等
	SiC 纤维	较高温结构、机翼蒙皮、导弹构件等
	Gr 纤维	卫星、导弹、直升机结构件、空间飞行器光学系统支架等
	SiC 晶须	战术导弹构件、飞机结构件、汽车及光学部件、电子部件等
	SiC 颗粒	战术导弹构件、飞机结构件、汽车、电子部件等
镁基	Gr 纤维	空间站和卫星构件、导弹光学和制导器件
钛基	B-SiC 纤维	喷气发动机风扇叶片
	SiC 纤维	高温构件、发动机驱动轴、发动机叶片及安定面
钛铝金属间化合物	SiC 纤维	耐高温结构材料,如 NAsP 面板等热结构材料
	SiC 晶须或颗粒	
铜基	Gr 纤维	电接触点或轴承等导热、导电构件
高温合金	W 丝	高温发动机构件

1. 铝基复合材料的应用

1) 应用范围

铝基复合材料是应用较为广泛的一种工艺成熟、价格低廉的复合材料。铝基复合材料应用范围如表 8-6 所示。因为 SiC/Al 复合材料使用性能不同,可采用不同基体相和 SiC 颗粒体积百分数来选用 SiC/Al 复合材料。通常增加 SiC 添加量可提高抗拉强度、屈服强度、弹性模量、耐高温性和耐磨性;相应的延伸率、韧性会略有降低;可增强导热性、导电性和减小膨胀系数。纤维增强铝基复合材料具有较高的强度、弹性模量的优点,但也具有各向异性、价格高、不能制备形状复杂零件的缺点。SiC/Al 复合材料可制备大型制件,其与钛基合金相比制件可减重 20%,与铝基合金相比制件可减重 30%,其抗拉强度可达 1500MPa 以上,弹性模量达 200GPa 以上,已用于飞机垂尾安定面的 2.3 ~ 2.8m 的工字梁。SiC_f/6061 复合材料已用于制造飞机蒙皮零件。SiC_f/Al-Li 复合材料可使铝基合金的压气机盘由原来的 16kg 减至 1kg。SiC_f/Al 复合材料用于火箭发动机壳体,与单一铝合金材料相比可减重 11%,可制成 2.54m 的 Z 形桁架、导弹尾翼等。Gr/Al 复合材料的浸润问题已解决,可制成导航系统的部件、天线和卫星波导管。美国 D.W.A 公司用 P100/6061 复合材料、P120/6061 复合材料制成 1.28 ~ 1.84m 长的管材和板材,用于制造高导热和高增益的航天器电源辐射器组件、卫星抛物线天线等零件。

表 8-6 铝基复合材料应用范围

材料	部分使用案例
20% SiC_p/A357	摄像机万向架、代钛合金
SiC_p/A356	飞机液压管、直升机支架、阀体、卫星反动轮、支撑架

材料	部分使用案例
25% SiC_p/A2009	火箭发动机零件
TiC/A201	装甲车和导弹结构件
TiC/A2219	活塞、连杆、刹车片
Al_2O_3/2024	刹车盘
Al_2O_3/6061	活塞、精铸件
10%～20% SiC_p/A356	轮、汽缸、驱动杆
SiC_p/2124	活塞、连杆
SiC_p/6092	F16飞机腹鳍、导弹榫头
20% SiC_p/A359	刹车盘
SiC_f/Al-10Si	飞机的垂直安定面、翼面、发动机冷端零件
50% B_f/Al	航天飞机货舱、主承力桁架、F15飞机发动机压气机叶片（代Ti）
20% SiC_p/A357	坦克控制镜基片、导弹机翼
50%～70% SiC/Al	电子封装壳体（雷达用）
SiC_f/Al-Li	压气机盘
P100,P120/6061	管、板、航天器电源辐射器组件、卫星抛物线天线
Gr/Al	卫星波导管、导航系统部件、天线
SiC_f/Al	飞机工字梁、Z形桁条、导弹尾翼、火箭发动机壳体、飞机蒙皮

2）典型性能对比

以 SiC_p/A356 复合材料为例，其与 A356 铝合金基体对比，屈服强度在室温可提高 50%，在 200℃～250℃下则可提高 200%～250%，相比之下，SiC_p/A356 复合材料的工作温度显著提高。

3）应用中可供选用的参照性能数据

金属基复合材料的性能取决于多种因素，在组成确定后主要取决于采用的生产工艺及热处理状态。附录中的表 A-20 给出已进入生产应用材料的性能水平。

2. 钛基复合材料的应用

1）钛基复合材料发展应用目标

美国为满足航天飞机（NASP）和综合高性能涡轮发动机发展的需要，重点开展了钛基复合材料的研究，美国国防部钛基复合材料发展计划如表 8-7 所示，主要发展技术指标是将钛合金的比强度、比刚度均提高 50%。

表 8-7　美国国防部钛基复合材料发展计划

1991 年—1995 年	1996 年—2000 年	2001 年—2005 年
704℃用 SiC/Ti 复合材料	816℃～982℃用 SiC/TiAl 复合材料	982℃用 SiC/TiAl 复合材料
760℃用 SiC/Ti 复合材料	871℃用钛基复合材料	1093℃用纤维增强金属间化合物基复合材料
比强度、比刚度均提高 50%	成本降低 40%	实用化

2）钛基复合材料应用范围

美国 1989 年用粉末冷等静压+烧结（真空）+热等静压致密化工艺制成了

TiC/Ti-6Al-4V 钛基复合材料,增强相 TiC 与基体钛合金 Ti-6Al-4V 之间的膨胀系数、泊松比、密度差异均小,界面反应区窄,相容性好。该复合材料在增强相占比为 10%~20% 的情况下,可使材料在 20℃~650℃时弹性模量提高 15%,可使蠕变速率低一个数量级。因此该型钛基复合材料率先得到了广泛应用,显著减轻了构件重量。英国罗-罗公司将钛基复合材料用于 RB211 发动机的整体环片结构,以及风扇、压气机等部件的部分零件。美国将钛基复合材料应用于发动机扩散器喷管的作动器活塞。此外钛基复合材料还用作导弹壳体、尾翼和发动机其他零件。钛基复合材料的应用范围如表 8-8 所示。

表 8-8　钛基复合材料的应用范围

材料	使用部位
10% TiC/Ti-6Al-4V	导弹壳体、导弹尾翼
20% TiC/Ti-6Al-4V	发动机部件
TiC/Ti-5.7A-3.5V-11Cr	进气阀、泵叶片、轴承、电池模具、造纸轮
35% SCS-6/Ti-6Al-4V	风扇叶片、整体叶环、涡轮轴
SiC$_p$/Ti-6Al-4V	遄达发动机轴、风扇轮子叶片、支柱、壳体
15% TiC/Ti-6Al-4V	发动机扩散器喷管的作动器活塞

纤维增强钛合金以其明显提高基体强度、弹性模量的特点而得到重点发展。1990 年用 35% SCS-6/Ti-6Al-4V 复合材料制成空心风扇叶片;1991 年制成整体叶环试车。在 1996 年—1997 年进行全尺寸试车,制成 F110 发动机涡轮轴。此外,SCS-6/Ti-153 复合材料和 SCS-6/β21S 复合材料,抗拉强度可达 1585MPa~1930MPa,可制成型材和 0.5m×2.3m 的 TiC/Ti-6Al-4V 复合材料板材。

钛基复合材料用以代替传统钛合金、不锈钢和高温合金,可取得减重 40% 的效果,其除在军用发动机压气机应用外,还可应用在低压涡轮和尾喷口。

美国国防部制定的关键技术计划指出,尖端武器发展需要提供各种基体不同用途的金属基复合材料,用于发动机关键部件及控制系统关键件减轻重量,提高使用性能,2005 年实现全钛复合材料在发动机涡轮、燃烧室、喷口等关键零部件的应用。美国空军重点资助了用于先进发动机及航天飞机的由长纤维增强相 SCS-6、SCS-9 及高性能钛基材料 Ti-6Al-4V、Ti-153、IMI829、Ti-6242、β21S 构成的钛基复合材料的研发,目的是改善材料的加工性能和使用条件下的界面性能、降低零件成本。

单元 3　树脂基复合材料

【学习目标】了解树脂基复合材料的基本组成、常用树脂基体;掌握飞机结构上常用增强纤维的特性;熟悉树脂基复合材料的结构成形工艺。

【重点难点】掌握树脂基复合材料的基本组成及结构成形工艺。

树脂基复合材料由树脂基体与增强纤维组成。

8.3.1 树脂基体

树脂基体是复合材料中另一个主要组分材料。在复合材料结构件成形过程中，树脂基体参与化学反应并固化成形为结构。因此，树脂基体固化工艺决定了结构件的成形工艺和制造成本。不同树脂体系有不同工艺参数，而不同工艺方法要求不同的树脂体系。树脂基体对纤维起支撑、保护作用并传递载荷。因此，树脂基体性能直接关系到复合材料的使用温度、压缩性能、横向（90°）性能和剪切性能（包括层间剪切强度）等基本性能，以及耐湿热性能、抗冲击损伤性能和冲击后压缩强度（CAI）等。复合材料在飞机结构上应用越广，其对树脂基体提出的要求也就越多、越苛刻。因此，树脂基体的品种、类型将会不断增加，性能也会不断改进。

1. 热固性树脂基体

1）环氧树脂基体

环氧树脂基体是最早用于飞机结构用复合材料的树脂基体，而且在飞机结构用复合材料中占主导地位。环氧树脂基体的性能特点如下。

（1）材料品种多，不同的固化剂和促进剂可获得从室温到120℃的固化温度范围，干态使用温度为80℃～120℃，湿态使用温度为100℃。

（2）与各种纤维匹配性好。

（3）耐湿热性较好，增韧环氧的韧性好，CAI值可高达300MPa以上。

（4）成形工艺性能优良（铺覆性好、树脂黏度适中、流动性好），固化时间在2h左右，适合大构件整体共固化成形，预浸料储存期长达6个月。

（5）机械加工性能、制孔性、切削加工性良好。

（6）制件易维护、修理。

（7）价格便宜。

2）双马来酰亚胺树脂基体

双马来酰亚胺树脂（BMI，简称双马树脂）基体是适应新一代战斗机对复合材料树脂基体提出的使用温度达200℃，且在130℃～150℃湿热环境条件下具有较高的使用性能保持率的要求，而开发研制的一种树脂基体。

双马树脂基体与环氧树脂基体相比，主要表现为使用温度高（150℃～230℃）、耐湿热性优异；不足之处是成形工艺性能不如环氧树脂基体（双马树脂基体预浸料的铺覆性和黏性差一些）；固化温度高（开始固化要求200℃～230℃的后处理），固化时间达6h以上；双马树脂基体储存期短（室温下储存期一般只有15～21天）。此外，双马树脂复合材料构件在使用中易发生分层。

3）聚酰亚胺树脂基体

聚酰亚胺树脂基体是一种芳香杂环新型树脂基体，耐高温（可在250℃～300℃环境中长期使用，在350℃环境中短期使用）、耐辐射、电性能较好，但其成形温度与成形压力高、韧性差、呈脆性、制件成形有困难。聚酰亚胺树脂复合材料适合用作耐热结构(如飞机发动机尾喷口区域的热端零件等)材料。

2. 热塑性树脂基体

热塑性树脂基体较热固性树脂基体具有施工周期短、可重复使用、储存期长、容易修补、力学性能优良、韧性好、抗冲击、耐湿热等特点。目前其应用较少的主要原因是原材料成本高、预浸料黏性和铺覆性差、成形温度高(350℃~450℃)、成形工艺困难,而且缺乏生产经验。

碳纤维/聚醚醚酮(PEEK)无纺布 APC-2 是目前国外应用较多的预浸料品牌,用于制造舱门、隔板、直升机隔框等构件。其抗冲击性好,冲击后留有坑痕,易检查、修理;长期使用疲劳性能好,层间分层和裂纹也比热固性材料少很多。

3. RTM 专用树脂基体

RTM 是 Resin Transfer Molding(树脂转移成形)的简称。RTM 技术的主要特点是将增强纤维预成形件放置于模具中,闭合模具,向模具内注入树脂(低压注入,压力0.2MPa~0.7MPa)或树脂膜熔浸预成形件,经固化后制成结构件。

飞机结构件一般选用环氧类或双马类 RTM 树脂基体。PR500 环氧树脂基体是3M 公司研发的单组分环氧 RTM 专用树脂基体,可承受175℃高温,具有良好的抗冲击性;PR500 环氧树脂基体成形工艺性好,150℃下压注,黏度达 0.6×10^{-2} ~ 1×10^{-2} kg·s/m²,175℃固化;PR500 环氧树脂基体储存期为室温 6 个月。

4. 低温低压固化(LTM)树脂基体

在高性能复合材料构件小批量生产中,存在的主要问题是成本高。降低成本的关键是研发可在低温(80℃以下)和低压(真空压力)下固化的树脂基体,并要求其复合材料性能与当前航空用复合材料相当。这种材料又称非热压罐固化复合材料。

LTM 树脂基体开发始于20 世纪80 年代,20 世纪90 年代初首次在航空工业中获得应用。例如,LTM10 树脂基体在 F-15E/F 的机翼前缘上试用,1993 年—1995 年洛克希德·马丁公司将 LTM45 树脂基体用于"暗星"TierIII 无人机的机身(Nomex 蜂窝夹层结构)。

目前用得最多的是 LTM45EL 树脂基体。它的特点是预浸料便宜,不要求高压固化及严格温度控制,黏度为 2.5×10^{-2} kg·s/m²;固化工艺简单,可用于176℃高温。沿纤维铺设方向压缩强度为1240MPa。X-34 重复使用航天飞机(空中载机发射的液体燃料推进飞行器,载人时马赫数为 8)全复合材料结构,采用了 LTM45EL 树脂基体制造。

LTM45-1 树脂基体是在 LTM45EL 树脂基体基础上研制的低黏度树脂基体,固化温度下黏度为 3×10^{-2} kg·s/m²。LTM45-1 树脂基体的特点是不加压固化平均空隙率小于0.5%,沿纤维方向压缩强度达1476MPa。真空袋压力固化后,湿热性能和冲击强度与热压罐固化的 3501-6 树脂体系性能相似,CAI 值为 140MPa~150MPa。

8.3.2 增强纤维

增强纤维是树脂基复合材料的主要组分材料之一,是复合材料的承载主体,选定纤维品种及其体积含量,即可预估出复合材料沿纤维铺设方向(纵向)的力学性能。纤维体积含量(V_f)用复合材料中纤维体积与复合材料总体积之比表示。结构用复合材料单向板的 V_f 约为60%,编织布增强板 V_f 约为45%。

飞机结构上应用的增强纤维有碳纤维、芳纶(Kevlar)、玻璃纤维和硼纤维等。碳纤维由于其性能好、纤维类型和规格多、成本适中等因素,因此在飞机结构上应用最广。芳纶性能虽然尚佳,但是在湿热环境下力学性能有明显下降,一般不用作飞机主承力结构,多与碳纤维混杂使用。玻璃纤维由于模量低,因此仅用于次要结构(整流罩、舱内装饰结构等),但其电性能、透波性适宜制作雷达罩等。硼纤维因为纤维直径太粗又刚硬,成形性和加工性都不好,价格又十分昂贵,所以应用十分有限。

目前,飞机结构上广泛应用的增强纤维仍然是与 T300 品牌纤维类似的高强度碳纤维,主要品牌有 T300(日本,Toray 公司)、AS4(美国,Hercules 公司)、HTA(日本,Besfight 公司)等。这类碳纤维最早得到航空工业界的认可(质量符合波音公司 BMS9-8 标准)。1970 年后碳纤维可以大批量生产了,但性能稳定,有丰富的使用经验和完整的工程技术数据,价格也相对便宜。T300 和 AS4 两者性能相当,但 AS4 纤维抗氧化性略好一些,并且有上浆和不上浆两种纤维,适合与各类基体匹配,可制成性能优异的复合材料。

为了满足新一代高性能飞机的结构减重要求,国外航空工业对碳纤维提出了韧性要求,即将纤维拉伸强度和拉伸模量提高均 30% ~40%,使纤维断裂伸长率提高20%,并要求与韧性树脂基体组合提高抗损伤能力,以求使复合材料设计许用应变由0.3% ~0.4% 提高到 0.6% 以上。根据上述要求研制的 T800H、IM6、IM7 等中等模量高强度碳纤维,在 1989 年得到了航空工业界的认可(质量符合波音公司 BMS9-17 标准),并应用于新型号飞机结构。

碳纤维主要有三个发展方向,即中模量高强度碳纤维(T800、T1000)、高模量碳纤维(M50J、M60J)和工业用廉价碳纤维。高性能纤维价格太贵,T800H 的价格为T300 的 3~5 倍,T1000、M50J、M60J 等价格更贵,因而制约了其应用范围。目前,性能优于 T300 的 T700,虽然价格略贵一些,但受到产品研发人员的重视,并正在进行结构应用研究。

增强相材料的基本形式有纤维丝束、编织布和针织布。

纤维丝束是用预浸过树脂的纤维按同一方向(经向)平行排列所构成的条带,即单向带,它可以在制备结构时直接使用。为了改善单向带工艺性能,研发了一种无纬布或无纺布,这种特殊的单向编织布中仅有少量的纬向纤维,纬向纤维仅对经向纤维起维持作用,并不起承载作用。无纬布浸渍树脂后也称为单向带,其纤维增强作用效果与纤维丝束单向带基本相同,但其铺覆工艺性大为改善。

编织布是由经向纤维与纬向纤维编织而成的,它分为平纹布和缎纹布。平纹布的经向纤维与纬向纤维的比例为 1:1,其布形稳定,不易弯折。缎纹布按经线与纬线编织时相交所间隔的纬线数目(4、5、8)有不同的编织方式,有 4 综缎、5 综缎、8 综缎等缎纹布,且各有各的特点。例如,8 综缎布浸渍树脂后体现了单向带特点,且整体性好、易铺贴。不同纤维混合编织布为设计选材提供了更多的便利,编织布可制成预浸料。

针织布是用非增强纤维将增强纤维编织在一起形成的编织布,其特点是增强纤维不扭曲,可有效传递载荷。针织布是制作预成形件的材料,不能制成预浸料。

8.3.3　结构成形工艺

结构成形工艺是将原材料转化为结构、将设计的结构图样转化为实物的必经之路。提高制造技术水平、降低制造成本是扩大复合材料应用的重要途径。以下主要介绍热固性树脂基碳纤维复合材料结构成形的工艺方法及其技术特点。

1. 树脂基复合材料结构成形工艺特点

复合材料结构成形工艺要保证能够精确控制实现结构设计确定的纤维铺设方向,并尽量减少切断纤维的机械加工。热固性树脂基体经热压工艺,在模具内进行固化反应,在结构成形的同时完成材料的形成。因此,成形过程应严格控制,以保证高成品率。共固化、二次黏接等工艺和正在采用的 RTM(或 RFI)技术,可实现复合材料大型构件整体成形,既可显著减少机械加工和装配工作量,大幅度降低装配费用,又可改善结构使用性能。树脂基复合材料结构成形工艺有如下显著特点。

(1)确保实现结构设计确定的纤维铺设方向。

(2)热压工艺成形、结构成形与材料成形同时完成。

(3)可实现大型构件整体成形,显著减少机械加工和装配工作量。

(4)需完善工艺质量控制体系,以保证高成品率。

上述基本特点,决定了复合材料结构设计与复合材料制造技术密切相关,需共同商议综合协调所设计结构的工艺可行性(可操作性)、质量保证和降低成本等各方面要求。

2. 结构成形工艺简介

复合材料结构成形工艺多种多样,且各有所长,以下补充说明几点。

(1)通过预浸料热压罐或软模、压力袋等结构成形工艺可获得高纤维体积含量($V_{\mathrm{f}} \approx 60\%$)、力学性能优良、尺寸精确、重复性好的高质量构件。使用共固化整体成形技术可制备大型整体飞机构件,大大减少装配、连接工作量,提高装配效率。目前,飞机复合材料构件主要采用这类结构成形工艺。这类结构成形工艺预浸料制备与储存投资和热压设备投资均较大,而且能耗高,再加之目前仍以手工铺层为主,制造成本自然也较高。

(2)纤维在线浸渍(LCM,或称为液体复合材料成形)没有预浸料制备过程,生产效率高。自动铺带法和纤维自动铺放法是在纤维缠绕法的基础上发展起来的高度自动化、机械化的铺层方法,这两种方法的关键是研制高度自动化的多轴纤维自动铺放机。

（3）目前正在积极开发推广应用 RTM 技术。将纤维通过编织或编织布缝合等技术手段制成所需构件形状的三维增强材料预成形件,以期解决层合结构难以解决的层间强度差问题。制造树脂浸渍预成形件的方式大致可分为两类:①以树脂面内压力注入预成形件的 RTM 技术为代表的一类;②以树脂膜熔化后 Z 向(厚度方向)浸渍预成形件的树脂膜熔浸成形(RFI 技术)为代表的另一类。预成形件制备的设备投资很大,成形工艺需用 RTM、RFI 专用树脂,适合批量生产采用。

（4）低温固化成形工艺是采用低温(80℃以下)、低压(真空压力)固化树脂复合材料制备高性能构件的成形技术,适合小批量生产应用。低温固化成形工艺的关键是研发低温、低压固化的高性能树脂,即达到目前航空制件性能水平的低温固化树脂。

下面是几种结构成形方法的工艺过程。

1）热压罐法

热压罐法是真空袋—热压罐法的简称,是高质量复合材料飞机结构构件的主要成形方法。热压罐法的基本工艺过程是将预浸料(浸有树脂胶液的单层纤维或编织布)按设计要求铺覆在模具上,并与其他工艺辅助材料一起构成一个真空袋组合系统,然后放入热压罐,在一定压力(包括真空袋内的真空负压和袋外正压)和温度下固化成形,最终得到各种形状的结构。

2）软模成形法

软模成形法是利用橡胶模具热膨胀形成的压力实现加压成形构件,整个工艺过程与热压罐法相同,特别适于复杂的复合材料构件的整体成形。

3）RTM 技术

预成形件/树脂转移成形法简称树脂转移成形法,又称树脂传递模塑法或 RTM 技术。首先用缝纫、编织或胶黏等方法将增强纤维或编织布制成所需构件形状(预成形件);成形时将预成形件放入模具中,采用压力注射树脂的方法或将树脂膜熔化后,在自上而下压力作用下树脂流经整个预成形件厚度完成树脂浸渍,并固化成形,得到构件。

RTM 技术的优点如下。

① 适用于各种铺放形式与毛坯构形的复杂构件。

② 整体性好,减少机械连接,近无余量加工。

③ 与手工铺叠相比,工时消耗降低 2/3。

④ 可采用低成本的纤维/树脂体系(仅在受拉面加少量中模量纤维)。

⑤ 有效地改善了劳动强度与环境条件。

⑥ 无须昂贵的预浸料。

⑦ 可提高复合材料的设计许用应变。

RTM 技术是一项正在积极开发、大力推广应用的可降低成本的工艺方法。F-22 飞机正弦波翼梁、前机身隔框就是采用这种方法制成的。

麦道公司在 NASA 先进复合材料技术(ACT)计划的资助下,探索复合材料主机翼 RTM 技术,重点研制干态缝纫预成形件树脂膜熔浸法制造带有 T 字加强筋的碳/环氧壁板。RTM 技术是一种近无余量的成形方法,目标是可以比传统的热压罐法、纤维缠绕法和三维编织法花费的费用少,与传统铝合金结构相比成本下降 20%,减重 25%。

多层编织布缝合需要先进的缝纫机。现已成功研发可以缝合长 12.25m、宽约 3m 预成形件的缝纫机。该缝纫机可以缝 20 层碳纤维编织布,单层厚 0.3mm 左右,总厚度可达 5mm 以上。同时,还可将加强筋、梁、肋原本独立的零件缝合在一起形成机翼壁板的碳纤维增强相预成形件。这种先进的缝纫机有自动铺层切割器、铺层定位用的激光投影仪、热压罐、树脂膜熔浸用缝纫预成形件的环控器等配套设备。

4) 纤维自动铺放法

纤维自动铺放法是在纤维缠绕法与自动铺带技术的基础上开发的先进铺层技术,又称自动丝束铺层(ATP)技术或纤维铺放(FP)技术。

在复合材料构件的制造工时中,手工铺层所需工时约占总工时的 60% 或更高,而且质量不稳定(一般铺层取向有 ±2° 的偏差,铺层间隙不均匀)。纤维缠绕法铺层自动化、效率高,多用于形状规则的筒形、板形构件。

在自动铺带技术中,整个铺放头单向运动,只能铺 30° 范围内的外形,带宽为 75~300mm;铺带速度为 40m/min,可节省 86% 的铺层工时、10% 的材料,取向均匀性比手工铺层好。自动铺带技术在 20 世纪 70 年代已用于制造 F-16 飞机的垂直尾翼和水平尾翼,之后大多数飞机制造厂都采用了这项技术。但自动铺带技术难以铺出有双曲率形状的复杂构件,因为带子太宽。

在 ATP 技术中,丝束是预浸无捻纤维束(现多为 6K 预浸丝束),宽度为 3mm,厚度为 0.14mm,长度以 km 计。窄的丝束可以更好地控制纤维取向,只增强那些应该增强的部位,而不会增强周围部分。由于铺放头可以单独铺放及切割每一条丝束,因此采用 ATP 技术易于构成厚截面和变截面,以及制造曲线及几何形状复杂的大型构件。典型的 ATP 件的废品率为 2% ~15%,而手工铺层的废品率可达 50% ~100%。总之,ATP 技术具有铺放速度快、精度高、质量好的特点。目前用得比较多的 ATP 设备为 7 轴式多丝束铺放头,该设备可同时铺放大约 30 条 3mm 窄带,铺放速度大约为 6m/min,计算机程序控制,铺放精度为 3/1000,铺层时可进行压实或固化。7 轴式多丝束铺放工艺适用于碳纤维-环氧或热塑性树脂基体,可用于铺设复杂曲面,如 S 进气道等,现已用于 B-2 复合材料舱门、C-17 复合材料舱门、F/A18E/F 发动机进气道等部位的零件。

3. 整体化成形工艺

整体化成形工艺主要有共固化、二次固化及 RTM 或 RFI 技术,也包括纤维缠绕成形工艺。共固化结构的组合零件在未固化时应是可分离的,以便于在生产过程中对各个零件的毛坯进行铺筋和预处理。采用芯模成形的共固化结构在设计时应留有足够大的开口,以保证固化后芯模能够从构件中取出。在飞机上采用的复合材料共固化结构主要有共固化加筋结构、共固化盒状结构、共固化夹层结构。

4. 热塑性复合材料成形工艺

热塑性复合材料成形工艺是在高温下进行的材料靠模具重塑形状的加工过程。加工温度为360℃～450℃,要求模具耐高温。热变形控制(包括增强纤维取向控制)是热塑性复合材料成形工艺的关键。

洛克希德·马丁公司在生产 F-22 热塑性复合材料构件时,研发了一种称为超塑隔膜成形工艺(SPDF)。热塑性复合材料夹在两隔膜(超塑铝合金薄板)中间,加温至超塑性状态改变时,隔膜与模具贴合,冷却后得到成形构件。SPDF 技术对模具要求降低,该技术开发借鉴了铝合金件超塑成形工艺(SPF)。计算机控制的 SPDF 技术可以生产重复性更好、成本更低的复杂形状构件。F-22 的一些构件使用的热塑性复合材料为聚醚醚酮碳纤维无纬布,纤维体积含量为68%,施工温度为350℃～400℃(与铝合金超塑成形温度360℃～500℃大致相同)。F-22 的座舱遮光板、航空电子设备架、机头检查口盖、起落架舱门的内外蒙皮等 13 个构件采用 SPDF 技术制造,使非经常性费用及经常性费用分别降低了 25% 和 14%。

单元4　复合材料的修理

【学习目标】熟练掌握复合材料的3种常用修理方法;明确各修理方法之间的区别和联系;掌握复合材料的修理工艺和先进复合材料的固化修理工艺。

【重点难点】掌握复合材料的修理方法和修理工艺。

8.4.1　修理方法的类型

复合材料的修理目的是最大限度地恢复飞机结构的完整性和安全性,修理的效果如何与多种因素有关,如修理后的耐久性、刚度、气动平滑度、重量、工作温度,以及环境因素等,因此,为了避免修理中出现意外,必须严格按照一定的修理程序进行。一般的修理程序为找出损伤→评估损伤的程度→损伤应力的评估→修理方案的设计→修理结构的准备→补丁的制造→补丁的安装→修理后的无损检验→修理文件的编制→修理部位的定期监控。

1. 复合材料常用修理方法

复合材料部件的修理方法按连接方法分为三类:螺接修理、冷黏接修理和热黏接修理。

1) 螺接修理

将预固化复合材料的补片或铝补片铆接或螺接在破损区,这种用紧固件连接的修理的方法称为螺接修理。这种方法的优点是可以快速做临时性的修理,而缺点是有时找不到通向部件或层合板后面的通道,不能使受压部位恢复到修理前的强度。

此处要注意在螺接修理中不要用干涉配合,以免发生分层。

2）冷黏接修理

将预固化复合材料的补片黏接在破损表面的修理方法称为冷黏接修理。这种方法的优点是在合适的条件下,它是一种非常快捷的永久性修理方法,而缺点是需要手头有足够数量的一定厚度、一定铺层方向、一定直径和形状的补片,且不能用于大面积的修理。

3）热黏接修理

首先清除已破损铺层,再将新的铺层填入,用共固化方式进行修理,从而得到光滑的修理表面的修理方法称为热黏接修理。这种方法的优点是具有恢复原有形状及保持光滑气动外形的能力,可以适应任何修理尺寸、修理厚度和纤维铺设方向,而缺点是环氧树脂基体需要冷藏,在许多情况下固化需要热源和压力源。

2. 复合材料新型修理方法

由于航空复合材料的损伤形式与金属材料显著不同,因此不能简单地将传统的金属结构修理方法直接应用于复合材料结构。所以,在工程上应用较多的除上面介绍的3种方法外,21世纪初还发展了一些新的快速修理方法,如微波快速修理技术、光固化修理技术、电子束固化修理技术等。

1）微波快速修理技术

复合材料微波快速修理技术是指将微波引入复合材料修理区,在修理区注入微波吸收剂,以提高微波对修理区材料的作用效果,同时用特殊设计的微波施加器对修理区施加微波能,使之在数十秒内形成新的、更强的界面,将损伤或缺陷修复。微波辐射的理化作用按其机理可分为热效应与非热效应两类。高分子材料、胶黏剂等常用树脂多为含极性基团的聚合物,这类极性分子在交变电场作用下将随外施电场的频率转动,从而致热(偶极子加热),当使用的微波频率高达2450MHz时,高分子材料或胶黏剂中的极性基团将急剧运动、迅速升温。这一现象是复合材料微波快速修理的理论基础。

微波辐射增强了胶黏剂与基体之间的结合。辐射引发的聚合物分子间的化学变化,将引起聚合物的物理性质和力学性质等的显著改变。微波的非致效应是修理区具有较强界面结合的关键。微波辐射引起极性基团的剧烈运动,使修理区分子或分子链段相互渗透,且在界面处产生更高的交联度,并导致相界面消失,从而形成牢固的结合界面。

2）光固化修理技术

光固化修理技术是利用光敏胶固化速度快的特点和适宜的力学性能,以光敏胶作树脂基体,用玻璃纤维作增强相材料,预先制备成预浸料补片,再根据修理对象的需求,选用合适的补片,在紫外光的辐照下迅速固化,以达到快速修理飞机蒙皮表面裂纹、孔洞、腐蚀、灼伤等损伤的方法。光固化修理的特点:修理时不用螺钉、铆钉,无须钻孔;修理后不会形成新的应力集中,且承载面积大,缺陷部位修理后强度高;易成形,易操作,工艺简便;自身重量轻,修理后重量增加少。光固化修理工艺过程:准备好特种光固化树脂和表面经过处理的玻璃纤维布，按照一定的比例和工艺要求进行浸胶、铺覆，再经加压、抽真空等处理后，用避光材料密封包装备用。补片的设计采用层叠式结构，整个补片由 7～10 层材料组成，中间层为 4～7 层玻璃纤维织片，用树脂充分浸渍，上下表面各敷一层保护膜，再在上表面敷一层滤光膜。滤光膜的作用是滤除紫外光，防止在补片尚未粘贴到位的情况下固化。修理时根据损伤部位的补强要求及损伤形式选择合适的补片尺寸，用剪刀或电动刀对预浸料补片进行切割。补片粘贴到位后用手挤掉贴合缝处的空气，撕下滤光膜进行固化。固化时用紫外光灯照射 10～15min 即可使补片完全转变为坚固的修理层。

3）电子束固化修理技术

电子束固化即高能量电子束碰撞目标分子，释放足够的能量使其产生大量活泼粒子，邻近的分子激发活泼粒子释放能量，形成化学键。电子束固化的主要设备是电子加速器，电子在加速器中被加速，携带高能量与介质分子碰撞，引发介质的交联反应，实现树脂基复合材料的固化。待固化的材料一般通过传送带或电动小车传送到电子加速器的电子束发射窗口接受辐射。电子束固化的主要参数有电子加速器能量、功率、辐射剂量，以及待固化材料的密度、厚度、材料本身的化学性质等。

电子束固化修理技术具有节省能源、固化迅速、工装简易、工艺灵活性大、工艺匹配性好、无挥发物释放等优点。

8.4.2 修理前的准备工作

1. 表面准备

所有需要修理或黏合的复合材料部件都必须进行表面准备。

1）无涂层表面

对于制造时表面没有处理的复合材料部件，必须首先去除表面上的任何残留可剥层，然后用化学溶剂擦去污物和残留脱膜剂。

2）溶剂擦拭表面

用 M. E. K（甲基丁酮）或丙酮擦拭复合材料部件表面，注意不可将溶液残留在表面上等待挥发，这样会在表面留下一层薄膜。可采用双重擦拭方法，用一块干布和一块湿布擦拭。经过认可的在复合材料上使用的清洗溶剂有 M. E. K、M. LB. K（甲基异丁烷）和 Acetone（丙酮）。

3）喷漆表面

喷漆表面可能存在排出的残留物、液压油，或表面附有灰尘、脏物甚至海水，对于这些表面的修理，应该首先用洗涤剂擦洗以去除表面的污物，然后清除破坏区附近的漆层，达到足以完成修理的程度。切勿用洗漆水清洗，因为这将会侵蚀树脂。除漆时推荐使用 80 号砂纸进行手工或气动打磨。

2. 涂层的清除

任何类型的涂层清除工作都应极为小心。清除涂层的方法如下。

（1）打磨：使用螺旋打磨机，用直径 50.8mm、粒度 80 目的打磨片，它可以做到去除涂层直到树脂表面或铝网的表面而不损坏部件表面，在打磨时要使用真空吸尘器除尘。使用 90°弯头打磨机，用直径 50.8mm、粒度 120 目的圆形打磨片完成阶梯打磨。阶梯打磨的范围通常超出实际损伤 25.4mm，然后每层超出 12.7mm 直到表面层。对于打磨 Kevlar 材料，阶梯打磨时会出现短绒，但采用锋利的圆盘或打磨片，加上适当的压力和正确的运动方向，可以使这种短绒达到最少。由于石墨不产生短绒，层与层之间很难区分，因此需要一个好的光源来看清各层的变化。需要特别注意的是，最后修理的编织布层的面积，不能超出预备的修理面积，否则可能导致修理失败；打磨后必须进行清理，包括用真空吸尘器完全地吸收打磨产生的颗粒，然后用清洁化学溶剂擦拭并在空气中风干至少 10min，在化学准备后的 4h 内必须开始黏接修理；不要使用压缩空气除尘，这样可能造成脱胶或分层。

（2）塑料喷丸处理：可以清除复合材料表面的涂层，但这不是所有的制造商都认可的方法，如果控制不当，可能使增强纤维受到破坏。当不能采用机械打磨时，可使用塑料喷丸处理以清除涂层。

（3）表面研磨：使用螺旋打磨机进行表面研磨。把表面的树脂去除直到露出第一层纤维以保证表面的附着力。在 Kevlar 材料表面打磨时要特别小心，以免产生过多的短绒。

需要特别注意的是，无论使用哪种涂层清除方法，在任何时候都不可以在复合材料上使用化学的涂层清除剂。

3．去除蜂窝芯

在去除蜂窝芯的各种方法中，高速镂铣和孔锯（硬质/金刚石边缘孔锯）最具可控性。

1）镂铣

镂铣机要求：气动，高速（20 000r/min），带有基座、速度和深度控制。具体镂铣步骤如下。

（1）将正确尺寸的模板用胶布黏附在蜂窝芯的上面。

（2）调节镂铣头至正确的深度，保证只去除蒙皮。

（3）沿着模板操作镂铣机，切割整个待修区的蒙皮的周边。

（4）用螺丝刀和木垫块去除蒙皮，露出蜂窝芯的局部损伤区。

（5）用方形的 Exacto 刀片剔除剩余的蜂窝芯。

（6）用细砂纸轻轻打磨下表面的内部，并确定蜂窝芯的芯条方向。

（7）真空吸除修理区所有的灰尘和碎屑。

2）孔锯

当蜂窝芯的破坏延伸至下蒙皮时，要去除破坏的材料，用孔锯进行操作非常合适。孔锯操作步骤如下。

（1）在表面安装孔锯夹具。

（2）选择孔锯直径,使所有破坏的局部蜂窝芯都能去除。

（3）确定破坏的蜂窝芯高度,相应地调整孔锯限深止动块的位置。

（4）检查孔锯夹具对部件是否安全,切除蒙皮和蜂窝芯,直到孔锯底部达到限深止动块处。

（5）卸下孔锯和孔锯夹具。

（6）用螺丝刀和木垫块去除蒙皮。

（7）去除蜂窝芯结构。

（8）必须对所形成的孔的底部进行打磨,以去除残余的蜂窝芯和胶。

4. 制备蜂窝填补塞(芯塞)

制备待修蜂窝填补塞(芯塞),其难易程度随损伤部分边缘形状的不同而不同。

1）蜂窝填补塞(芯塞)的直径/形状

制备蜂窝填补塞时要求选择类型正确、密度和网格尺寸相当的蜂窝材料,也可以选用网格尺寸小一号的芯塞(更密些),芯塞应该与周围大致匹配,且应制备得比原来的芯层高出 1.6mm,以便放入。

2）步骤

（1）做一个和要替代区域形状相同的模板。

（2）将模板放在蜂窝的网格上。

（3）沿着模板在蜂窝结构上划线。

（4）用刀、镂铣机或手锯把蜂窝切成所需形状。必须注意周围不要产生斜度。

（5）用带锯将填补塞切成正确尺寸。

3）装配蜂窝填补塞(芯塞)

蜂窝填补塞的芯条方向应保持与原芯材的芯条方向一致。当用热黏接方法修理时,芯塞的尺寸应略小一些以容纳泡沫胶;当用冷黏接方法修理时,芯塞至少要有80% 的表面与周围相接触。

8.4.3 修理方法和材料

1. 修理方法

检查损伤部位时,应尽量按制造商手册确定的修理方法进行修理,复合材料部件的修理方法如下。

1）热修补

用湿法热修补的方法进行修理时,温度一般为 93℃ ~ 110℃,121℃ 或 177℃ 也可接受。结构修理手册为每个部件提供了修理数据,并规定了应用范围及最大尺寸。电热毯常常用于完成热修补。此外,还可以选用电炉或热压罐。热修补方法要求在固化过程中应采用合适的模具以支撑部件。

2）冷修补

使用湿法铺层材料的冷修补是在室温到 66℃ 下进行的。为了加速树脂的固化过程,允许使用电热毯、加热灯或热空气烘箱,但温度最高只允许到66℃。冷黏接修理通常是(但并非都是)暂时性修理,这种修理需要不断地定期检查,直到进行了永久性修理。

2.修理材料

1)预浸料

用预浸料制作修理铺层时,应按工程图纸或结构修理手册的规定,如果指定用石墨,就不能用Kevlar、玻璃纤维或其他材料来替换。

2)预固化补片

在修理工作中需使用预固化补片时,必须材料合适、铺层数量和方向正确,可用121℃或176℃固化的胶膜来黏接。预固化补片一般在热压罐修理时使用,若用真空袋,能提供0.075MPa的真空压力,但真空度有限,很可能造成接合处的疏松和空穴。

3)湿补材料

湿法修理是指用户手工将石墨纤维或玻璃纤维编织布浸胶,然后用浸胶的编织布进行修理的技术。按修理手册中的材料置换表,修理石墨带可以用石墨编织布来替换,玻璃纤维编织布可以用来替换Kevlar编织布。用来浸润编织布的树脂是二组分的环氧树脂体系,在混合前,它可以在室温条件下保存很长的时间。浸过树脂的编织布中,树脂含量按重量计应为55%±5%。将浸渗的编织布按补片各层的尺寸切出,编织布两边的分离膜可减少切割时产生的边缘发毛。

4)胶膜

胶膜用于热修补法,用它黏接更换芯塞和预浸料铺层,或者用来黏接预浸料的补片与新换的芯材。切下的胶膜尺寸要合适,放在修理部位与修理材料同时固化。和预浸料一样,胶膜的存储寿命也有限,必须妥善保存在冷藏箱内。

5)蜂窝芯塞

当损伤深入到蜂窝芯内部时,损坏的部分必须清除并用新的蜂窝芯来替换。蜂窝的材料和芯塞的取向要按图纸上的规定,如果没有同一尺寸的蜂窝材料,可以用密一点(稍小孔洞)的蜂窝来代替,而不能用稀疏的蜂窝(大孔洞)来替换,否则会降低产品的强度,使之不能满足原来的设计要求。蜂窝芯塞的切割要求是修剪到同修理区域匹配的尺寸,有锥度的地方,要有正确的角度,边缘要倒角。切割修剪工具要极锋利才可产生一个合格的边缘,不可撕裂、扯碎或压塌蜂窝。

当修理大曲率部件,需要采用热修补时,要避免压塌蜂窝。

8.4.4 损伤区的确定及相关清除工作

1.损伤区及其清洁

1)概述

本节以石墨、芳纶或混合增强纤维环氧树脂基体的部件为例进行修理。最常见的蜂窝复合材料结构是由两层蒙皮夹着一层非金属蜂窝芯的夹层结构。实心层合板结构用于小的部件及蜂窝板的边缘和连接部位。下面的步骤无论选择何种修理方式都通用。

为避免结构的扭曲变化,对大部件的修理要选用合适的固定夹具。为保持表面清洁,不要直接用手触摸经过清洁的部分或胶液。

修理时不应覆盖表面原有的排水孔,如有覆盖,则要在原有的排水孔处重新钻孔。排水孔直径一般为4.5mm,钻这种孔时,必须使用特殊的技术和设备,以防出现孔边分层的现象。

2）损伤区

损伤区的受损程度可以根据视检和无损检测来确定。损伤区附近的表面也要检测,因为它们日后会是水、灰尘或其他杂质的进入口。

3）清洁

用一块浸有M. M. K、M. E. K或丙酮的干净布擦拭受损区表面。在下一步修理工序之前应让溶剂充分蒸发。

2. 修理区的标志

确定损伤区之后,在损伤区的四周贴上耐高温的胶带作为标志,以免普通胶带在遇到高温时因烧蚀而渗入零件表面。高温胶带圈定了修理区,紧邻该区的地方在一开始修理时就受到了保护,在去除损伤表面时,高温胶带还可以保护表面的纤维避免分层。

热修补时,修理区的标志应考虑每一铺层内有12.7mm的重叠。冷修补时,铺层各边必须留有25.4mm的重叠,而采用冷黏接修理时,每层则需要略大于25.4mm的重叠。这样既提供了足够大的面积,以完成清洁和打磨工作,又不使标志胶带干扰补片和胶膜。在固化以前,要把标志胶带撕掉。

3. 清除受损蒙皮

首先打磨,用粒度为80目细砂纸和研磨机去除受损层,或直接把受损层裁掉,保持一定的几何形状(圆形或带圆角的矩形),注意不要破坏未损层、芯体及周围的其他材料,工具的选择应与结构修理手册推荐的一致,如有聚氟乙烯(TEDLAR)防潮层,应用喷塑料丸法使之疏松,然后从修理区中去除。用粒度为150目或更细的砂纸去除装饰涂层。在修理工作开始之前要把所有的潮气痕迹清除干净,方法是将损伤区放在真空袋和透气布、金属网(直径为0.06mm的线)和电热毯的下面,并加热到66℃与77℃之间至少1h,以去除水汽。

4. TEDLAR层的清除

如果损伤发生在TEDLAR层覆盖的部件的内部,TEDLAR层可用下面两种方法中的任何一种进行清除。

（1）真空吸入喷砂清理。具体喷沙方法包括:用230号铸钢丸真空吸入;用60号钠钙硅酸盐玻璃珠在0.41MPa～0.55MPa气压下吸入;用石英砂在0.21MPa～0.28MPa气压下吸入。需要特别注意的是,石英砂的使用要尽可能地限制,因为它对人体健康有潜在的危害。当修理是在飞机上进行时,不要采用真空喷丸方法,否则会使飞机的装置受到污染,而是在修理区进行喷砂处理,当TEDLAR层疏松后,把它从表面剥去,不能让喷丸将 TEDLAR 层打穿,而应该轻轻地用粒度为 150 目或更细的砂纸研磨标志区的表面。

(2)打磨。用 240 号或更细的 Scotchbrite 研磨剂,或者用粒度为 150 目或更细的砂纸研磨除净标志区内的 TEDLAR 薄膜。打磨一定不能使表面铺层编织布的纤维暴露出来,否则会降低结构的强度。

5. 损坏蜂窝芯的清除

1)损坏蜂窝芯的清除

按照结构修理手册选择可行的修理方案。在某些情况下,允许用填料罐封,否则必须将损坏的蜂窝芯清除换新。损坏的蜂窝芯通常要切到与同底部的面板平齐,轻轻地打磨准备与替换的芯塞连接的内铺层表面以便黏合,要打磨掉去除蜂窝芯时留下的残迹,使之与内铺层表面平齐,但不能损坏铺层表面的纤维。用真空吸除工件表面的碎屑和水分。

2)部分清除

如果蜂窝芯的厚度超过 25.4mm,则可以选择部分清除。在制造过程中,隔片可以用来稳定蜂窝,它在维修中既可起稳定作用,又可置放胶膜使其与更换的芯材相连。为了在修理时处理方便,更换的芯塞至少有 12.7mm 深,如果考虑修理效果的稳定性,可选用高密度蜂窝材料。

3)清洁

用浸有 M. E. K、M. M. K 或丙酮的干净布擦拭损伤构件待修理区所有的表面,直到布上无脏物为止。

8.4.5　损伤表面的预处理和锥面打磨

1. 损伤表面的预处理

1)要求

确定已受损伤的铺层数和所需要的附加铺层数。如果没有规定,则需要自动增加一层附加的外铺层。

2)气动表面和实心层合板

围绕被清除的损伤区,用 80 号砂纸打磨出一个均匀的锥体。依照不同的修理手册,对每个现存的铺层留出大约 12.7mm 或 25.4mm 的边距。作为选择方案,对于蜂窝结构可用阶梯打磨代替锥面打磨。需要注意的是,计算铺层数时不要计算附加的铺层;用 150 号砂纸除去标志区内的表面涂饰,包括瓷漆和导电涂层;脱漆剂会损坏树脂表面,切不可使用;所有的气动表面都要采用锥面打磨。

3)内表面和非关键气动表面

内表面和非关键气动表面可以采用与上一段相同的打磨锥面的方法。如果条件允许,可采用一个外贴补片。只有两三个铺层的面板必须用没有锥面的外贴补片修理。损坏区要用填层填充到与原表面齐平,然后将修补的铺层直接铺在平滑的填充区域。需要注意的是,修理前采用轻度的砂纸打磨或喷砂的方法除去复合材料表面的油漆。

2. 锥面打磨

用真空软管抽吸打磨时产生的粉尘。需要特别注意的是,当构件中含有石墨纤维时,打磨会产生一种很细小的黑色粉尘,它可以引起皮肤的不适,过量吸入将有害健康,因此应采取防护措施。通过以上操作,磁漆和导电层也被清除掉了。

8.4.6 蜂窝芯和铺层的更换

1. 蜂窝芯的更换

1）芯塞的制作

蜂窝芯塞应与原来的蜂窝芯相匹配,并具有同样的芯条方向,在它的周围要留有间隙。当浸满发泡黏合剂的芯塞被装入时,它将和周围的孔壁紧密相连。对于压入连接,蜂窝芯塞应比修理区的容积大一到三个格子（≤9.6mm）。为便于安放芯塞和便于固化后打磨以获得均匀光滑的表面,芯塞厚度应超过原来的蜂窝芯厚度1.6mm,芯塞的边缘必须切割得准确整齐,以使层板固化时胶膜平整。芯塞上发泡胶的厚度应超过芯塞厚度3.2mm,以防止固化时产生空穴。

2）芯塞的清洗和固化

吸入挥发气体或使溶剂接触到皮肤、眼睛或衣服都是很危险的。在狭窄区域工作时,要保持空气流通,或戴口罩、护目镜,由于火苗或火星会引起爆炸,因此应远离热源、火源及产生火花的地方。清洗污染的芯塞,可将其浸入（最多4次）MIBK、M.E.K或丙酮溶液中60s,或用汽化法去除芯层的油脂,每次循环限制浸入30s,最多循环4次。局部的污染区域可用丙酮或丁酮清洗。安装前,芯塞要完全干燥、清洁,不能留有溶剂的痕迹,在切下预试芯塞以后,用丁酮、丙酮和丝布清洁黏接表面,并使溶剂挥发干净。将涂有合适黏合剂的蜂窝芯塞放入芯腔,将真空袋的真空度至少抽吸到0.075MPa,然后进行固化。需要注意的是,固化后将蜂窝芯塞打磨到与周围的材料齐平,用吸尘器从芯孔中吸去打磨的残余物。以上过程是基于蜂窝芯塞与修理铺层分别固化的,即二次固化。作为另一种方案,蜂窝芯塞同修理铺层可以同时固化,即一次固化。

2. 铺层的更换

修理的铺层和附加的额外铺层,应从同一型号的编织布上剪下。对于热修补,第一铺层的尺寸必须比损坏区的尺寸大25.4mm。对于冷修补,第一铺层的尺寸应比损坏区的尺寸大50.8mm。每个后续铺层,包括任何额外铺层都必须比它的前一层大出同样的尺寸。需要注意的是,更换芯塞上的铺层时,要有一个与损伤区同样大小的底层作填充,以使补片下沉量最小。为防止突出的补片下沉,因此要有与原来铺层数相同的填充铺层。按铺层的方向和顺序铺叠修理铺层,尺寸最小的铺层应首先铺在待修区上。

8.4.7 固化前的准备工作

在固化前按如下步骤进行准备工作。

(1)在修理区上放一层带孔的氟化乙烯-丙烯聚合物(FEP)作分离薄膜,其尺寸至少要比最大的修理铺层的尺寸大25.4mm。

(2)在修理区边缘的面板上布置三个热电偶(平整地放在修理区周围),将其与相应的记录仪连起来。

(3)在带孔的FEP层上放一层干燥的剥离层或120型玻璃布(或同样厚度的玻璃布)作为泄流毯。该FEP层的面积要足够大,使之能超出电热毯并能和泄流毯的边缘连接。

(4)在泄流毯上放一层紧密的FEP分离薄膜,其尺寸应比电热毯大,但要与表面泄流毯及吸胶层边缘有12.7mm的边距。

(5)在紧密FEP分离薄膜上放一块电热毯,电热毯尺寸至少要超出补片尺寸50.8mm。需要注意的是,可以在电热毯下放一块铝制均压板(最多1.0mm厚)以使加压加热均匀。均压板要比加热层稍大一些。使用均压板时,要在加热层与均压板间放置三个热电偶。

(6)在加热层上铺设4~6层玻璃布,尺寸要足够大,使之能与表面泄流毯相连。玻璃布可使电热毯绝缘,防止损坏真空袋膜,并且可作为表面透气毯。

(7)在真空袋周围的整个修理区上安放密封胶条,抽出真空袋中的空气,真空度至少达到75kPa。若采用自封真空袋法修理,应选择尺寸足够大的真空袋,以便把整个修理组合体包裹起来。需要注意的是,用烘箱或热压罐修理时,整个修理区必须都置在真空袋中,以防夹层板与面板发生分层。在热修补过程中,外形零件必须保持工程图规定的外形。车间制定的保形方法也可使用。生产工具需要包起来。

(8)按照结构修理手册的规定选定合适的固化周期,并对固化过程进行温度控制。

8.4.8 表面涂漆

完成固化以后将真空袋除去,用150号或更细的砂纸轻轻打磨或研磨修理表面,最后对修理表面进行涂漆。如果在固化过程中带孔的FEP层和纤维铺层之间放置了尼龙剥离层,则修理表面将会比较光滑,这时只需要很少打磨甚至不用打磨。

8.4.9 先进复合材料的固化修理

1. 先进复合材料在177℃时的固化修理

1)铺层准备

(1)损伤区的准备工作。按需要清除损伤部分和水分;确定切去的铺层数;标志切口周围的区域,每个替换铺层容许有至少12.7mm的搭接边;每个额外铺层的尺寸要增加12.7mm,以确保顶部铺层能被额外的修理铺层完全覆盖。使用240号或更细的Scotchbrite研磨剂,或用150号或更细的砂纸,或用喷砂方法除去标志区内的油漆涂饰或TEDLAR薄膜;清除损伤的每个铺层的周围,至少要留有12.7mm供锥面打磨或表面研磨,锥面打磨必须在实心层合板结构上进行;用150号或更细的Scotchbrite研磨剂打磨修理区周围的表面。

（2）更换芯塞。修剪一个全高度或部分高度的芯塞,之后清洗芯塞。对于部分蜂窝芯更换,切下两片胶膜和一片玻璃纤维预浸布,尺寸要适合修理的孔洞。对于全高度蜂窝芯的更换,如损坏只发生在一块面板下,切下一块与修理孔洞同样大小的胶膜,放在未损伤的面板的内表面,如两面的面板都损坏,则用胶带把一块金属垫板(大约1.0mm厚的铝板)紧贴在底面的外表面,但芯塞与垫板之间不能有任何胶带。

2）固化修理

准备和铺设预浸料修理铺层。需要注意的是,不推荐采用预固化补片,因为将预固化补片在抽真空产生的压力下粘贴到待修理外形表面时,由于补片面积较大,补片与修理表面之间容易形成疏松和不连续黏接现象。预浸料和胶膜在切割和处理过程中不可被污染,在处理时不仅要戴上白手套,而且一定要等到冰箱环境升到室温后引起包装袋表面的凝结水分挥发掉才能打开预浸料和胶膜卷。每一个损坏层用一个修理层,另外,还需增铺附加层。附加层的材料和方向应和最外铺层的材料和方向相同,石墨混杂的情况除外。不允许用别的材料替代石墨预浸料修理铺层,应按图纸或结构修理手册的规定,可以用石墨预浸布替代石墨带材,也可以用玻璃纤维预浸布替代Kevlar预浸布。

3）装入真空袋并固化

使用预浸带固化用的辅助材料,经规定温度加热后,用机器使预浸带固化,固化后去除部件上的辅助材料,进行修整。

2. 先进复合材料在室温时的固化修理

1）修理铺层的准备和替换

（1）玻璃编织布修理铺层。参照结构修理手册中的部件结构部分,根据原结构采用的玻璃编织布的铺层类型来确定用于修理的编织布铺层型号。如修理120型铺层用H-1型铺层;修理1581或181型铺层用H-2型铺层;修理7781型铺层用H-3型铺层。从每种所需型号的材料上,剪下足够大的一块,以便裁出所有与损坏铺层一一对应的修理补片和附加层修理补片。按结构修理手册的规定铺设附加铺层。准备好编织布之后,再用树脂浸渍铺层材料。

（2）石墨编织布修理铺层。参照结构修理手册中的部件结构部分,根据原结构采用的石墨编织布的类型确定用于修理的编织布铺层型号。从所需型号的材料上剪下足够大的一块,使修理补片所需的铺层都可从其上裁下。一一对应原层板上的每个损坏层铺设一个修理铺层,增加一个附加的修理铺层。不允许用别的材料替代石墨修理铺层,但用2个石墨编织布铺层可替代石墨单向带。

(3)Kevlar编织布修理铺层。可用玻璃编织布作为Kevlar的替代物修理损坏的Kevlar铺层。替代材料的有关规定见结构修理手册。

2)树脂

当在室温下进行固化修理时,固化时间是由环境温度决定的。升高温度会加速反应,降低温度会延缓反应。应参照结构修理手册确定树脂固化时间。

3)铺层准备

按如下步骤用树脂浸润修理铺层。

(1)切下两片分离膜,其尺寸要求各条边缘超出编织布大约76.2mm,将一片分离膜贴在光滑表面上。需要注意的是,用特氟隆薄膜或其他分离膜。

(2)把编织布铺在分离膜上。

(3)在编织布上均匀涂上Mix-1树脂。

(4)在编织布上盖上第二片分离膜。

(5)在分离膜上用皮滚筒滚压挤出空气,使树脂浸入编织布。

(6)把多余的树脂挤到边上,直至几乎能看见编织布的纹理。需要注意的是,浸过树脂的编织布内树脂的含量应是重量的55%±5%。

(7)按各个铺层所需的补片尺寸在浸过树脂的编织布上落料。编织布两面的分离膜可减少切割时产生的边缘发毛。

4)修理准备

首先必须清理损坏的区域,由于在室温下进行固化修理,因此每个铺层与其他铺层必须有25.4mm的搭接带。

5)芯塞的更换

(1)安装芯塞。如只有一面面板受损,切两层BMS9-3型、H-2型或H-3型玻璃编织布或者四层BMS9-3型、D型玻璃编织布,安装于未受损面板的内表面上,用Mix-1树脂浸透铺层,将它安放在芯腔内;如两面面板都已损坏,用一块垫板贴在外表面并用胶带粘好。在进行端面连接之前,将Mix-3树脂涂抹在替换芯塞的外表面及已经开好的芯孔的内侧边缘,当替换芯塞装上后,它们会黏成一体。需要注意的是,要按原来的芯条方向安装,将修理部分包入真空袋,抽气至气压为25kPa,打磨芯塞,使之与周围材料平齐,用真空吸除芯孔中的碎屑。上述过程中,芯塞安装固化与修理铺层是分别进行的。另外,芯塞与修理铺层可以同时固化。

(2)铺设修理铺层。修理铺层的制备和使用方法均取决于所选用铺层的型号。对每一型号所需的材料,切下足够大的一块,将所需的铺层从其上剪下。对应于每个损坏铺层铺设一个修理铺层,然后根据结构修理手册的规定铺上附加铺层。

6)铺叠/真空袋加压过程

附加铺层的方向必须与原铺层合板最外层方向相同。修理部件要用真空袋加压,固化过程中,要维持气压至少75kPa。

7）固化过程

用布置在补片边缘的热电偶监控温度。为了获得最好的性能，修理部件应在66℃下固化3h，或者室温条件（20℃）下固化5天。可以使用红外加热灯（250W）或电热毯来缩短固化时间。固化时优先使用电热毯，这是因为它可以在整个维修区上均匀加热。需要注意的是，固化时间从温度达到设定的固化温度开始计时，不包括将模具及零件加热达到固化温度的时间。在整个固化过程中，修理区表面温度不能超过77℃，气压要维持在75kPa。值得注意的是，补片不应有麻点、气泡、缺胶和树脂沉积。另外，修理之后需要重新涂漆。

习题和思考题

1. 与传统材料相比，复合材料的优点体现在哪些方面？

2. 复合材料增强相的结构形态有哪些？

3. 按基体相分类，复合材料可分为哪些种类？

4. 金属基复合材料的种类与一般特性是什么？

5. 列举几种金属基复合材料的应用前景。

6. 列举金属基复合材料的增强相及其典型性能。

7. 简述纤维增强金属基复合材料常用的制备方法。

8. 简述颗粒增强金属基复合材料常用的制备方法。

9. 简述晶须增强金属基复合材料常用的制备方法。

10. 简述金属间化合物基复合材料及其性能。

11. 树脂基复合材料中的树脂基体有哪些种类？

12. 树脂基复合材料中的增强纤维有哪些种类？

13. RTM 或 RFI 技术的优点有哪些？

14. 简述复合材料部件的修理方法及特点。

15. 简述涂层的清除方法及注意事项。

16. 简述芯塞的清洗方法及注意事项。

17. 简述先进复合材料的室温固化修理程序及注意事项。

模块 9
其他航空非金属材料及航空消耗材料

单元 1 陶瓷材料与纺织材料

【学习目标】理解陶瓷材料和纺织材料的概念;了解陶瓷材料和纺织材料的分类;熟练掌握陶瓷材料在航空工程中的应用及常用航空纺织材料。

【重点难点】掌握陶瓷材料和纺织材料的性能及在航空工程中的应用。

9.1.1 陶瓷材料

1. 陶瓷材料的分类

陶瓷属无机非金属材料。传统上的"陶瓷"是陶器和瓷器的总称。随着无机非金属材料的发展,陶瓷材料不仅包括了陶瓷、玻璃、水泥和耐火材料在内(这4类材料的化学组成均为硅酸盐类,称为硅酸盐材料)的整个无机非金属材料,而且包括了新型无机非金属材料(如氧化物、氮化物、碳化物等)。因此,陶瓷材料是指以天然矿物或人工合成的各种化合物为基本原料,经粉碎、配料、成形和高温烧结等工序而制成的无机非金属固体材料。当今的陶瓷材料与金属材料、高分子材料一起构成了工程材料的三大支柱。

陶瓷材料可按性能、用途和化学组成来分类,陶瓷材料的分类如表 9-1 所示。

表 9-1 陶瓷材料的分类

普通陶瓷 (传统陶瓷)	特种陶瓷(近代陶瓷、现代陶瓷、工程陶瓷)						其他 硅酸盐 陶瓷
	按性能分类	按化学成分分类					
		氧化物陶瓷	氮化物陶瓷	碳化物陶瓷	复合陶瓷		
①日用陶瓷	①高温陶瓷	①氧化铝陶瓷	①氮化硅陶瓷	①碳化硅陶瓷	①金属陶瓷		①玻璃
②建筑陶瓷	②高强度陶瓷	②氧化铍陶瓷	②氮化硼陶瓷	②碳化硼陶瓷	②纤维增强陶瓷		②铸石
③绝缘陶瓷	③耐磨陶瓷	③氧化锆陶瓷	③氮化铝陶瓷				③水泥
④化工陶瓷 (耐酸陶瓷)	④耐酸陶瓷	④氧化镁陶瓷					④耐火材料
	⑤压电陶瓷						

普通陶瓷（传统陶瓷）	特种陶瓷(近代陶瓷、现代陶瓷、工程陶瓷)					其他硅酸盐陶瓷
	按性能分类	按化学成分分类				
		氧化物陶瓷	氮化物陶瓷	碳化物陶瓷	复合陶瓷	
⑤多孔陶瓷（隔热保温）	⑥电介陶瓷					
	⑦光学陶瓷					
	⑧磁性陶瓷					
	⑨生物陶瓷					

2. 陶瓷材料在航空工程中的应用

随着航空、航天技术的发展,陶瓷材料以其耐高温、硬度高、热膨胀系数小、抗氧化、耐化学腐蚀等多种优异性能,越来越受到重视。未来发动机的发展将使陶瓷基复合材料得到越来越多的应用。如果涡轮进口温度超过1650℃,那么使用目前常用的镍基合金叶片是不可能的。美国综合高性能涡轮发动机技术计划指出,21世纪要发展推重比达20、巡航高度为21 000m、马赫数为3~4的航空器,涡轮进口温度将达2000℃~2200℃,为此提出采用陶瓷基复合材料代替高温合金,采用陶瓷基复合材料制造叶片盘整体结构的涡轮可减重30%。在燃烧室系统中,提出需要耐1204℃和1316℃的陶瓷,用来制造燃烧室的衬套、喷嘴及火焰稳定器喷嘴架等;在排气喷管系统中,提出需耐-40℃~1538℃或更高温度使用的陶瓷基复合材料。

由于陶瓷材料脆性大,经受不住机械冲击和热冲击,因此提高断裂韧性和提高高温断裂强度是发展结构陶瓷的两大难题。在提高断裂韧性方面,目前SiCr/SiC、SiCW/Si_3N_4等复合材料的研究已取得可喜进展,高温断裂强度也分别达到了750MPa和800MPa,已用于制造高性能燃气喷管和导弹喷管。另外,晶须增强陶瓷也被认为是很有希望提高断裂韧性的材料。

9.1.2 纺织材料

1. 纺织材料的分类

现代生产的大多数飞机都是金属结构或复合材料结构,但许多轻型飞机,如滑翔机、教练机仍使用蒙布来覆盖机翼、机身和操纵面。纺织材料分为天然纤维纺织材料和人造纤维纺织材料两类。

1) 天然纤维纺织材料

天然纤维纺织材料主要有棉布和亚麻布,也称为有机纤维材料。将棉花或亚麻纤维纺成纱,纱的粗细用支数来表示,纱的支数是指重为1g的纱线所具有的米数。如纱的支数是40,也就是说这种纱线长度为40m时的重量为1g。纱的支数越大,纱也就越细。

布是由纵线和横线交织而成的。纵线常称为经线,即沿着布料长度的方向;横线常称为纬线,即横过布料宽度的方向。

布的特性是用布的经向和纬向的抗拉强度、断裂时的延伸率和 $1m^2$ 的重量等数据来表示的。

2) 人造纤维纺织材料

人造纤维纺织材料主要有玻璃纤维和热收缩合成纤维。

玻璃纤维分为绒棉状玻璃纤维和连续状玻璃纤维,前者是将后者截成相当于天然纤维的长度获得。前者可以纺织成玻璃纱和玻璃线,二者均可以制造玻璃布或玻璃带。

热收缩合成纤维主要有聚酰胺(尼龙)、丙烯酸纤维(奥纶)和聚酯纤维(涤纶)。

2. 常用航空纺织材料及其特性

航空工程常用的纺织材料主要有机纤维和合成纤维两大类。有机纤维和合成纤维都被用来制作覆盖飞机的蒙布。

1) 棉布

A 级棉布是一种由高级长纤维棉织成的,且经过丝光处理的重约 $135g/m^2$ 的蒙布。经过压光以减少厚度,并压平绒毛使其表面光滑。经向和纬向每英寸宽度上都有 $80\sim84$ 根织线。经向和纬向的最小拉伸强度是 560kPa。这个等级和重量的布用于制作飞机蒙布。

2) 涤纶布

涤纶是一种很光滑的单丝聚酯纤维,它是由二甲苯盐酸和乙二酸冷凝而成的。标准式样的涤纶布是重约 $125g/m^2$ 的平纹编织品,经向和纬向的最小拉伸强度约为 1040kPa,可用来代替 A 级棉布用来制作飞机蒙布。

3) 玻璃布

玻璃布或玻璃纤维布是由拉制的细玻璃丝制成的,这种玻璃丝能编织成强而坚韧的织品。用作飞机蒙布的玻璃布是一种平纹编织品,重量约为 $152g/m^2$。

玻璃布的特点:不受潮湿、霉、化学试剂或酸的影响,而且耐火性能良好。

玻璃纤维纺织品作用主要表现在以下几方面:玻璃线用于缝合耐热和耐酸金属软管的封口;玻璃带用作需要绝热和绝缘导管的包卷;玻璃布用作制造耐酸的制品;玻璃纤维纺织材料还可以制作复合材料和绝热材料。

单元 2　绝缘材料与绝热材料

【学习目标】了解绝缘材料的要求及其在航空工程中的应用,以及飞机上常用的绝热材料。

【重点难点】掌握绝缘材料、绝热材料的要求。

9.2.1　绝缘材料

飞机上装有大量用电设备,如发电机、蓄电池及无线电设备。为确保飞机上的电子设备安全顺利地工作、不发生故障,必须保证飞机相关部位具有可靠的绝缘性。随着飞机电子设备应用的复杂化,绝缘材料的应用更加广泛,对绝缘材料的要求也越来越高。

1. 绝缘材料的要求

1）高的绝缘性

材料的绝缘性用表面电阻系数、体积电阻系数和电压击穿强度等指标来表示。理想的绝缘材料是不会发生漏电现象的,而实际上几乎所有的绝缘材料都会漏过一些电流,而漏过电流的多少由绝缘材料的电阻系数大小而决定。

电压击穿强度是绝缘材料在试验条件下被击穿时所需的电位强度。绝缘材料在被击穿的顷刻间,电阻显著降低,发生短路现象,绝缘材料甚至被烧化、烧焦或着火,导线和设备被击坏。

2）最小的吸湿性

绝缘材料受潮后,会使表面电阻系数和体积电阻系数降低,漏过的电流增加,从而影响绝缘性。

3）其他性能要求

绝缘材料还应具有一定的耐热性和机械强度、良好的化学稳定性、容易加工和紧固、密度小、价格低廉等特点。

2. 绝缘材料在航空工程的应用

航空工程常用的绝缘材料可分为有机绝缘材料和无机绝缘材料两类。

1）有机绝缘材料

橡胶、塑料、绝缘树脂、绝缘清漆、蜡及用有机物浸渍的纸、线、布、绸等制成的绝缘物都是有机绝缘材料。

包卷导线用的棉纱和丝线,制造绝缘层时用的纸、棉布和绸等,都是绝缘性差、容易吸湿、不耐高温但容易缠绕的材料。为了减少这些材料的吸湿性以提高其绝缘性,有效的方法是将其用绝缘树脂、绝缘清漆进行浸渍处理。

2）无机绝缘材料

常用的无机绝缘材料,也就是矿物电介质,有瓷、云母和云母层合胶片等。

(1)瓷。用作绝缘材料的瓷是由黏土、长石和石英等原料,按一定比例配制成瓷泥,经模型或手工成形后,最后经干燥、烧制和上釉等工序制成的。

瓷的优点:很高的绝缘性、硬度高、电压击穿强度高、不吸湿、耐热性和化学稳定性好、抗压强度高、价格低廉等。

瓷的缺点:密度大、质脆、受力时不易产生塑性变形、急剧受热时容易开裂。

(2)云母。云母是层片状矿物,能分裂成薄而柔软的片。云母的主要特点是绝缘性好、不吸湿、耐热性好(1200℃~1500℃时才熔化)、化学稳定性好。云母用于制造航空发动机的电嘴、高频率电容器、真空管等零件。

(3)云母层合胶片。云母层合胶片是采用云母和醇酸清漆胶合而成的。耐热的云母层合胶片是用水玻璃胶合而成的,工作温度范围为600℃~700℃,具有云母的优点,但电压击穿强度较低。云母层合胶片主要用于制作飞机上的垫圈、垫片、直流电发生器的整流片绝缘物、电热设备的绝缘物等。

9.2.2　绝热材料

在飞机上,为了减少各种加热装置的热能损失,以及避免与发动机接触的零件过热,常用绝热材料来绝热、保温。绝热材料一般都具有隔声、减振的功能,所以绝热材料也可以是隔声材料。

飞机上常用的绝热材料有毡、絮垫、石棉、水玻璃等。

1. 毡

毡是用密集纤维制成的软而轻且坚固的制品,飞机上常用的是由羊毛絮压制成的毛毡。毛毡有很好的绝热隔音性能,可作绝热、隔声、密封、减振、过滤等用途的材料。例如,用作飞机座舱部分(隔框等)的绝热隔声层、润滑油管的绝热层、动筒中的防尘密封圈、润滑油滤芯、机动车和航空蓄电池的减振垫或保温套等。

2. 絮垫

絮垫是在松软的纤细层两面包覆棉布或玻璃布缝合制成的。根据所用纤维层的不同,絮垫可分为以下几种。

1)毛絮垫

毛絮垫的纤维层为经过加工的鹿毛,其特点是轻而导热性差,成本也较高。毛絮垫常用作座舱及热气输送管的保温材料。

2)棉絮垫

棉絮垫的纤维层为经过防火处理的棉花,其保温性比毛絮垫差,吸湿性较大,但成本较低,常用作毛絮垫的替代品。

3)尼龙絮垫

尼龙絮垫的纤维层为尼龙纤维,其特点是吸湿性小。尼龙絮垫多用于环境潮湿的零件。

4)玻璃絮垫

玻璃絮垫的纤维层为玻璃纤维,其特点是耐热性好。玻璃絮垫主要用作高温零件的绝热、隔声材料。

3. 石棉

石棉是一种矿物纤维,可以纺织成石棉线、石棉带、石棉绳、石棉布,也可制成石棉纸、石棉板等。

石棉不燃烧时有很好的耐热性,熔点约为1500℃。石棉工作温度范围为600℃~800℃,是良好的绝热材料,还有很好的抗酸碱性和较小的吸湿性,其缺点是强度较小、质脆易断。

石棉制品在飞机上主要用作喷气式发动机隔热盘的绝热层、延伸管处的绝热层、以及发动机附近受高温影响的导管、导线和绝热层等。

4. 水玻璃

水玻璃是暗灰色黏性半透明的硅酸钠的水溶液。水玻璃涂在零件上后能形成坚硬的玻璃状薄膜，其黏结力很强，不燃烧并能绝热，呈碱性特征，对金属有腐蚀作用。水玻璃在飞机上常用来涂在经过石棉或毡缠绕的导管和电缆等的表面，起胶合、保温、绝热等作用。

单元 3   密封材料与航空涂料

【学习目标】掌握密封材料的功用、对密封材料性质的要求及密封材料的分类；掌握涂料的作用、航空涂层的要求、涂料的基本组成及常用航空涂料。

【重点难点】掌握常用密封材料和航空涂料在使用过程中的要求。

9.3.1   密封材料

1. 密封材料的功用

密封材料是起密封、减振作用的材料，它们能保证飞机机身发动机各系统的附件之间结合紧密，防止漏气、漏油、漏水、压伤或震坏。

2. 对密封材料性质的要求

密封材料应具有良好的密封性、足够的强度、足够的耐汽油性和耐润滑油性，具有较广泛的适用范围及重复使用的可能性和低廉的价格，还应具有吸湿性和耐蚀性。

3. 密封材料的分类

飞机上常用的密封材料有密封胶、密封垫、密封泥子、密封圈和刮圈(片)等。

1)密封胶

飞机上使用的密封胶，主要牌号有 XM-18、XM-22。

XM-18 密封胶主要用于飞机座舱、座舱盖及金属板材铆接、螺栓连接结构的缝内或表面的密封，还可用于与燃油、水接触的螺栓、铆钉及其他金属结合处缝内或表面的密封。

XM-22 密封胶主要用于飞机的机翼、机身和整体燃油箱的密封，尤其适用于尺寸大而不便于加温处理及挠曲变形大的机件。

2)密封垫

飞机上常用的密封垫材料有金属材料、非金属材料和复合材料，非金属材料密封垫又分橡皮垫、橡胶石棉垫和纤维垫等。

(1)金属垫。金属垫是用塑性较好的金属制成的，常用的有工业纯铜垫、黄铜垫、纯铅垫、硬铝垫、软钢垫等。金属垫与其他密封垫相比，有较大的强度和塑性，其中软钢垫和硬铝垫强度更大，但密封受力时变形量较小，因此这类垫主要用于结合面受力较大的附件。

（2）橡皮垫。橡皮垫是在橡胶中加入各种配合剂再经硫化处理后制成的。不同橡胶制成的橡皮垫，其性能和用途也不完全相同。

用天然橡胶制成的橡皮垫抗油性差，通常用作防止漏气、漏水的垫子；用丁腈橡胶和聚硫橡胶等制成的橡皮垫抗油性好，通常用作燃油系统、润滑油系统、液压系统的密封垫。需要注意的是，各系统的橡皮垫不能随便代替。

（3）橡胶石棉垫。橡胶石棉垫是以橡胶、石棉等材料混合后经硫化处理制成的，根据使用橡胶的不同，又分为耐油橡胶石棉垫和不耐油橡胶石棉垫两种。

耐油橡胶石棉垫是用丁腈橡胶制成的，主要用作燃油系统、润滑油系统的密封垫。不耐油橡胶石棉垫根据使用温度和压力的不同，又分为高压橡胶石棉垫、中压橡胶石棉垫和低压橡胶石棉垫3种。

高压橡胶石棉垫适用于温度450℃及压力6MPa以下的环境，其牌号为XB-450，常用作飞机冷气系统、座舱密封系统的密封垫。

中压橡胶石棉垫适用于温度350℃及压力4MPa以下的环境，其牌号为XB-350。

低压橡胶石棉垫适用于温度200℃及压力1.5MPa以下的环境，其牌号为XB-200。

中压橡胶石棉垫和低压橡胶石棉垫一般用于维修地面设备。

橡胶石棉垫的主要缺点是脆性较大、弯曲时容易折断，故在拆装这种垫子时应加以注意。

（4）纤维垫。飞机上常用的纤维垫有纸垫和钢纸垫两类。

纸垫是用甘油和蓖麻油或动物胶浸润过的纸板制成的。这类垫的抗油性好，常用作燃油系统、润滑油系统、液压系统的密封垫，其缺点是能吸收水分，吸水后对金属有腐蚀作用，故纸垫不宜用作防水垫子。

钢纸垫是将棉织品碎屑经氯化锌溶液处理后制成的，也叫作钢纸板。它具有良好的抗油性和一定的弹性、绝缘性，缺点是容易吸收水分。

钢纸板分硬钢纸板和软钢纸板两类。硬钢纸板较光亮，无油渍，主要用于飞机冷气系统的密封。软钢纸板为深褐色，无光泽，有浓厚的油渍（用蓖麻油和甘油浸润过），主要用作燃油系统、润滑油系统和液压系统的密封垫。

（5）复合垫。飞机上常用的复合垫有铜包石棉垫和涂胶铜丝石棉垫两种。铜包石棉垫是用两层薄铜片，中间夹以石棉压制而成的。铜包石棉垫耐高温、耐高压，多用在高温零件结合处，如用作喷气式发动机燃烧室传焰管、活塞式发动机排气管、电嘴等零件的密封垫。

涂胶铜丝石棉垫是用工业纯铜丝或黄铜丝与石棉线织成的布经橡胶及石墨处理后制成的。涂胶铜丝石棉垫可以用来密封工作在150℃以下零件的结合处。

3）密封泥子

飞机上常用的密封泥子是牌号为JLYZ11的座舱密封泥子。它是以聚硫橡胶为主，并加入石棉和白垩等制成的。这种密封泥子具有良好的塑性，能长期保持原有成分的物理性能、力学性质，不易干燥，对镁合金有腐蚀作用，主要用来密封飞机座舱玻璃与铝合金框架的结合处，也可用来密封飞机上管路的间隙和孔洞，以防油液、水分或气体等的渗入或泄漏。

4）密封圈

飞机上还使用各类密封圈、密封条等对零件进行密封，其中用合成橡胶或天然橡胶制成的密封皮碗，使用在作动筒、油泵、选择阀门等运动附件上。常用的密封皮碗的外形有 O 形、V 形和 U 形，应根据特定的用途而选用。

值得注意的是，制造密封圈的材料是按工作条件、温度和液压油品种进行选材配方的，如果不慎将一个特定设计用于静止部件的密封圈装用于运动部件，则很可能出现密封失效的情况，因此使用时应注意标注在密封圈专用包装袋上的标记和件号。

5）刮圈

刮圈的功用是清洁和润滑裸露于外的作动筒或活塞杆表面，一方面防止灰尘污屑渗入系统，另一方面保护活塞杆不受刮伤。

刮圈有金属质和毡质两类，但在使用时常常两者共用（将毡制件装于金属制件之后），以达到更佳的效果。

9.3.2　航空涂料

1. 涂料的作用

凡涂敷到物体表面上，干燥之后能结成坚韧完整的保护薄膜的物质，称为涂料，所形成的保护薄膜称为涂层。最早使用的涂料是以从植物种子中榨取的油或从漆树中取出的漆液为主要原料加工制成的，习惯上称为油漆材料或油漆。

涂料在航空工业上的作用主要有以下四个方面。

（1）保护金属零件不受腐蚀。

（2）使飞机着色，起到装饰、伪装和标志的作用。

（3）使飞机增进流线型，改善空气动力性能，提高反辐射能力。

（4）在飞机电器上起绝缘、绝热作用。

随着航空工业的发展，对航空涂料提出了很高的要求。飞机的飞行环境是很恶劣的，飞机飞行速度快，其表面壳体和气流摩擦产生大量气动热能，这种热能可使飞机表面温度达到 100℃～300℃。飞机飞行高度在 3000～4500m 时，其环境温度可达−45℃，这种冷热变换是在很短时间内发生的，因此涂在飞机表面的涂料应满足这种温度急剧变化的要求。此外，飞机在高空飞行时要受到各种辐射的侵蚀，若在湿热地区降落或停放，其表面又将凝结大量的水分。因此，飞机表面涂料必须能适应这些环境的影响。

对航空涂层的要求可以归纳为以下几点。

（1）涂层要具有致密性和化学稳定性，足以防止空气和电解质的腐蚀。

（2）涂层要具有足够的强度和硬度，能抵抗含有杂质的气流的侵蚀。

（3）涂层能紧密地与金属黏结，并具有足够的弹性，以便在飞机振动时不产生剥落和龟裂。

（4）涂层要光滑，以减小飞机的飞行阻力。

（5）涂层要有足够的耐温性和耐寒性。

（6）涂层重量要轻。

（7）涂层涂刷方便、干燥快、价格低。

2. 涂料的基本组成

目前使用的涂料大都是以植物油或树脂为主要成膜物质，以低分子有机物为溶剂，并根据需要加入增塑剂、催干剂、颜料和填料等组成的。

1）主要成膜物质

主要成膜物质是涂料最重要的成分，它的作用是使涂料很好地和底层材料黏附并形成一层保护膜，同时作为其他组成成分的黏合剂。常用的主要成膜物质有植物油、天然树脂及合成树脂。

（1）植物油。植物油是涂料中使用最早的主要成膜物质，它是制备油基涂料的主要原料。根据结膜情况不同，可把植物油分为如下三类：能干燥结成硬膜的干性油（如桐油、亚麻油等）；干燥结膜很慢的半干性油（如豆油、棉籽油等）；不能干燥结膜的不干性油（如蓖麻油、橄榄油等）。用作涂料的主要成膜物质的一般是干性油。在干性油中，桐油干燥得较快，形成的膜坚硬，耐水性也较好。

（2）天然树脂。天然树脂硬度较大，黏附性和耐水性较好，且涂层表面光滑。常用的天然树脂有松香、虫胶和沥青等。

（3）合成树脂。目前，涂料中合成树脂应用较广，品种也较多，航空工业常用的合成树脂有醇酸树脂、酚醛树脂、环氧树脂、氨基树脂、过氯乙烯树脂、丙烯酸树脂及聚酯树脂等。

2）溶剂

溶剂用来溶解成膜物质，使涂料具有适当的黏度，便于使用。涂料成膜后，溶剂应能够全部挥发掉。目前使用较多的溶剂有以下两类。

（1）油基涂料溶剂。常用的油基涂料溶剂有松节油、松香水、二甲苯等。

（2）树脂涂料溶剂。常用的树脂涂料溶剂有酯、酮、醇、苯、醚等，也有的树脂涂料使用油基涂料的溶剂。一般溶剂都容易挥发，容易燃烧，大部分溶剂的蒸气对人体有害。

3）增塑剂

增塑剂的作用是提高涂层的韧性和弹性。常用的增塑剂有蓖麻油、苯二甲酸二丁酯、磷酸三甲酚酯及某些合成树脂。

4）催干剂

催干剂的作用是加速涂料的干燥过程。常用的催干剂有铅、锰、钴、铁、锌、钙等金属的氧化物或盐类。

5）颜料（染料）

颜料是磁漆（又叫作色漆）的重要组成部分，它除了给涂料增添必要的色彩，还能增加涂料的防护性、耐热性及延长涂层的寿命。

6）填料

填料可以改进涂层的物理性能、化学性能和光学性能，以满足某些特殊性能的要求（如消光、打磨性能），并可降低涂料的成本。使用较多的填料有石膏粉、高岭土、滑石粉等。

3. 常用航空涂料

航空工业常用的涂料主要有酚醛树脂漆类、醇酸树脂漆类、硝基漆类和过氯乙烯漆类。

1）酚醛树脂漆类

酚醛树脂漆类是以酚醛树脂和干性油为主要成膜物质的一类涂料。根据它的组成和功用不同又可分为酚醛清漆、酚醛磁漆和酚醛底漆。

（1）酚醛清漆。酚醛清漆不含填料和颜料，它是以酚醛树脂与桐油熬炼后，加入适当的催干剂，再溶于有机溶剂中的一种透明液体。

酚醛树脂在酚醛清漆中的功用是增加漆膜的硬度，改善漆膜的光泽、耐水性和耐化学腐蚀性，以提高漆膜的耐久性，缩短干燥时间。

酚醛清漆在飞机上主要用于涂饰木器表面，因酚醛清漆透明，故可显示木器的底色和花纹，也可用于各种油性磁漆表面罩光。

（2）酚醛磁漆。酚醛磁漆是在酚醛树脂和干性油组成的油漆料中加入颜料和少量填料经研磨而制成的。由于使用颜料的色别不同，因此酚醛磁漆被分成各色酚醛磁漆。酚醛磁漆主要用于金属表面和木质表面的涂饰，以达到装饰和保护的目的。

（3）酚醛底漆。酚醛底漆是直接涂在材料表面上的磁漆，它是在酚醛清漆中加入对金属和木材没有腐蚀性的颜料而制成的。酚醛底漆主要由酚醛树脂、干性油、溶剂和颜料组成，其主要作用是防止金属构件锈蚀，具有防锈、耐热、防潮、附着力强等优点。

2）醇酸树脂漆类

醇酸树脂漆是以醇酸树脂为主要成膜物质的一类涂料，其品种很多，按外观的不同，可分为醇酸清漆、醇酸磁漆、醇酸无光漆和醇酸半无光漆；按配套涂层的不同，可分为底漆和面漆。其中醇酸无光漆由于不反射光，因此可用来喷涂仪表板。

3）硝基漆类

硝基漆是以硝化棉为主要成膜物质的一类涂料，由于其一般用于喷涂施工，所以俗称喷漆。这类油漆干燥迅速，漆膜光泽较好，坚硬耐磨，可以擦蜡打光，便于整饰，而且只要调整组分比例就能制出多种规格的品种，以适应金属、木材、皮革及编织布等物件的需要，因此得到了广泛应用。它的缺点是漆膜耐水性、耐化学腐蚀性及耐溶剂性较差。硝基漆中固体成分含量很低，因此成膜很薄，必须喷涂多次，要消耗大量溶剂,经济性差,而且大部分溶剂有毒性,有害人体健康。

4)过氯乙烯漆类

过氯乙烯漆是以过氯乙烯树脂为主要成膜物质的一类涂料。这类油漆施工方便、干燥快,有良好的大气稳定性、化学稳定性、耐水性、抗菌性和耐寒性,还具有不延燃的性能,在火源撤离后能迅速熄灭。它的缺点是附着力较小、耐热性较差,油漆中固体成分含量低、成膜薄,需要喷涂多层才能得到一定厚度的漆膜。

常用的过氯乙烯漆有 G52-2 过氯乙烯防腐清漆,用于要求防火、防霉、耐酸碱等的零件;G04-2 各色过氯乙烯瓷漆,用于金属、木材及编织布表面;G06-4 过氯乙烯底漆,用于钢铁或木质表面打底;G98-1 过氯乙烯胶液,用于编织布与木材或金属材料的黏合。

4. 油漆清除剂(褪漆剂)的使用

有时要使用褪漆剂清除旧油漆涂层,普通用途的清漆和瓷漆褪漆剂是由活性溶剂、胺、氨水、稀释剂、乳化剂、稳定的氯化溶剂和甲酚的混合物组成,可清除金属表面的清漆涂层和瓷漆涂层。其他如环氧树脂涂层、荧光油漆,都各有相应的最有效的褪漆剂。由于一般褪漆剂及其蒸气都有毒性,并对塑料、橡胶等制件有腐蚀作用,因此,千万不能与塑料及橡胶制件接触,褪漆前应用覆盖材料盖住这些部位。褪漆前,还应仔细阅读褪漆剂的使用说明,要注意在阴凉通风的环境中施工,并做好劳动保护,对褪不尽的部位,不能使用机械工具硬刮,应再次使用褪漆剂。

单元4　航空燃料与航空液压油

【学习目标】了解航空燃料的概念、分类,以及对航空燃料性质的要求;掌握航空喷气式发动机燃料和航空活塞式发动机燃料的区别及其牌号;掌握航空液压油的功用、对航空液压油性质的要求,以及常用航空液压油的种类、性质和用途。

【重点难点】掌握对航空燃料性质的要求;掌握航空喷气式发动机和航空活塞式发动机燃料的区别及其牌号、常用航空液压油的牌号。

9.4.1　航空燃料

燃料是指用来燃烧以取得热能的物质,其包括固体燃料、液体燃料和气体燃料三种。航空燃料一般都是液体燃料。

1. 对航空燃料性质的要求

1)挥发性要适当

燃料由液态变为气态的性质,称为挥发性,也称为蒸发性。航空燃料在发动机中燃烧,是由液态转变为气态,并和空气混合后进行燃烧的。

如果燃料的挥发性过小,就不能迅速形成可燃性气体,造成发动机启动困难,或使燃烧不稳定。如果燃料挥发性过大,飞机在高空飞行时,由于大气压力降低,会使挥发速度加快,燃料容易变成气体充斥在燃油管路系统内造成气塞,使发动机供油量下降,甚至中断。为了保证发动机启动迅速、飞机飞行安全可靠,要求燃料的挥发性要适当。

2)黏度要适当

液体流动时,液体对液体分子移动产生阻力,这种性能称为黏性,或称为内摩擦。黏性的大小用黏度来衡量。喷气发动机用的燃料,必须具有适当的黏度,以保证燃料在燃油管路中顺利地流动、喷油和雾化。燃料黏度过大,流动性差,油泵供油困难,造成供油量下降,同时喷出的油滴大,雾化不良,燃烧速度低,燃烧不彻底;燃料黏度太小,容易发生漏油现象和导致油泵零件磨损,起不到保护作用。

3)低温性要好

燃料的低温性是指燃料在低温下能保证正常供油的性质。燃料在低温下容易析出细小水珠、冰或烃类的微晶体,从而使燃料的流动性降低,造成燃油滤清器的堵塞,油泵供油困难。特别是针对喷气飞机,由于飞得高、高空气温低、耗油量大,因此要求燃料的低温性要好。

4)抗爆性要好

燃料在汽缸内燃烧时产生爆炸,引起震动和冲击波,这种燃烧称为爆震燃烧,简称爆震。燃料燃烧时抵抗爆震的能力称为抗爆性。

抗爆性差的燃料在使用时会使发动机产生爆震,从而使零件的使用寿命缩短、发动机的功率下降、燃料消耗增加。

5)其他要求

对航空燃料的要求,还有应具有良好的化学稳定性,对金属构件没有腐蚀作用、燃料的燃烧值要大、发热量要高等。

2. 航空喷气式发动机用燃料

目前航空喷气式发动机用燃料是航空煤油。航空煤油是石油的直馏产品,其主要成分是沸点在 150℃～250℃ 的烷烃、环烷烃和芳香烃。其中芳香烃含量不大于20%。

航空煤油有 1 号和 2 号两种,其牌号分别以 RP-1 和 RP-2 表示。牌号中的 R 表示石油燃料类,P 表示喷气燃料组,数字表示序号。

3. 航空活塞式发动机用燃料

航空活塞式发动机用燃料是航空汽油。

1)航空汽油的组成

对航空汽油有多方面的要求,其中主要是抗爆性要好,由于单独使用基本汽油(直馏汽油或催化裂化汽油)常不能满足要求,因此还必须在基本汽油中添加高辛烷值成分和抗爆剂等,才能制成具有良好抗爆性的航空汽油。

(1)基本汽油。航空汽油中含量最多的组成部分叫作基本汽油。广泛用作基本汽油的是直馏汽油和催化裂化汽油,它们的主要成分是沸点在 30℃～200℃ 的烷烃和环烷烃,化学稳定性较好,但抗爆性不能满足大功率发动机的需要。

（2）高辛烷值成分。辛烷值是衡量汽油在汽缸内抗爆震燃烧能力的一种数字指标,其数值高表示抗爆性好。高辛烷值成分是指具有高辛烷值的有机化合物,如戊烷、工业异辛烷、苯、甲苯等。这些成分的加入,可以提高基本汽油的辛烷值和品度值。

（3）抗爆剂。加入少量于汽油中能显著提高其抗爆性,但并不改变其他理化性质的物质,称为抗爆剂。目前广泛使用的抗爆剂是铅水(又称为乙液)。铅水是无色、有水果香味、有强烈毒性的油状液体。

2）航空汽油的种类

我国目前使用的航空汽油有75号、95号和100号三种,其牌号分别以RH-75、RH-95/130和RH-100/130表示。牌号中R表示石油燃料类,H表示航空汽油,数字表示抗爆性,数值越大,说明抗爆性越强。

3）航空燃料的性质在使用保管过程中的变化

航空燃料在使用保管过程中,许多性质都会发生变化,其中对发动机工作影响最大的是水分含量和胶质含量的变化。例如,当温度、湿度及燃料的接触环境发生变化时,燃料中的水分和胶质含量也将发生变化,因此为了保证燃料的正常使用,应采取必要的措施以防燃料中的水分含量和胶质含量超标。

9.4.2　航空液压油

航空液压油,又称高压油。它的功用是传递动力以操纵机件,如收放起落架、襟翼、减速板、方向舵、升降舵、副翼、前轮转弯、刹车等都是靠液压油进行操纵的。此外,航空液压油在飞机起落架减振装置中,能吸收撞击动能,从而减少振动。

1. 对航空液压油性质的要求

根据航空液压油的工作条件,对它的性质主要有如下要求。

1）黏度要适当,黏度随温度的变化要小

如果航空液压油的黏度过大,或者随着温度降低而黏度变得过大时,它在导管中流动的阻力就会增大,通过油滤和油孔就更加困难,因而需用更大的压力才能把液压油送至工作部位,这就可能使导管中的压力过大而引起破裂,或使油泵轴上的扭力过大而引起弯曲或折断。同时,液压油的流动阻力增大,流动速度降低,造成机件动作迟缓,严重时甚至会使操纵失灵。

如果航空液压油的黏度过小,或者随着温度升高而变得过稀,从油泵间隙处的回油量就会增多,液压系统各附件的接头及密封处也容易产生渗漏现象,这就会使液压系统的压力降低,各附件的动作迟缓,而使操纵不灵活。

由上可知,航空液压油的黏度不能太大,也不能太小,黏度随温度的变化越小越好。试验证明,一般飞机上使用的液压油,其黏度在70℃时应不小于$8mm^2/s$,在-55℃时应不大于$1.5×10^{-3} m^2/s$,才能保证液压系统的正常工作。

2）凝固点要低

航空液压油的凝固点一般应在-60℃以下，才能保证液压系统在低温下正常工作。

3）润滑性要好

液压系统中零件的摩擦面是靠液压油本身来润滑的，所以航空液压油还必须具有良好的润滑性，才能减少液压系统中的油泵、活塞、作动筒等的磨损。

4）稳定性要好

航空液压油在储存和使用过程中应不易变质、分离和挥发等。

5）不腐蚀相邻零件

航空液压油应不腐蚀液压系统中的金属零件，也不侵蚀液压系统中的橡胶零件和皮制零件等。

2. 航空液压油的种类、性质和用途

在民用飞机上通常使用的航空液压油有三种，即植物基液压油、矿物基液压油、磷酸酯基液压油。

1）植物基液压油

植物基液压油（MIL-H-76644）主要由蓖麻油和酒精组成，它有刺鼻的酒精味并通常被染成蓝色，这种类型的油液是易于燃烧的。虽然这种油液成分与汽车的油液型号类似，但是它们不能互换。这种油液最初是用在较老式的飞机上的。

2）矿物基液压油

矿物基液压油（MIL-H-5606）是从石油中提炼出来的，具有刺激性的气味，呈红色。这种类型的油也是易燃的。

常用的矿物基液压油有10号航空液压油，其牌号为YH-10，其中Y表示液压油种类，H表示航空液压油组，10表示液压油在50℃时运动黏度不小于$10mm^2/s$。

10号航空液压油的黏度适当，并随温度的变化小，凝固点低，在-70℃以下；能保障液压系统在不同温度下正常工作，还能对液压系统的零件起到一定的润滑作用；对金属的腐蚀性也较小，但对橡胶零件的腐蚀性大。

10号航空液压油主要用于飞机的液压系统、减振器和减摆器。

3）磷酸酯基液压油

磷酸酯基液压油是非石油基的合成液压油，其具有较好的防火特性，于1948年才用于高性能的活塞式发动机和涡轮螺旋桨飞机。常用的磷酸酯基液压油有Skydrol-500B液压油，这种油液呈透明紫色，具有较好的低温工作性能和低腐蚀的特点；另一种是Skydrol LD液压油，这种油液重量轻，也呈透明紫色，适宜于采用异丁橡胶作为密封材料的场合，一般用于大型喷气式运输机。

单元5　航空润滑油与航空润滑脂

【学习目标】理解航空润滑油的功用；掌握对航空润滑油的要求；熟记我国常用

航空发动机润滑油的牌号;理解润滑脂的功用;了解润滑脂的组成;熟记常用航空润滑脂。

【重点难点】掌握对航空润滑油的要求和我国常用航空发动机润滑油的牌号;掌握航空润滑油和航空润滑脂的应用对象的区分。

9.5.1　航空润滑油

润滑油简称滑油,主要用来润滑航空发动机零件的各摩擦面,以减少摩擦,提高机械效率,延长零件使用寿命,保障发动机正常工作。此外,它还能起到冷却、保护、密封和清洁等作用。

1. 对航空润滑油的要求

1)黏度的要求

润滑油应具有适当的黏度,才能既保障发动机零件的各摩擦面得到可靠的润滑,同时又使摩擦消耗的能量最少。

如果润滑油黏度过小,就不能保证足够厚度的油膜,容易使零件磨损;如果润滑油黏度过大,又会增加摩擦阻力,使消耗的能量增多,降低发动机的有效功率。润滑油合适的黏度数据由发动机的工作条件所决定。在航空活塞式发动机和航空喷气式发动机中,润滑油的工作条件不同,应具有的黏度也不同。

航空活塞式发动机的曲轴转速较小,承受的负荷较大,同时在发动机工作时,润滑油还要与燃烧区域直接接触,温度较高。由于温度升高时,润滑油的黏度会减小,加上轴的转速较小、负载较大,所以轴和轴承之间较难形成和保持足够厚度的油膜。此外,润滑油还担负着活塞与汽缸之间密封的任务,因此,航空活塞式发动机应使用黏度较大的润滑油,才能保障可靠的润滑和良好的密封。

航空喷气式发动机的涡轮轴转速较大、负载较小,同时,航空喷气式发动机中的润滑油工作时不直接和高温燃气接触,再加上散热条件又较好,所以润滑油温度较低。由此可见,航空喷气式发动机中的润滑油是在转速较大、负载较小、温度较低的条件下工作的,轴与轴之间较易形成和保持足够厚度的油膜。因此,航空喷气式发动机中应使用黏度较小的润滑油。

此外,润滑油的黏度随温度的变化要小。发动机在冬季地面起动或高空停车后再次启动时,外界的温度都很低,如果这时润滑油的黏度变得过大,启动就会发生困难。而且,当发动机开始工作后,润滑油的温度就会逐渐升高,如果在温度升高后润滑油的黏度变得过小,则不能保证足够厚度的油膜。因此,为了保障发动机在低温下易于启动和在高温下润滑可靠,润滑油的黏度随温度的变化应越小越好。

2)化学稳定性要好

飞机上润滑油箱的容积通常都较小,为了保障发动机零件各摩擦面之间的润滑和散热,润滑油在润滑油系统中循环的次数很多,一般为每小时 20～40 次,有时高达 70～80 次,这样就使润滑油和空气中氧气的接触机会大大增加,而且润滑油的工作温度又较高,所以就造成了良好的氧化条件,从而使润滑油容易被氧化。

润滑油氧化后会生成积炭、胶质、有机酸等物质,这些物质容易引起零件过热、堵塞油滤、腐蚀金属等问题,所以航空发动机中使用的润滑油应具有良好的化学稳定性。

3）凝固点要低

凝固点高的润滑油在温度低时容易失去流动性。发动机在冬季启动时,润滑油的温度很低,而且在高空停车后,由于高速气流吹过的冷却作用,润滑油温度会下降到更低,因此如果润滑油在低温下不能顺利流动,它就不能被迅速地送到各摩擦表面以保证润滑,零件也就会遭到磨损。所以,航空发动机中使用的润滑油应具有低的凝固点。

4）对金属无腐蚀性

航空发动机的转速很大,零件的负荷也很大,即使轴或轴承的表面只有轻微的腐蚀,也会很快遭到腐蚀破坏。所以,航空发动机中使用的润滑油应对金属没有腐蚀性。

5）无机械杂质和水分

润滑油中的机械杂质是指不溶于其中的尘土、沙粒、锈皮等固体物质。这些物质进入摩擦面会增加零件的磨损,还会堵塞油滤,防碍润滑油的正常循环。水分会增加润滑油的腐蚀性。因此,航空发动机中使用的润滑油应不含机械杂质和水分。维护工作中,在向发动机加油前,应该检查其中有无机械杂质和水分。

2. 我国常用航空发动机润滑油牌号

1）航空活塞式发动机用润滑油

航空活塞式发动机用润滑油主要是 20 号航空润滑油,其牌号为 HH-20。牌号中的第一个字母 H 表示润滑油类,第二个字母 H 表示航空润滑油组,数字表示润滑油黏度。

HH-20 航空润滑油的黏度较大、化学稳定性好,比较适合在航空活塞式发动机上使用。它的缺点是凝固点较高,特别是在低温下黏度还会增大,所以在冬季时发动机启动困难,常需用汽油冲淡,或者对发动机进行加温。

2）航空喷气式发动机用润滑油

航空喷气式发动机用润滑油主要是 8 号航空润滑油,其牌号为 HP-8。牌号中的字母 H 表示润滑油类,第二个字母 P 表示航空喷气式发动机润滑油组,数字 8 表示润滑油黏度。

HP-8 航空润滑油的黏度较小、凝固点较低,比较适合在航空喷气式发动机上使用。

4104 合成润滑油是由癸二酸二异辛酯和复酯为基本润滑油,加入适量的抗氧化剂、抗腐蚀剂等添加剂制成的。这种润滑油可长期在−40℃～140℃下使用,短期工作温度可达 175℃,适用于涡轮螺旋桨发动机的润滑。

4109合成润滑油是由季戊四醇与癸二酸二异辛酯按一定比例混合,并加入抗氧化剂、抗腐蚀剂及抗磨损剂等添加剂制成的。这种润滑油在-50℃~170℃下使用,短期工作温度可达200℃,适用于高温的航空涡轮喷气式发动机的润滑。

3. 航空润滑油的性质在使用和保管过程中的变化

航空润滑油在使用和保管过程中,由于受到外界因素的影响,其性质会发生变化。例如,尘土和水分的增加会增加对零件的磨损和腐蚀;在高温下航空润滑油会发生燃烧和分解现象,航空润滑油燃烧分解后会产生易挥发的轻质成分,也会产生炭渣等重质成分,轻质成分的生成会使航空润滑油的闪点降低,易于着火燃烧(闪点是指可燃性液体在规定条件下加热到它的蒸气和周围的空气形成混合气体,与火焰接触发生闪火时的最低温度,闪点和着火点的区别在于着火点要求燃烧至少5s),碳渣的生成则使航空润滑油机械杂质增多;航空润滑油氧化后会生成有机酸和胶质等,这些物质的生成会使润滑油的黏度增大、腐蚀性增加。

由于航空润滑油的性质在使用时不可避免地会逐渐发生变化,因此当其性质变化到一定程度后,就不能继续使用了,所以航空润滑油在使用到一定期限后就要更换。

9.5.2 航空润滑脂

润滑脂又称油膏,是一种半固体状的润滑油料。它比润滑油黏稠,对金属有更强的黏附力,不易流失,也不易被挤出,所以适宜使用在飞机上负荷大、周围不密封和不经常加油的摩擦部位,用以减少摩擦、防零件磨损、保护金属表面、防生锈、密封零件之间的间隙、防漏气或防外界尘土、水分进入等。

虽然润滑脂的黏度很大,但是使用在摩擦部位产生的阻力也大,消耗的能量也多,所以它不能代替润滑油来润滑飞机部件。

1. 润滑脂的组成

润滑脂由润滑油、稠化剂和添加剂组成。

1)润滑油

润滑油的作用是使润滑脂具有润滑性,它是润滑脂的主要组成部分,含量为70%~90%。润滑油多数是从石油中提炼出来的,如黏度较小的HY-8仪表油或黏度较大的HH-20航空润滑油等。

2)稠化剂

稠化剂是用来使润滑油变稠的物质,它在润滑脂中形成结构骨架,润滑油就充满在它的空隙处,就像水充满在海绵中一样。这样,润滑脂涂在零件上后,其中的润滑油就不易流失了。目前所用的稠化剂主要有皂类和烃类两种。

稠化剂对润滑脂的性质有很大的影响,如由于皂类对金属的吸附能力较强,能在金属表面形成坚韧连续的油膜,因此皂类润滑脂有较好的润滑性,适于作减磨润滑脂;由于石蜡、地蜡等烃类不易氧化,因此烃类润滑脂有较好的化学稳定性,适于作防护润滑脂。

3）添加剂

为了改善润滑脂的某些性质，有的润滑脂中还加入了添加剂，如加入二苯胺以提高润滑脂的化学稳定性、加入石墨以提高润滑脂的耐热性和耐压能力等。

2. 常用航空润滑脂

根据功用不同，常用航空润滑脂可分为减磨润滑脂、防护润滑脂和密封润滑脂三类。

1）减磨润滑脂

减磨润滑脂主要用来减少零件摩擦以防磨损，它有较好的润滑性。减磨润滑脂多数为皂基润滑脂，目前使用的主要有2号低温润滑脂和4号高温润滑脂两种。2号低温润滑脂具有很好的耐寒性、耐热性，能在-60℃～120℃下保持良好的润滑性。在飞机上2号低温润滑脂主要用于润滑操纵系统的摩擦部位、起落架的铰接处、抛弹机构的活动部位，以及仪表和无线电装置的摩擦零件等。4号高温润滑脂具有很好的耐热性，能在180℃下工作。它的耐寒性较差，在0℃时就变得很黏稠、不易涂抹，润滑性也降低。4号高温润滑脂主要用来润滑受力较大和温度较高的零件，如飞机的机轮轴承、活塞式发动机的气门杆和摇臂等。

2）防护润滑脂

防护润滑脂主要用来保护金属表面不被腐蚀。这种润滑脂本身不腐蚀金属，并且能在金属表面长期维持一定厚度的脂层，以防水分、空气等和金属接触。防护润滑脂多数为烃基润滑脂，目前使用最多的有工业凡士林和炮用润滑脂两种。

（1）工业凡士林。工业凡士林又称机械凡士林，它的耐水性、化学稳定性都很好，但耐热性差，飞机上广泛用于油封金属零件。工业凡士林也可在温度不超过45℃、负荷不大的条件下作为减磨润滑脂使用。

（2）炮用润滑脂。炮用润滑脂又称普通炮油，它具有很好的耐水性、化学稳定性，但耐热性差。炮用润滑脂的黏度较大，冬季使用不方便，其主要用于飞机上炮身的外表面和飞机外壳接缝处。在飞机被封存时，所有较粗糙的零件外部都要涂抹这种润滑脂，以防腐蚀，但由于其带有碱性，因此炮用润滑脂不宜用于油封有色金属零件。

3）密封润滑脂

密封润滑脂在飞机上主要用来密封燃料系统、润滑油系统、液压油系统、防冰液系统及冷气系统的结合处的密封螺帽、螺纹和开关部位等。这类润滑脂有很好的密封性，对金属的黏附能力强，与水不起反应。目前使用的密封润滑脂主要有5号耐汽油密封润滑脂和2号多效密封润滑脂。

单元6　航空清洁剂与航空防冰液

【学习目标】了解几种常用的航空清洁剂和航空防冰液；掌握航空清洁剂和航空

防冰液在使用过程中应该注意的事项。

【重点难点】掌握航空清洁剂和航空防冰液在使用过程中应该注意的事项。

9.6.1　航空清洁剂

经常清洗飞机并保持飞机的清洁是极其重要的,这样有利于防腐和发现损伤。被批准用来清洁飞机的航空清洁剂有许多不同的种类,应根据需要选用。常见的航空清洁剂有肥皂、去污粉、溶剂、乳化剂和化学清洁剂等,有时也会用到研磨膏、砂纸等适合于机械操作的清洁材料。其中,肥皂和去污粉属于轻量型的清洁剂,溶剂和乳化剂则属于强力型的清洁剂。

1. 肥皂和去污粉

由于肥皂和去污粉无毒、不易燃烧,因此使用时应优先采用。

温性的皂液可用来清洗轮胎上的润滑油、液压油、燃油和黄油,也可用于清洁塑料(包括有机玻璃)表面,还可用于清洁螺旋桨和旋翼。

肥皂和去污粉广泛用于机舱内部的清洗,由于其具有不褪色、不缩水的洗涤特性,因此常用来清洗舱窗、地毯、布制品等。

2. 溶剂

1)高闪点干洗溶剂

高闪点干洗溶剂是一种经特殊提炼的石油产品,它具有汽油一样的高挥发溶解能力,可燃性与常用煤油相当,比较安全,还具有清除油脂、油液和轻微污垢的能力。

2)脂肪族石脑油和芳香族石脑油

脂肪族石脑油和芳香族石脑油这两种溶剂都属轻汽油。脂肪族石脑油适用于喷涂漆层前的擦拭清洁工作,也可用于清洗丙烯和橡胶材料,而芳香族石脑油具有毒性,而且对丙烯和橡胶制品有侵蚀作用,所以使用时要特别加以区分。

3)丁酮(MEK)

丁酮常作为清洁剂来清洗金属表面,或用于小面积褪漆,有很强的溶释力,也常用于去除蒙布表面的油脂,以便涂刷涂布油。丁酮的闪点很低,使用时要注意安全。

4)煤油

通常将煤油与乳化剂类的清洁剂相掺和,用来溶化机件上的防锈油封厚层,也可将其他溶剂型清洁剂和煤油按 1∶2 比例调剂;用来清除积炭。

5)专用于氧气系统的清洁剂

氧气系统需要专用的清洁剂来清洗,以防清洗过的氧气设备表面留有油脂造成火患。这些专用的清洁剂有脱水酒精、异丙醇(防冰液)和异丙醇与氟氯烷的混合液等,可用来清洗氧气系统中的外部附件,如氧气面罩和管路,但不能将清洁剂注入氧气瓶或调压装置内。在使用异丙醇与氟氯烷的混合液时,要防止蒸气吸入中毒和因接触过多以致皮肤过敏的情况发生。

3. 乳化剂

乳化溶剂和乳化水溶液常用于清除顽渍,如清除发动机外皮的油污,沥青之类的物质也可用乳化剂来清洗。

4. 化学清洁剂

常用的化学清洁剂有磷酸柠檬酸混合液、小苏打和硼酸之类的弱酸等。

磷酸柠檬酸有Ⅰ型和Ⅱ型两种：Ⅰ型可直接用来清洁铝表面；Ⅱ型则为浓缩液，使用时必须加无机酒精和水稀释，由于此类清洁剂对人体有害，因此操作时应带橡胶手套和护目镜。

小苏打和硼酸之类的弱酸用于清洗和中和电瓶舱的致蚀物质，清洗后要用试纸检验废清洗液的 pH 值。

需要注意的是，许多清洁剂是易燃、易爆的，使用时应注意遵守有关的防火安全守则。

9.6.2　航空防冰液

飞机在高空低温下飞行时，空气中的水分会在座舱风挡玻璃、螺旋桨及其他零件表面上结成很厚的冰层，这不仅会增加飞机的重量，降低飞行速度，而且还会妨碍飞行员的视线和影响飞机的正常操纵。因此，为了防止这种现象的发生，可把一种液体不间断地喷洒在可能结冰的表面，使冰粒迅速溶解并挥发掉，这种能够防止结冰的液体，称为防冰液。常用的航空防冰液有精馏酒精和酒精甘油混合液两种。

1. 精馏酒精

精馏酒精是经过精馏所获得的浓度很大的酒精。其中纯酒精的含量按体积计为 95.5%，其余为水和微量杂质。

精馏酒精作为防冰液的优点：冰点低（-114℃），符合低温下的使用要求；能迅速溶解冰粒，并能和水组成冰点很低的溶液；无色透明，不会影响飞行员的视线。精馏酒精作为防冰液也有缺点，主要是沸点较低，容易挥发，所以消耗量较大，而且容易着火。精馏酒精适宜用作座舱风挡玻璃的防冰液。

2. 酒精甘油混合液

酒精甘油混合液是由 85% 的精馏酒精和 15% 的纯净甘油（均按重量计）组成的。它与精馏酒精比较，除了黏度较大，其他性质基本相同。

由于酒精甘油混合液的黏度较大，因此不易被高速旋转的螺旋桨甩掉，故适宜于作螺旋桨的防冰液。酒精甘油混合液不宜用在座舱风挡玻璃上，因为其成分中的酒精容易挥发而使透光性降低。

由此可见，这两种防冰液不能互相代用，应分别存放，避免混用。

习题和思考题

1. 从不同角度说明陶瓷材料的定义。

2. 简述陶瓷材料的优点、缺点及其在航空工程的应用。

3. 在纺织材料中,纱的粗细用什么量来表示?

4. 简述常用航空纺织材料及其特性。

5. 对航空绝缘材料应有哪些基本要求?

6. 航空常用的有机绝缘材料和无机绝缘材料分别主要有哪几种?

7. 常用航空绝热材料有哪些? 各有哪些特点?

8. 航空密封材料应具有哪些性质? 密封材料分为哪几类?

9. 航空涂料的作用有哪些? 对航空涂料的要求是什么?

10. 涂料由哪些成分组成? 分别起什么作用?

11. 常用航空涂料有哪几种?

12. 航空燃料应具备哪些性质? 喷气式发动机和活塞式发动机分别使用什么燃料?

13. 为什么航空液压油应具有合适的黏度? 黏度过大或过小会造成怎样的危害?

14. 航空液压油分为哪几类? 分别具有什么样的性质?

15. 航空润滑油和航空润滑脂能否交换使用? 喷气式发动机和活塞式发动机的润滑油能否交换使用? 为什么?

16. 润滑油在使用和保管过程中会产生怎样的变化?

17. 常用航空润滑脂有哪些种类?

18. 常用的航空清洁剂有哪几种? 各用于什么场合?

19. 航空防冰液的作用是什么? 常用的航空防冰液有哪些?

模块 10
零件的选材、失效与金属表面处理

正确合理地选用机械工程材料,是机械设计和制造的重要内容。这不仅影响单个零件及整台机器的制造质量和使用性能,而且对生产周期和成本也有很大影响。选择机械工程材料时,必须熟悉材料的性能及其改善方法,全面分析零件的工作条件、受力情况及其可能失效的形式等,才能满足要求,制造出质优价廉的零件。

金属表面处理是制造高质量机械零件的重要工艺方法之一,其主要包括表面强化处理、表面防腐处理和表面装饰处理等。通过金属表面处理,不仅能提高零件的力学性能,延长零件的使用寿命,而且还可以起到美化产品外观的作用。

单元 1 零件的失效

【学习目标】了解机械零件失效的含义;掌握零件失效的形式及失效原因。
【重点难点】掌握机械零件失效形式的判断方法。

机械零件都具有一定的使用寿命,在使用寿命期内零件丧失其规定的功能,称为失效。零件的失效,特别是事先没有明显征兆的失效,常常会带来巨大的损失。因此,选择机械工程材料时必须考虑零件可能发生的失效形式。

10.1.1 失效形式

1. 断裂失效

断裂失效是指零件完全断裂而无法工作的失效,它是最危险的一种失效形式,往往会导致机械设备毁坏、飞机失事、船舶沉没等重大事故。断裂失效的主要形式有塑性断裂、疲劳断裂、蠕变断裂和低应力脆性断裂等。

2. 过量变形失效

过量变形失效是指零件在工作过程中产生的变形量超过了允许的范围而造成的失效,其主要包括过量弹性变形失效和过量塑性变形失效两种形式,如车床主轴在工作过程中发生过量的弹性弯曲变形时,不仅振动加剧,使轴和轴承配合不良,而且会造成加工零件的质量严重下降;高压容器的紧固螺栓因发生过量塑性变形而伸长,从而导致容器渗漏。

3. 表面损伤失效

表面损伤失效是指零件在工作中,因机械作用和化学作用,使零件表面损伤或精度下降的失效,其主要包括表面磨损失效、表面腐蚀失效和表面疲劳失效等。

一个零件可能有几种失效形式,但一般不可能几种同时起主要作用,其中只有一种起决定性作用,如齿轮失效可能有轮齿断裂、齿面磨损、齿面点蚀、硬化层剥落或齿面过量塑性变形等,在这些失效形式中,哪一种为主,应具体分析。

10.1.2 失效原因

零件失效的原因有很多,一般要从设计、选材、加工工艺和装配及使用等几个方面来进行分析。

1. 设计不合理

零件结构形状、尺寸等设计不合理,如存在尖角、尖锐缺口、过渡圆角太小等均可造成应力集中。对零件工作条件(受力性质与大小、工作环境)的变化情况估计不足或判断错误、安全系数小,会使零件性能不能满足工作性能要求而失效。

2. 选材不合理

选材不合理包括以下几种情况:所选材料的性能不能满足零件工作性能要求;所选材料质量不符合标准要求;选择了错误的材料。

3. 加工工艺不当

零件或毛坯在加工或成形过程中,加工工艺方法、工艺参数不正确,可能会导致某些缺陷的产生,从而使零件失效,如切削加工后零件表面刀痕较深、粗糙度过大;锻造时产生过热、过烧;热处理过程中零件表面氧化、脱碳等。

4. 装配及使用不当

机械装配时不符合技术要求,如固定不紧、重心不稳、润滑条件不良、密封不好等都会引起零件的失效。如果使用过程中不按规程操作和维护,保养不善或过载使用,也往往导致零件过早地失效。

零件的失效往往不只是单一因素造成的,也可能是多种因素共同作用的结果。因此,分析零件失效的原因是一项复杂、细致的系统工程,其工作内容包括收集失效零件的残体,全面调查了解失效零件的工作条件,必要时还要采用各种测试手段或模拟试验。根据零件的失效特征,对零件的设计、选材、加工工艺、装配及使用等方面进行综合分析,最后确定失效原因,提出改进措施。

单元2 材料的无损检测技术

【学习目标】了解材料质量检验方法的分类;掌握射线探伤、超声波探伤、渗透探伤、磁粉探伤的工作原理、方法及检验程序。

【重点难点】掌握射线探伤、超声波探伤、渗透探伤、磁粉探伤的工作原理及检验程序。

材料质量的检验方法有破坏性检验和非破坏性检验两种。破坏性检验首先要将被检对象破解,因而破坏了被检对象的使用性能,对其进行力学性能检测、化学成分取样分析、金相分析、爆破试验等。非破坏性检验,又称无损检测,它以不破坏被检对象的使用性能为前提,应用物理或化学的方法,检验材料的完整性、连续性或其他性能。无损检测不仅适用于对材料质量的检验,也用于对毛坯质量和零件质量的检验。下面简要介绍几种常用的无损检测技术。

10.2.1 射线探伤

射线探伤又称射线检验,是利用射线照射工件以检查其内部是否有缺陷的无损检测方法。根据射线源种类的不同,可分为 X 射线、γ 射线和高能射线等。根据其显示缺陷方法的不同,又可分为射线照相法、射线荧光屏观察法、射线实时图像法、射线电离法和射线计算机断层扫描法等。

1. 射线探伤设备

1）X 射线机

X 射线机按其结构形式分为便携式 X 射线机、移动式 X 射线机和固定式 X 射线机。便携式 X 射线机体积小、重量轻,适用于施工现场和野外作业时的检验工作;移动式 X 射线机能在车间或实验室内移动,适用于较厚工件的探伤;固定式 X 射线机固定在确定的工作环境中,靠移动工件来进行探伤,适用于更厚工件的探伤。

X 射线机通常由 X 射线管、高压发生器、控制装置、冷却器、机械装置和高压电缆等部件组成,其中 X 射线管是产生 X 射线的关键装置。X 射线产生装置示意图如图 10-1 所示。

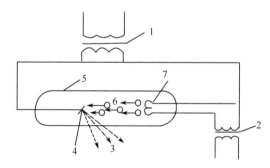

1—高压变压器；2—灯丝变压器；3—X 射线；4—阳极；5—X 射线管；6—电子；7—阴极

图 10-1　X 射线产生装置示意图

X 射线机工作时,阴极灯丝通以电流（称为管电流）达到白炽状态后即释放出热电子,这些电子在阴极和阳极间的高电压（称为管电压）电场作用下,以极高的速度射向阳极靶。具有极大动能的电子撞击阳极靶后,其绝大部分动能转变为热量被阳极吸收,另一小部转变为 X 射线,透过 X 射线管的管壁向被检工件发射。管电压越高,产生的射线能量也就越大,射线穿透能力也就越强。所以,探伤时应根据被检工件的厚度来选择射线能量。

2)γ 射线机

γ 射线是由放射性物质内部原子核在自然衰变过程中产生的,γ 射线机上常用的射线源有 Co60、Ir192、Cs137 等。γ 射线的波长比 X 射线短,因而射线能量高,具有更大的穿透力。

由于 γ 射线是从射线源内自行发出的,所以 γ 射线机比 X 射线机的构造简单。γ 射线机主要由放射源、工作容器和操纵装置组成。采用铅、钨等材料制造的工作容器可起到屏蔽射线的作用,其可分为如下两类:①1 类容器,射线源在工作容器内直接进入工作状态,发出射线进行检测,如图 10-2 所示;②2 类容器,射线源由工作容器经过特定的管道,传送至曝光探头进行探伤。曝光探头可以同时向不同方向发出射线,发射一次就可以进行较大范围的检查。

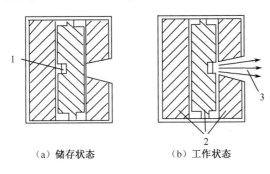

（a）储存状态　　　（b）工作状态

1—射线源;2—屏蔽材料;3—γ 射线

图 10-2　γ 射线 1 类容器工作示意图

3)加速器

加速器是带电粒子加速器的简称,它是利用电磁场使带电粒子(如电子、质子、氘核、氦核及其他重离子)获得能量的装置,还可用于产生高能 X 射线(能量大于 0.16pJ 的 X 射线)。

由于加速器具有射线束能量、强度与方向均可精确控制,能量可高达 5.6pJ,探伤厚度达 500mm(钢铁),探伤灵敏度高达 0.5% ~1% 的优点,因此加速器的应用越来越广泛。

2. 射线探伤方法

1)射线照相法

射线照相法探伤是通过射线底片上的缺陷影像,对照有关标准来评定被检工件内部质量的一种方法。

射线在穿透物质的过程中会因其被吸收和散射而强度减弱。如图 10-3 所示,当平行射线束穿过工件时,由于缺陷内部物质(空气、非金属夹渣等)对射线的吸收能力比金属对射线的吸收能力要低得多,因而透过缺陷部位(图10-3中A、B)的射线强度要高于周围部位。在感光胶片上,有缺陷的部位将接受较强的射线曝光,经暗室处理后在底片上就会产生黑色缺陷影像。这种缺陷影像的大小就是工件中缺陷在投影面上的大小。

2)射线荧光屏观察法

射线荧光屏观察法与射线照相法的不同之处,在于它反映缺陷不是用底片而是用荧光屏。如图10-4所示,检验时,将工件放在观察箱上,X射线管发出的射线透过被检工件,照射到涂有荧光物质的荧光屏上,激发出不同强度的荧光而得到工件内部的影像。影像被平面镜反射后,通过平行于镜子的铅玻璃可观察到工件内部的缺陷影像。

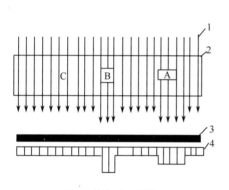

1—X射线；2—工件；

3—胶片；4—底片黑度变化

图10-3　射线照相法示意图

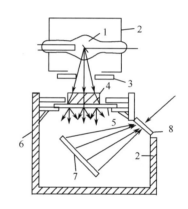

1—X射线管；2—防护罩；3—铅遮光罩；4—工件；

5—荧光屏；6—观察箱；7—平面反射镜；8—铅玻璃

图10-4　射线荧光屏观察法示意图

10.2.2　超声波探伤

超声波是频率大于20 000Hz的机械波,超声波探伤是利用超声波在不同介质中的传播、反射速度,以及衰减速率等物理特性的不同来发现缺陷的一种探伤方法,又称超声波检验,其主要用于工件内部缺陷的检验。超声波探伤具有穿透力强、无污染、效率高、成本低等优点。

1. 超声波探伤设备

超声波探伤设备主要包括超声波探伤仪和超声波探头。

超声波探伤仪的主要功能是产生与超声波频率相同的电振荡,激励探头发射超声波。同时,它又将探头接收到的回波转换成电信号并予以放大、处理,再以一定方式在示波屏上显示出来。

超声波探头又称压电超声换能器,是实现电—声能量相互转换的能量转换器件。常用的超声波探头有直探头、斜探头和表面探头等。直探头内部结构及工作原理示意图如图10-5所示,直探头主要由保护膜、压电晶片、吸收块和匹配电感组成,其中,压电晶片是由单晶(石英、硫酸锂和碘酸锂等)或多晶(钛酸钡、钛酸铅和锆钛酸铅等)材料切割成薄片而制成的。压电晶片两表面敷有银层作电极,"−"极引出的导线接发射端,"＋"极引出的导线接地。吸收块的作用是吸收杂波,并使压电晶片在激励电脉冲结束后能将声能很快损耗掉而停止振动,以便接收反射声波。保护膜可使压电晶片免于和工件直接接触而受到磨损。匹配电感可使超声波探头与超声波探伤仪的发射电路匹配,以提高发射效率。

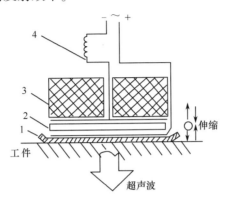

1—保护膜;2—压电晶片;3—吸收块;4—匹配电感

图10-5 直探头内部结构及工作原理示意图

当高频电压加于压电晶片两面电极上时,由于逆压电效应,压电晶片会在厚度方向产生伸缩变形的机械振动。当压电晶片与工件表面良好耦合时,机械振动就以超声波形式传播进去,即发射超声波;反之,当压电晶片受到超声波作用(遇到异质界面反向回来)而发生伸缩变形时,正压电效应又会使压电晶片两表面产生不同极性电荷,形成超声频率的高频电压,即接收超声波。因此,一个超声波探头既可用于单独发射超声波或接收超声波,也可同时兼有发射和接收超声波的功能。

2. 超声波探伤的工作原理

超声波探伤的工作原理示意图如图10-6所示。超声波探伤仪由触发电路、时基电路、发射电路、接收电路和显示器(示波器)等部分组成。超声波探伤仪工作时,触发电路发出电脉冲、时基电路产生锯齿电压,在显示器的横坐标(X_1—X_2)上产生一条相当于时间坐标的水平扫描线(称时间基线),发射电路产生调频脉冲电压,加在发射探头上,发射探头将电波转变成超声波,并传入工件中。超声波经缺陷或工件底面反射后,传回接收探头,接收探头再将超声波转变为电波,经接收电路检波、放大后,在显示器的纵坐标(Y_1—Y_2)上显示出来。显示器上的 T 波为发射波,F 波为缺陷波,B波为底波。各脉冲波的高度与接收到的超声波的能量成正比,显然,T 波最高,而 F波和 B 波较低。根据 F 波在横坐标上的位置,可以对缺陷的深度进行定位,根据 F 波的高度,可以估计缺陷的大小。如果缺陷在垂直于超声波传递的方向上面积较大,而将超声波全部反射,则显示器上没有 B 波出现。如果缺陷方向与超声波传递方向平行,则对此类缺陷探测的灵敏度将大大降低。因此,对同一工件的同一部位,有时需要从不同方向多次探测,或利用两个或多个超声波探头从不同的方向进行探测。

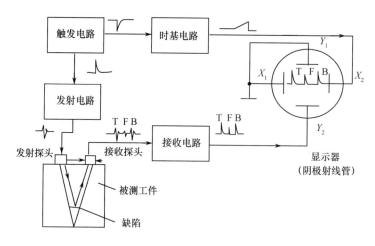

图 10-6　超声波探伤的工作原理示意图

10.2.3　渗透探伤

渗透探伤是利用带有荧光染料(称为荧光法)渗透剂或红色染料(称为着色法)渗透剂的渗透作用,显示工件表面开口缺陷痕迹的无损检验方法。渗透探伤的具体步骤如下。

1) 预处理

在渗透探伤前,彻底清理工件表面影响渗透液渗入缺陷的杂物,如油污、锈蚀、氧化皮、焊渣和黏砂等,可采用酸洗、碱洗或钢丝刷去除,但绝对不允许采用喷砂、喷丸、砂轮打磨等,以免堵塞缺陷开口。

2) 渗透

用浸浴、刷涂或喷涂等方法将渗透剂涂敷到工件受检表面。渗透剂必须湿润全部受检表面,并保证足够的渗透时间(一般为 15 ~ 30min)。

3) 清洗

将工件表面上多余的渗透剂除去,然后用水或清洗剂清洗,但不要把缺陷里面的渗透剂洗掉。

4) 干燥

用清洗剂清洗时,应自然干燥或用布、纸擦干,不需要加热干燥。用水清洗并采用干粉显像或快干式显像时,才需要干燥处理。

5) 显像

在工件受检表面上刷涂或喷涂一层薄而均匀的显像剂,由于毛细作用,缺陷内残留的渗透剂会慢慢地被吸出,并在显像剂上显现。

6) 检验

采用红色染料渗透剂在白光下观察,缺陷呈红色图像;采用荧光染料渗透剂在暗室内的紫外灯光下观察,缺陷显示出明亮的荧光图像。根据显现图像的形貌特征,可以大致判别缺陷的类别,但不能判断缺陷的深度。

渗透探伤具有设备简单、操作容易、成本低、缺陷显示直观等优点,且不受被检工件形状、被检工件大小大小、场地、电源等方面的限制,广泛用于金属材料和非金属材料构件表面开口缺陷的质量检验。

10.2.4 磁粉探伤

磁粉探伤是利用在强磁场中铁磁性材料表面或近表面缺陷产生的漏磁场吸附磁粉的现象而进行的无损探检方法。磁粉探伤主要用来检查钢铁材料(奥氏体钢除外)的表面或近表面缺陷。磁粉探伤具有设备简单、操作容易、快速、直观及对表面缺陷检测灵敏等特点。

磁粉探伤在磁粉探伤机上进行,磁粉探伤机由磁化装置、工件夹持装置、磁悬液喷撒装置和退磁装置等组成。

1. 磁粉探伤的工作原理

磁粉探伤的工作原理示意图如图 10-7 所示。当被检工件磁化时,其内部有磁力线通过。如果被检工件内部有气孔、夹渣、裂纹等缺陷存在,构成缺陷的是非磁性物质,磁阻很大,必将引起磁力线在被检工件中的分布发生变化,即在缺陷处的磁力线发生弯曲。图 10-7 中,缺陷 A 是表面开口缺陷,弯曲的磁力线进入空气在被检工件表面就会形成漏磁场,并在缺陷两侧形成 N-S 磁极。如果在被检工件表面撒布适量磁粉,则在磁极附近有明显的磁粉积聚,从而发现肉眼难以观察到的细微缺陷(如微小裂纹);缺陷 B为近表面不开口缺陷,显然,如果它与缺陷 A 的形状和尺寸相同,则造成的漏磁场较小,检验的灵敏度也有所降低,而缺陷 C 则完全不能用此法检验出来。

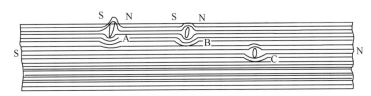

图 10-7 磁粉探伤的工作原理示意图

2. 磁粉探伤检验程序

根据被检工件的材料、形状、尺寸,以及需检查缺陷的性质、部位、方向和形状等的不同,所采用的磁粉探伤方法也不尽相同,但其探伤步骤大体如下。

1)预处理

在探伤前,用机械或化学方法清理工件表面,目的是使磁粉容易流动,以便于漏磁场的吸附。

2)磁化

在外加磁场的作用下,使被检工件内部产生磁场的过程叫工件的磁化。根据建立磁场的方向不同,磁化方法分为周向(横向)磁化法、纵向磁化法、复合磁化法和旋转磁化法。

在检验有方向性的缺陷(如裂纹、夹层、未焊透等)时,被检工件的磁化方向对检验的灵敏度影响很大。当磁化磁场的磁力线与缺陷断面垂直时,能在缺陷处获得最大的漏磁场。因此,为了得到较高的检验灵敏度,通常在被检工件上至少使用两个近似相互垂直方向的磁化磁场(包括使用旋转磁化的情况)。

3)喷洒磁粉或磁悬液

将磁粉或磁悬液喷洒在被验工件表面,磁粉和磁悬液是显现缺陷的介质。磁粉是铁磁性的金属微粒,磁悬液是将磁粉与液体介质(变压器油,或煤油与润滑油的混合液,或含乳化剂的水)按一定比例混合而成的磁粉的悬浮液。

4)磁痕观察及评定

采用荧光磁粉时,磁痕观察必须在暗室紫外线灯下进行,观察时可以借助低倍放大镜;采用非荧光磁粉时,可在一般照明光源下直接观察磁痕。确定缺陷后,要绘制磁痕草图或通过照相做记录。

5)后处理

对被检工件进行退磁,即将工件经磁粉探伤后残留的磁场减小为零,并对其进行清洗、干燥和防锈,最后记录结果。

单元 3　选材的原则、方法和步骤

【学习目标】理解机械工程材料的选择原则;掌握机械工程材料的选择方法和步骤。

【重点难点】掌握机械工程材料的选择原则和方法。

选择机械工程材料,不仅要考虑材料的性能是否能够满足零件工作条件的要求,使零件达到设计使用寿命,而且还要求材料具有较好的加工工艺性和经济性。只有满足使用性、工艺性和经济性这 3 个方面的要求时,所选择的材料才为合格材料。

10.3.1　选材的原则

选材应遵循的原则:首先必须保证使用性能要求,然后考虑工艺性和经济性。

1. 保证使用性能要求

零件在正常工作条件下,应完成设计规定的功能并达到预期的使用寿命。当材料的使用性能不能满足零件工作条件的要求时,零件就会失效。因此,材料的使用性能是选材的首要条件。

材料的使用性能主要是材料的强度、刚度、塑性、韧性、耐热性、耐磨性、耐蚀性等性能指标。通过分析零件的工作条件和失效形式,可提出使用性能要求。在可能的情况下,尤其是大量生产的重要零件,可用零件实物进行强度和寿命的模拟试验,以提供可靠的选材依据。在实际工程中,应认真进行分析判断,并根据具体情况对选材的相关数据进行修正。

几种常用零件的工作条件、常见失效形式及主要性能要求如表10-1所示。

表10-1　几种常用零件的工作条件、常见失效形式及主要性能要求

零件（工具）	工作条件			常见失效形式	主要性能要求
	应力种类	载荷性质	其他		
普通紧固螺栓	拉应力、切应力	静载荷	—	过量变形、断裂	屈服强度、抗剪强度、塑性
传动轴	弯应力、扭应力	循环、冲击	轴颈处摩擦、振动	疲劳破坏、过量变形、轴颈处磨损、咬蚀	综合力学性能
传动齿轮	压应力、弯应力	循环、冲击	强烈摩擦、振动	磨损、麻点剥落、齿折断	表面硬度、弯曲疲劳强度、接触疲劳抗力,以及心部屈服强度、韧性
弹簧	扭应力（螺旋簧）、弯应力（板簧）	循环、冲击	振动	弹性丧失、疲劳断裂	弹性极限、屈强比、疲劳强度
油泵柱塞副	压应力	循环、冲击	摩擦、油的腐蚀	磨损	硬度、抗压强度
冷作模具	复杂应力	循环、冲击	强烈摩擦	磨损、脆断	硬度、足够的屈服强度、韧性
压铸模	复杂应力	循环、冲击	高温度、摩擦、金属液腐蚀	热疲劳、脆断、磨损	高温强度、热疲劳抗力、韧性和红硬性
滚动轴承	压应力	循环、冲击	强烈摩擦	疲劳断裂、磨损、麻点剥落	接触疲劳抗力、硬度、耐蚀性
曲轴	弯应力、扭应力	循环、冲击	轴颈摩擦	脆断、疲劳断裂、咬蚀、磨损	疲劳强度、硬度、冲击疲劳抗力、综合力学性能
连杆	拉应力、压应力	循环、冲击	—	脆断	拉压疲劳强度、冲击疲劳抗力

2. 考虑工艺性能要求

工艺性能要求是指所选材料能用最简易的方法制造出合格的零件。材料的工艺性能好坏,对零件加工的难易程度、生产效率、生产成本等方面起着决定性的作用。有些材料如果仅仅从使用性能要求来看是很合适的,但无法加工制造,或加工很困难、制造成本很高,这些都属于加工性能差。

上述材料的加工性能主要包括铸造性能、锻压性能、焊接性能、切削加工性和热处理性能等。

金属材料的加工包括两个方面,即加工成形和改性处理(主要为热处理)。从工艺性角度考虑,若零件需铸造成形,最好选用共晶成分合金;若零件需锻造、冲压成形,最好选用塑性好的材料;若零件需焊接成形,则最适宜的材料是低碳钢或低合金钢,而铜合金、铝合金的焊接性能稍差。

高分子材料的成形工艺简单、切削加工性好,但导热性差,在切削加工时不易散热,容易使零件温度急剧升高,致使热固性材料变脆及热塑性材料变软。

陶瓷材料成形后,除可用碳化硅、金刚石砂轮磨削外,几乎不能用其他方法对其进行加工。

机械零件的使用性能主要取决于材料的改性处理。非合金钢的淬透性差、强度较低、加热时容易发生过热造成晶粒粗大、淬火时容易变形与开裂,因此制造结构复杂、大截面、高强度的零件应选用合金钢。

3. 满足经济性要求

经济性要求是指所选用的材料能够制造出成本较低、经济效益较好的零件。在满足前面两项要求的前提下,应尽量降低成本,以提高经济效益。零件的成本不只是材料本身的价格,还包括其加工费、管理费、运输费和安装费等。

材料价格由低到高分别为碳钢、铸铁<低合金高强度钢<合金钢,选择材料时在满足其他要求的前提下,应尽量选用价格低的材料。

尽量使用简单设备,以及减少加工工序,即采用少、无切屑加工,以降低材料成本和加工费用。对于某些重要、精密、加工过程复杂的零件和使用周期长的模具,选材不能单纯考虑材料本身价格,还应注意零件质量和使用寿命。例如,采用价格较高的合金钢或硬质合金代替碳钢,因为其使用寿命长、维护费用少,总成本反而降低。

此外,所选材料要立足于国内或货源较近的地区,并尽量减少所用材料的品种规格,以简化采购、运输、保管与生产管理等工作,还应该满足环境保护方面的要求,尽量减少污染。

综上所述,选材应该首先保证使用性能要求,然后考虑工艺性和经济性。其实,三个基本原则之间既相互影响又相互制约,甚至它们的主次地位也随实际情况的变化而变化。所以,通常在选材时应综合考虑、全面衡量,拟订出几个不同方案进行分析比较,最后选出合适的材料。

10.3.2 选材的方法和步骤

1. 选材的方法

大多数机械零件是在多种应力的共同作用下工作的,每个零件的受力情况和工作环境不尽相同,零件的受损和失效往往也是多种因素起作用的。所以,应根据零件的工作条件,找出其最主要的性能要求作为选材的主要依据,同时要兼顾其他方面的性能要求,这是选材的基本方法。现举例分析几种情况下材料的选择方法。

1)要求综合性能的零件

要求综合性能的零件,如机械设备中的连杆、轴、螺栓、传动齿轮、飞机大梁、起落架及蜗轮轴等,主要是要求抗拉强度、塑性、韧性有良好的配合,以满足其承受复杂应力作用的要求,一般承受冲击载荷和循环交变载荷的作用,其失效形式主要是过量变形和疲劳断裂。综合性能的零件对抗拉强度、硬度、韧性、疲劳强度等指标都有要求,即良好的综合力学性能,常采用中碳钢、中碳合金钢或超高强度钢制造,并进行调质或正火处理。

2)要求以疲劳强度为主的零件

要求以疲劳强度为主的零件主要有曲轴、齿轮、弹簧、滚动轴承等。疲劳断裂是零件在交变应力长时间作用下常见的失效形式,实践表明,机械零件80%以上的断裂都是由于疲劳引起的,所以这一类零件在选材时,应主要考虑疲劳强度。要提高零件的疲劳强度,除了正确合理地选择材料,还可以从以下几项材料性能指标考虑:①材料的抗拉强度越高,其疲劳强度越高。在抗拉强度相同的前提下,调质后的组织比正火、退火有更高的塑性、韧性,对应力集中,敏感性小,有较高的疲劳强度。②一般对承受较大复杂载荷的零件,应选择淬透性较高的材料,调质后有较高的疲劳强度。③零件采用合理结构形状和适当的工艺方法,均可以避免应力集中,提高表面质量。④对零件表面进行淬火、喷丸、滚压等表面强化处理,也可以达到提高疲劳强度的目的。

3)要求以耐磨性为主的零件

要求以耐磨性为主的零件主要是承受摩擦作用,失效形式是磨损。一般来说,材料的抗拉强度、硬度越高,其耐磨性也越好,通常这一类零件的硬度要求为50～60HRC。能够满足高硬度、高耐磨性要求的材料有渗碳钢、渗氮钢、部分马氏体不锈钢、合金工具钢、轴承钢和调质钢等。

磨损较大、受力较小的零件(如各种量规、钻套、顶尖等),可选用高碳钢和高碳合金钢进行淬火和低温退火处理,以便获得高硬度和高耐磨性。

若零件同时受磨损和交变应力的作用,为了保证其具有足够的耐磨性和较高的疲劳强度,应该选用能够进行表面淬火、渗碳和渗氮的材料,经过热处理以后,以满足性能要求。

不仅要求变形量小,而且有较高的硬度、耐磨性、耐蚀性的一些精密零件,如高精度磨床主轴等,可选用氮化钢进行氮化处理。

2. 选材的一般步骤

(1)分析零件的工作条件和失效形式,并根据实际的使用情况和受力分析,确定零件所要具备的性能要求,主要是力学性能及工艺性能,必要时还须考虑物理性能和化学性能,最后确定最关键的性能指标。

(2)对经过实际使用的同类零件进行调查研究,从使用性能、工艺性能、经济性等多方面进行综合分析比较,以此为参考。

(3)根据零件实际工作条件及相关资料,通过理论计算,必要时进行试验或实验,最后确定其应该具有的力学性能或其他性能指标。

(4)初步选择出具体的材料牌号,并确定其热处理方法或其他强化方法。

（5）审核所选材料的经济性,综合考虑其成本(加工费、运输费、材料费等)。

（6）对于关键性零件,特别是一些安全可靠性要求很高的零件,在正式投产前应在实验室里对这些零件进行必要的实验,充分证实这些零件达到设计所要求的各项性能指标以后,才能逐步批量生产。

以上是选材的一般过程,对于一些不重要的零件,或已有非常成熟的使用经验的材料,可直接凭经验选材,不需要完全按照上述步骤进行。

单元4 金属表面处理

【学习目标】掌握三种常见的表面强化处理方法;理解金属腐蚀的类型和腐蚀原理;掌握金属腐蚀的防护方法和金属表面的装饰处理方法。

【重点难点】掌握金属腐蚀的类型、原理及防护方法。

10.4.1 表面强化处理

表面强化处理是通过改变材料表面的化学成分、组织结构及应力状态等途径,来提高材料表面的抗拉强度、硬度及疲劳强度,进而提高构件整体性能的工艺方法。常用的表面强化处理方法有表面热处理强化法、金属表面形变强化法、金属表面覆盖层强化法和金属表面复合处理强化法等,其中表面热处理强化法在模块4已做介绍,这里不再赘述。

1. 金属表面形变强化法

金属表面形变强化是利用金属冷塑性变形强化的原理,通过喷丸、滚压、挤压等方法,使金属表面产生局部塑性变形而形成硬化层,从而提高金属表面的抗拉强度和硬度,提高零件的疲劳强度和使用寿命。

喷丸是利用高压气体、高压水或离心力将磨料(铁丸、玻璃丸、砂粒等)高速喷向金属表面,利用磨料的冲击力使表面产生局部塑性变形而形成硬化层,以达到强化目的,同时,也除去了金属表面的锈迹、氧化皮、污垢等。喷丸主要用于形状复杂、不宜用其他方法强化的零件,如板簧、螺旋弹簧、连杆、齿轮、曲轴等。

挤压和滚压是利用碾压力使金属表面形成一定量的变形层,以达到表面强化和提高表面质量的目的。

2. 金属表面覆盖层强化法

将具有某些特殊性能的物质覆盖在金属表面以提高其强度、硬度、耐磨性、耐蚀性和耐疲劳性等性能的工艺方法,称为金属表面覆盖层强化法,获得的覆盖层与基体金属相比,具有明显不同的物理性能、化学性能和力学性能。常用的金属表面覆盖层强化法有气相沉积和热喷涂等。

气相沉积的方法有化学气相沉积(CVD)和物理气相沉积(PVD)两种。化学气相沉积是在高温下将炉内抽成真空或通入氢气,再将反应气体导入,通过化学反应在金属表面形成覆盖层的方法。物理气相沉积是通过真空蒸发、电离或溅射等过程提供原子、离子,使之在金属表面沉积形成覆盖层的方法。

气相沉积覆盖层具有附着力强、均匀、质量好、污染少或无污染及选材广等特点。近年来,利用气相沉积将碳化物(TiC、SiC)或氮化物(TiN、Si_3N_4)覆盖在刀具、模具及各种耐磨结构零件表面上,使零件获得较好的耐磨性、抗咬合性、抗氧化性和低的摩擦系数,显著提高了零件的使用寿命。

热喷涂是将涂层材料熔化,并以高速气流将其雾化成极细的颗粒,喷射到金属表面,形成喷涂覆盖层的方法。根据需要可选用不同的涂层材料,以获得耐磨性、耐蚀性、抗氧化性、耐热性等一种或多种性能。常用涂层材料多采用低熔点的金属材料,如锡、锌、铝等,也可采用高熔点金属材料(如铜等)及非金属材料(如塑料、玻璃等)。

3. 金属表面复合处理强化法

金属表面复合处理强化法是指将两种或两种以上表面强化工艺复合应用于同一零件上的方法,该方法可综合发挥各种强化方法的优点,达到更好的强化效果,如渗氮后进行高频感应加热淬火。

10.4.2　表面防腐处理

金属腐蚀现象是很普遍的,如钢铁表面的棕色铁锈、铜及其合金表面的铜绿、铝及铝合金表面的白色斑点、不锈钢表面受热后产生的褐黄色薄膜,这些都是不同金属表面不同形式的腐蚀。金属腐蚀的后果也十分严重,轻则使零件的表面粗糙度增大、配合表面质量下降、力学性能降低,重则使零件报废,甚至造成重大事故。

1. 金属的腐蚀

1) 腐蚀现象

金属腐蚀是由于金属与周围介质发生化学反应,或电化学反应而引起材料表层变质的过程,腐蚀对金属零件的使用性能和使用寿命都会产生重要影响。

2) 腐蚀的分类

按照反应过程机理的不同,腐蚀可分为化学腐蚀和电化学腐蚀两类。

(1) 化学腐蚀是指金属与周围介质发生纯化学反应的腐蚀,它有如下形式:一是金属在干燥气体(空气、氧化性气体、氯气等)中的腐蚀,如在高温燃气对涡轮喷气发动机零部件的腐蚀;二是金属在非电解质溶液(如煤油、酒精)中的腐蚀,如飞机管路系统受汽油、润滑油的腐蚀。化学腐蚀的特点是速度慢、危害小。

在化学腐蚀过程中,无电流产生,且温度越高,腐蚀介质浓度越高,腐蚀速度也越快。如果化学腐蚀后在金属表面形成的表面膜致密度小于金属本身的致密度,则当表面膜增大时,表面膜的体积也不断膨胀,并在应力作用下容易剥落,将进一步腐蚀金属基体。如果在金属表面形成致密度高、稳定性好的氧化膜,且与金属基体结合牢固,则表面膜可阻止外部介质继续渗入,起到保护内部金属的作用。因此,在化学腐蚀中,腐蚀并不一定是连续不断进行的,有些化学腐蚀进行到一定程度后,会形成一定厚度的表面膜（多为氧化膜），对金属起到保护作用，如 Cr_2O_3、Al_2O_3、MoO_3、WO_3 等，腐蚀停止进行，这种现象称为钝化现象。

（2）电化学腐蚀是指金属的不同相或异类金属之间在环境介质下的电极电位不同而构成原电池所产生的腐蚀，腐蚀过程中始终伴随有电流产生，并在反应界面生成电化学生成物。电化学腐蚀是由于金属产生原电池作用而引起的，其特点是速度快、危害严重。金属材料在常温下的腐蚀主要是电化学腐蚀。

如图 10-8 所示，用导线把两种不同金属的锌（Zn）片和铜（Cu）片连接后放在电解质溶液（稀 H_2SO_4 溶液）中，回路中 Cu 和 Zn 的电极电位不同，存在电位差，电子将从电位低的 Zn 流向电位高的 Cu，形成原电池。Zn（阳极）不断失去电子，形成 Zn^{2+} 进入溶液，也就是金属 Zn（阳极）不断被腐蚀，而金属 Cu（阴极）得到了保护。

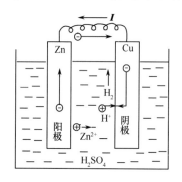

图 10-8　Cu-Zn 原电池现象示意图

实验证明，不同的金属之间，或同一金属不同区域之间，只要存在电位差，都会在电解质溶液中（如酸、碱、盐、水、潮湿空气等）产生不同的电极电位，形成许多微小的原电池，使电位低的区域或相产生电化学腐蚀。比如，碳钢中的渗碳体及铸铁中石墨的电位都高于铁素体，当接触到电解质溶液时，便容易形成许多微小的原电池，从而使铁素体（阳极）遭受腐蚀。

金属中发生电化学腐蚀的条件，一般归纳为如下几点。

① 有不同电极电位的异类金属或异类相存在，可以形成阳极和阴极的差异。

② 存在电解质，即存在能导通阳极和阴极的介质，使带电离子与电子可以传输。

③ 阳极与阴极之间处于短路状态，能形成电流回路。

2. 金属腐蚀的防护方法

1）正确选择零件材料，合理设计零件结构

根据零件工作环境介质的性质和条件要求来选用材料。例如，选用电极电位高的材料，在钢中加入一定量的合金元素（如 Cr、Ni、Si、V、W、Mo 等），其基体组织的电极电位得以提高，因而金属基体不易离子化，提高了其抗电化学腐蚀的能力；选用表面能生成致密氧化膜的材料，在钢中加入大量的 Cr 元素后，可使金属表面形成一层致密的氧化膜，使钢与外界隔绝而阻止进一步氧化，而且氧化膜的电极电位也很高；选用单相组织、杂质少的钢，可避免形成微电池，能防止腐蚀。

零件结构设计应避免电位相差很大的金属直接接触。例如，铝、镁不应与钢铁、镍的材料直接接触；另外，零件结构应尽量采用圆角，避免尖角，以防应力集中；零件结构要易于清除表面沉积物等。

2）化学处理

化学处理是通过化学反应使金属表面形成稳定的化合物薄膜，以达到防腐和装饰目的的工艺方法。常用的化学处理方法有发蓝处理（又称发蓝或发黑）、磷化处理（又称磷化或磷酸盐处理）和蒸汽处理三种。

（1）发蓝处理。发蓝处理是将钢铁零件放入特定的氧化性溶液中并适当加热，使其表面形成一层致密的氧化膜，以改善零件的耐蚀性和外观的工艺方法。这层由 Fe_3O_4 组成的氧化膜，厚度为 $0.5\sim1.5\mu m$，结构致密，分布均匀，并牢固附着于零件表面，可防止大气腐蚀。因该氧化膜呈蓝色或黑色，故发蓝处理又称为发蓝（或发黑）。发蓝处理广泛应用于机械、精密仪器、军械和日用品的防护和装饰。

（2）磷化处理。磷化处理是将钢铁零件浸入磷酸盐溶液中，使零件表面形成一层致密稳定、不溶于水的磷酸盐薄膜的工艺方法。磷化膜呈灰色或灰黑色，厚度一般为 $7\sim20\mu m$，与金属基体结合十分牢固，并具有较高的电阻率，绝缘性好，在大气、矿物油、动物油、植物油、苯及甲苯等介质中有很好的耐蚀性，但在酸、碱、氨水、海水及蒸汽中耐蚀性较差，磷化处理常用于螺钉、螺母等零件。

（3）蒸汽处理。蒸汽处理是将钢铁零件放置在 $500\,℃\sim600\,℃$ 的过热蒸汽中加热并保持一定的时间，在零件表面形成一层致密的氧化膜的表面处理方法。蒸汽处理主要用来提高高速钢的耐蚀性，一定程度上也起美化外观的作用。

3）电化学处理

电化学处理是通过改变金属零件在电解质溶液中的阳极电位特性来防止或减轻其腐蚀的方法。

阳极保护法：将被保护金属零件接在外加直流电源的正极上，以提高它的电极电位而使其钝化的方法。

阴极保护法：使外加直流电源的负极与金属零件相连接，使原来处于阳极的金属零件变为阴极，或在被保护的金属零件上接一个电位比它更低的金属件作为阳极，以代替被保护的零件的方法。

4）覆盖法

覆盖法是指在金属表面覆盖一层耐腐蚀材料（金属或非金属），以达到防腐目的的方法。

（1）金属覆盖法。金属覆盖法是将化学稳定性好、有较高耐蚀性的金属覆盖在被保护的金属表面，以达到防腐目的的方法。常用的金属覆盖法如下。

① 电镀法。电镀法是将零件作为阴极浸入要镀金属的盐溶液中，然后接通直流电，在直流电场的作用下，金属盐溶液中的阳离子在零件表面上沉积成为牢固的镀层的方法。电镀法是常用的材料表面处理技术，具有镀层厚度控制准确、镀层质量好、与被镀金属结合牢固、不加热或加热温度不高等优点，但其生产效率较低。电镀层一般是锌、锡、铜、铬等纯金属，耐蚀性好。镀锌可防大气腐蚀，而且成本低，镀锡常用于食品工业；镀铬可防大气、水、酸、碱腐蚀，并有装饰作用，常用于钟表、日用品等。电镀法广泛应用于轻工、电器、仪表等行业。

② 热浸镀法。热浸镀法是将清理、酸洗干净的金属板材等浸入熔融状态的镀层

金属槽中,使镀层金属熔液吸附在板材表面,形成一层金属镀层的方法。比如,热镀锌可防大气、水腐蚀;热镀锡可防稀酸浸蚀且无毒,常用于食品罐头包装、饼干盒等。热浸镀法的特点是镀层牢固、操作简单、生产效率高、应用广泛。

③ 包镀法。包镀法是在需要被保护金属的表面放上保护板(如工业纯铝、黄铜、不锈钢等耐腐蚀金属),然后进行热轧,利用机械力和扩散作用使其牢固结合,获得耐蚀性良好的覆盖层的方法。包镀法可以显著提高金属表面的防护性能,如飞机机身、机翼上用的硬铝蒙皮,一般是经过包覆工业纯铝的。包镀加工大多是由冶金厂在生产原材料进行热轧时一并完成的。

(2)非金属覆盖法。非金属覆盖法是将非金属覆盖在金属表面以达到防腐目的的方法。常用的非金属覆盖法有涂油漆法、涂塑料法和涂防锈油法。

① 涂油漆法。涂油漆法是将油漆涂覆在金属的表面用来隔开周围介质与金属的接触以达到防腐的目的的方法。常用的油漆有红丹漆、醇酸树脂漆、酚醛树脂漆等。为了提高防腐效果,通常在防腐油漆中加入钝化剂。涂油漆法的特点是操作简单、成本低,主要应用于桥梁、船舶、机械设备的外表面。

② 涂塑料法。涂塑料法是采用浸涂、喷涂或刷涂等方法,在需要被保护的金属表面形成一层塑料薄膜,用来隔开周围介质与金属的接触,以达到防腐目的的方法。这种方法可以防酸、碱、盐溶液的腐蚀,防腐时间可达 5～10 年。在不需要防腐塑料薄膜时,可立即剥除。例如,为了有效地防腐蚀,可以在金属容器的内壁涂聚氯乙烯或聚乙烯塑料等。

③ 涂防锈油法。零件在不同的加工工序、储存和运输期间或需要暂时封存期间,一般也需要腐蚀防护,由于时间不长,为了防腐、防锈,通常要求用防锈油脂涂覆后,妥善放置于专用的箱子或柜子中,如有必要,还需用油纸或塑料薄膜覆盖或包装,以防灰尘杂物黏附。

要求耐蚀时间短时,可涂矿物油;要求耐蚀时间稍长时,可涂凡士林、石蜡等混合物。一般在涂防锈油前,为了使油层与基体金属结合紧密牢固,应将金属表面的油污和氧化物等杂物清理干净。除此以外,还可以在金属表面覆盖搪瓷、沥青、硬橡胶等,以达到防腐目的。

10.4.3 表面装饰处理

表面装饰处理是通过表面抛光、表面着色、光亮装饰镀和喷涂美术装饰漆等方法,使零件表面光亮如镜,或具有色彩鲜艳的美术图案。一些零件通过表面装饰处理后,还能提高零件表面的物理性能、化学性能,如耐蚀性等。

1. 表面抛光

表面抛光是利用机械、化学或电化学作用,在抛光机或砂带磨床上进行的光整加工方法。表面抛光时,将零件表面按压在涂有抛光膏的高速旋转的软弹性抛光轮或砂带上,因剧烈摩擦而产生高温,使加工面上形成极薄的熔流层,该熔流层可填平加工面上的微观凹凸不平,使零件表面获得光亮的镜面。

2. 光亮装饰镀

光亮装饰镀是在普通电镀的基础上,加入少量使镀层产生光亮的添加剂,从而形成光亮如镜镀层的工艺方法。常见的光亮装饰镀有光亮镀镍、光亮镀铬和光亮镀铜等。

3. 表面着色

表面着色是在零件表面形成一层很薄的、具有一定颜色和耐蚀性的金属化合物的方法。

经表面抛光后,表面平滑而富有光泽,采用不同的着色工艺,可获得不同的颜色。常用的着色方法有化学法着色、热处理法着色、电化学法着色。例如,铝合金制件可着色成耀眼的金黄色;钢铁制件可通过热处理法着色,在零件表面形成一层致密、均匀并很牢固的人工氧化膜。

表面着色一般用于室内使用的制品,如灯具、各类工艺品及日用五金制品等。由于金属表面着色膜的附着力不大、强度和硬度低,通常表面着色不适用于受摩擦作用的制品,也不适合在恶劣环境中使用。

4. 喷涂美术装饰漆

美术装饰漆是一种工业用漆,将美术装饰漆涂(或喷、烤)在金属表面,可形成花纹斑斓、丰富多彩的金属表面漆膜。根据需要可将漆膜制成各种花纹,如锤纹、皱纹、开裂、凹凸、闪光等。金属表面采用美术装饰漆膜可起到装饰、保护和标志的作用。

习题和思考题

1. 零件失效的基本形式有哪几种?引起零件失效的主要原因有哪些?

2. 选择零件材料应遵循什么原则?在提出材料的力学性能时,应注意哪些问题?

3. 下列各齿轮选用哪种材料制造较为合适?

(1)直径较大(400~600mm)、轮坯形状复杂的低速中载齿轮。

(2)重载条件下工作,整体要求强韧而齿面要求高耐磨性的齿轮。

(3)能在缺乏润滑油的条件下工作的低速无冲击齿轮。

(4)受力小,要求具有一定耐蚀性的轻载齿轮。

4. 简述零件选材的方法和步骤。

5. 有一轴尺寸为 $\phi30$mm×300mm,要求摩擦部位的硬度为 53~55HRC,现用 30 号钢制造,经调质后表面高频感应淬火(水冷)和低温回火,使用中发现摩擦部位严重磨损,试分析失效原因,并提出解决的办法。

6. 为什么在蜗杆蜗轮传动中,蜗杆采用低、中碳钢或合金钢制造,而蜗轮则采用青铜制造?

7. 指出你在金工实习过程中,见过或使用过的 3 种零件或工具的材料及热处理方法。

8. 常用的表面强化处理方法有哪些？对工程材料进行表面处理有何意义？

9. 什么是化学腐蚀？试举例说明。什么是电化学腐蚀？电化学腐蚀的原理是什么？

10. 化学腐蚀和电化学腐蚀有何区别？

11. 为什么镀锌的钢件不易使钢零件本身先发生腐蚀？

12. 在某个工程系统中，同时有钢管和铝合金管件，按规定应在两者之间放置橡胶等绝缘元件，试说明原因。

13. 什么是发蓝处理和磷化处理？它们的防护性如何？

14. 将镀锌钉剪断后放置于某种电解质溶液中，将会发生什么现象？说明原因。

15. 为什么池塘中的铁柱在水表面的部分腐蚀最严重，而在水中的部分反而不易被腐蚀？

16. 金属表面装饰的目的是什么？常见的金属表面装饰处理方法有哪些？举例说明。

17. X 射线是如何产生的？

18. 超声波是如何产生的？

19. 简述渗透探伤的一般工艺过程。

20. 磁粉探伤的原理是什么？

附　录　A

表 A-1　硬度换算表

维氏硬度/HV	布氏硬度/HB	洛氏硬度				肖氏硬度/HS	抗拉强度/MPa
		/HRA	/HRB	/HRC	表面30N		
85	81		41				
90	86		48				
95	90		52				
100	95		56.2				
110	105		62.3				
120	114		66.7				392
130	124		71.2			20	431
140	133		75.8			21	451
150	143		78.7			22	490
160	152		81.7	(0)		24	520
170	162		85			25	549
180	171		87.1	(6)		26	579
190	181		89.5			28	608
200	190		91.5			29	637
210	200		93.4			30	667
220	209		95			32	696
230	219		96.7	(18)		33	735
240	228	60.7	98.1	20.3	41.7	34	770
245	233	61.2		21.3	42.5		785
250	238	61.6	99.5	22.2	43.4	36	800
255	242	62		23.1	44.2		820
260	247	62.4		24.0	45.0	37	835
265	252	62.7		24.8	45.7		850
270	257	63.1		25.6	46.4	38	865
275	261	63.5		26.4	47.2		880
280	266	63.8		27.1	47.8	40	900
285	271	62.4		27.8	48.4		915
290	276	64.5		28.5	49.0	41	930
295	280	64.8		29.2	49.7		950
300	285	65.2		29.8	50.2	42	965
310	295	65.8		31.0	51.3		995
320	304	66.4		32.2	52.3	45	1030
330	314	67		33.3	53.6		1060
340	323	67.6		34.4	54.4	47	1095
350	333	68.1		35.5	55.4		1125
360	342	69.7		36.6	56.4	50	1155
370	352	69.2		37.7	57.4		1190
380	361	69.8		38.8	58.4	52	1220
390	371	70.3		39.8	59.3		1255
400	380	70.8		40.8	60.2	55	1290
410	390	71.4		41.8	61.1		1320
420	399	71.8		42.7	61.9	57	1350
430	409	72.3		43.6	62.7		1385
440	418	72.8		44.5	63.5	59	1420
450	428	73.3		45.3	64.3		1455
460	437	73.6		46.1	64.9	62	1485
470	447	74.1		46.9	65.7		1520
480	(456)	74.5		47.7	66.4	64	1555

维氏硬度/HV	布氏硬度/HB	洛氏硬度			肖氏硬度/HS	抗拉强度/MPa
		/HRA	/HRC	表面30N		
490	(466)	74.9	48.4	48.4		1595
500	(475)	75.3	49.1	49.1	66	1630
510	(485)	75.7	49.8	49.8		1665
520	(494)	76.1	50.5	50.5	67	1700
530	(504)	76.4	51.1	69.5		1740
540	(513)	76.7	51.7	70.0	69	1775
550	(523)	77	52.3	70.5		1810
560	(532)	77.4	53.0	71.2	71	1845
570	(542)	77.8	53.6	71.7	71	1880
580	(551)	78	54.1	72.1	72	1920
590	(561)	78.4	54.7	72.7		1955
600	(570)	78.6	55.2	73.2	74	1995
610	(580)	78.9	55.7	73.7		2030
620	(589)	79.2	56.3	74.2	75	2070
630	(599)	79.5	56.8	74.6		2105
640	(608)	79.8	57.3	75.1	77	2145
650	(618)	80	57.8	75.5		2180
660		80.3	58.3	75.9	79	2200
670		80.6	58.8	76.4	79	2235
680		80.8	59.2	76.8	80	2275
690		81.1	59.7	77.2	81	
700		81.3	60.1	77.6	81	
720		81.8	61.0	78.4	83	
740		82.2	61.8	79.1	84	
760		82.6	62.5	79.7	86	
780		93	63.3	80.4	87	
800		83.4	64.0	81.1	88	
820		83.8	64.7	81.7	90	
840		84.1	65.3	82.2	91	
860		84.4	65.9	82.7	92	
880		84.7	66.4	83.1	93	
900		85	67.0	83.6	95	
920		85.3	67.5	84.0	96	
940		85.6	68.0	84.4	97	
1004		86	69			
1076		86.5	70			
1140		87	71			
1150		87.5	71.5			
1200		88	72			
1250		88.5	73			
1300		89	74			
1350		89.5	75			
1400		90	76			
1450		90.5	77			
1500		91	78			
1550		91.5	79			
1600		92	80			
1700		92.5	80.5			

表 A-2　碳素结构钢牌号、化学成分和性能

牌号	等级	化学成分 w/% C	Mn	Si	S	P	脱氧方法	屈服点 σ_s/MPa 钢材厚度（直径 d）/mm 不小于 ≤16	>16~40	>40~60	>60~100	>100~150	>150	抗拉强度 σ_b/MPa	伸长率 δ_5/% 钢材厚度（直径 d）/mm 不小于 ≤16	>16~40	>40~60	>60~100	>100~150	>150	冲击试验 温度 t/°C	V形冲击功（纵向）A_k/J
Q195		0.06~0.12	0.25~0.50	0.30	0.050	0.045	F,b,Z	(195)	(185)					315~390	33	32					不小于	不小于
Q215	A	0.09~0.15	0.25~0.55	0.30	0.050	0.045	F,b,Z	215	205	195	185	175	165	335~410	31	30	29	28	27	26		
Q215	B				0.045		F,b,Z														20	27
Q235	A	0.14~0.22	0.30~0.65*	0.30	0.050		F,b,Z	235	225	215	205	195	185	375~460	26	25	24	23	22	21		
Q235	B	0.12~0.20	0.30~0.70*		0.045	0.045	F,b,Z														20	27
Q235	C	≤0.18	0.35~0.80		0.040	0.04	Z														0	27
Q235	D	≤0.17	0.35~0.80		0.035	0.035	TZ														−20	27
Q255	A	0.18~0.28	0.40~0.70	0.30	0.050	0.045	Z	255	245	235	225	215	205	410~510	24	23	22	21	20	19		
Q255	B				0.045		Z														20	27
Q275		0.28~0.38	0.50~0.80	0.35	0.050	0.045	Z	275	265	255	245	235	225	490~610	20	19	18	17	16	15	20	27

注:1. 带"＊"号处 Q235-A、B 级沸腾钢锰的质量分数上限为 0.6%。

2. 本类钢通常不进行热处理而直接使用，因此只考虑其性能和有害杂质含量，不考虑含碳量。

3. A 级钢、B 级钢为普通质量非合金钢;C 级钢、D 级钢为优质非合金钢(碳钢)。

表 A-3 优质碳素结构钢的牌号和化学成分

牌号	化学成分 w/%					
	C	Si	Mn	Cr	Ni	Cu
				不大于		
08F	0.05 ~ 0.11	≤0.03	0.025 ~ 0.50	0.10	0.30	0.25
15F	0.12 ~ 0.18	≤0.07	0.025 ~ 0.50	0.25	0.30	0.25
08	0.05 ~ 0.11	0.17 ~ 0.37	0.35 ~ 0.65	0.10	0.30	0.25
10	0.07 ~ 0.13	0.17 ~ 0.37	0.35 ~ 0.65	0.15	0.30	0.25
15	0.12 ~ 0.18	0.17 ~ 0.37	0.35 ~ 0.65	0.25	0.30	0.25
20	0.17 ~ 0.23	0.17 ~ 0.37	0.35 ~ 0.65	0.25	0.30	0.25
25	0.22 ~ 0.29	0.17 ~ 0.37	0.50 ~ 0.80	0.25	0.30	0.25
30	0.27 ~ 0.34	0.17 ~ 0.37	0.50 ~ 0.80	0.25	0.30	0.25
35	0.32 ~ 0.39	0.17 ~ 0.37	0.50 ~ 0.80	0.25	0.30	0.25
40	0.37 ~ 0.44	0.17 ~ 0.37	0.50 ~ 0.80	0.25	0.30	0.25
45	0.42 ~ 0.50	0.17 ~ 0.37	0.50 ~ 0.80	0.25	0.30	0.25
50	0.47 ~ 0.55	0.17 ~ 0.37	0.50 ~ 0.80	0.25	0.30	0.25
55	0.52 ~ 0.60	0.17 ~ 0.37	0.50 ~ 0.80	0.25	0.30	0.25
60	0.57 ~ 0.65	0.17 ~ 0.37	0.50 ~ 0.80	0.25	0.30	0.25
65	0.62 ~ 0.70	0.17 ~ 0.37	0.50 ~ 0.80	0.25	0.30	0.25
70	0.67 ~ 0.75	0.17 ~ 0.37	0.50 ~ 0.80	0.25	0.30	0.25
85	0.82 ~ 0.90	0.17 ~ 0.37	0.50 ~ 0.80	0.25	0.30	0.25
15Mn	0.12 ~ 0.18	0.17 ~ 0.37	0.70 ~ 1.00	0.25	0.30	0.25
35Mn	0.32 ~ 0.39	0.17 ~ 0.37	0.70 ~ 1.00	0.25	0.30	0.25
50Mn	0.48 ~ 0.56	0.17 ~ 0.37	0.70 ~ 1.00	0.25	0.30	0.25
65Mn	0.62 ~ 0.70	0.17 ~ 0.37	0.90 ~ 1.20	0.25	0.30	0.25
70Mn	0.67 ~ 0.75	0.17 ~ 0.37	0.90 ~ 1.20	0.25	0.30	0.25

表 A-4 优质碳素结构钢(优质钢)的热处理和性能

牌号	试样毛坯尺寸/mm	推荐热处理温度/℃			性能					硬度/HBS	
		正火	淬火	回火	σ_b/MPa	σ_s/MPa	δ_5/%	ψ/%	A_k/J	不小于	
					不大于					未热处理钢	退火钢
08F	25	930			295	175	35	60		131	
15F	25	920			355	205	29	55		143	
08	25	930			325	195	33	60		131	
10	25	930			335	205	31	55		137	
15	25	920			375	225	27	55		143	
20	25	910			410	245	25	55		156	
25	25	900	870	600	450	275	23	50	71	179	
30	25	880	860	600	490	295	21	50	63	179	
35	25	870	850	600	530	315	20	45	55	197	
40	25	860	840	600	570	335	19	45	47	217	187
45	25	850	840	600	600	355	16	40	39	229	197
50	25	830	830	600	630	375	14	40	31	241	207

牌号	试样毛坯尺寸/mm	推荐热处理温度/℃			性能					硬度/HBS	
		正火	淬火	回火	σ_b/MPa	σ_s/MPa	δ_5/%	ψ/%	A_k/J	不小于	
					不大于					未热处理钢	退火钢
55	25	820	820	600	645	380	13	35		255	217
60	25	810			675	400	12	35		255	229
65	25	810			695	410	10	30		255	229
70	25	790			715	420	9	30		269	229
85	试样		820	480	1130	980	6	30		302	255
15Mn	25	920			410	245	26	55		163	
35Mn	25	870	850	600	560	335	18	45	55	229	197
50Mn	25	830	830	600	645	390	13	40	31	255	217
65Mn	25	830			735	430	9	30		285	229
70Mn	25	790			785	450	8	30		285	229

注：1. 对于直径或厚度小于25mm的钢材，热处理是在与成品截面尺寸相同的试样毛坯上进行的。

2. 表中所列正火推荐保温时间不少于30min，空冷；淬火推荐保温时间不少于30min，70号钢、80号钢和85号钢油冷，其余钢水冷；回火推荐保温时间不少于1h。

表 A-5 碳素工具钢的牌号、化学成分、性能和用途

牌号	化学成分 w/%					硬度			用途举例
	C	Mn	Si	S	P	退火状态	试样淬火		
				不大于		硬度/HBS	淬火温度（t/℃）和冷却剂	硬度/HRC	
T7 T7A	0.65~0.74	≤0.40	≤0.35	0.030 0.020	0.035 0.030	≤187	800~820 水	≥62	淬火、回火后，常用于制造能承受振动、冲击，并且在硬度适中情况下有较好韧性的工具，如錾子、冲头、木工工具、大锤等
T8 T8A	0.75~0.84	≤0.40	≤0.35	0.030 0.020	0.035 0.030	≤187	780~800 水	≥62	淬火、回火后，常用于制造要求有较高硬度和耐磨性的工具，如冲头、木工工具、剪切金属用的剪刀等
T8Mn	0.80~0.90	0.40~0.60	≤0.35	0.030	0.035	≤187	780~800 水	≥62	性能和用途与T8钢相似，但由于加入锰，提高了淬透性，故可用于制造截面较大的工具
T9	0.85~0.94	≤0.40	≤0.35	0.030	0.035	≤192	760~780 水	≥62	用于制造要求有一定硬度和韧性的工具，如冲模、冲头、錾岩石用錾子等

牌号	化学成分 w/%					硬度			用途举例
	C	Mn	Si	S	P	退火状态	试样淬火		
				不大于		硬度/HBS	淬火温度 ($t/℃$) 和冷却剂	硬度/HRC	
T10 T10A	0.95 ~1.04	≤0.40	≤0.35	0.030 0.020	0.035 0.030	≤197	760~780 水	≥62	用于制造耐磨性要求较高、不受剧烈振动,具有一定韧性及具有锋利刃口的工具,如刨刀、车刀、钻头、丝锥、手锯锯条、拉丝模、冲冷模等
T12 T12A	1.15 ~1.24	≤0.40	≤0.35	0.030 0.020	0.035 0.030	≤207	760~780 水	≥62	用于制造不受冲击、要求高硬度的各种工具,如丝锥、锉刀、刮刀、铰刀、板牙、量具等

表 A-6 灰铸铁牌号、不同壁厚铸件的性能和用途

铸铁种类	牌号	铸件壁厚/mm	性能		用途举例
			σ_b/MPa	硬度/HBS	
铁素体灰铸铁	HT100	2.5~10	≥130	110~166	适用于载荷小、对摩擦和磨损无特殊要求的不重要零件,如防护罩、盖、油盘、手轮、支架、底板、重锤、小手柄等
		10~20	≥100	93~140	
		20~30	≥90	87~131	
		30~50	≥80	82~122	
铁素体-珠光体灰铸铁	HT150	2.5~10	≥175	137~105	承受中等载荷的零件,如机座、支架、箱体、刀架、床身、轴承座、工作台、带轮、端盖、泵体、阀体、管路、飞轮、电机座等
		10~20	≥145	119~179	
		20~30	≥130	110~166	
		30~50	≥120	105~157	
珠光体灰铸铁	HT200	2.5~10	≥220	157~236	承受较大载荷和要求一定的气密性或耐蚀性等较重要零件,如汽缸、齿轮、机座、飞轮、床身、汽缸体、汽缸套、活塞、齿轮箱、刹车轮、联轴器盘、中等压力阀体等
		10~20	≥195	148~222	
		20~30	≥170	134~200	
		30~50	≥160	129~192	
	HT250	4.0~10	≥270	175~262	
		10~20	≥240	164~247	
		20~30	≥220	157~236	
		30~50	≥200	150~225	
孕育铸铁	HT300	10~20	≥290	182~272	承受高载荷、耐磨和高气密性重要零件,如重型机床、剪床、压力机、自动车床的床身、机座、机架,高压液压件,活塞环,受力较大的齿轮、凸轮、衬套,大型发动机的曲轴、汽缸体、缸套、汽缸盖等
		20~30	≥250	168~251	
		30~50	≥230	161~241	
	HT350	10~20	≥340	199~298	
		20~30	≥290	182~272	
		30~50	≥260	171~257	

注:当一定牌号铁液浇注壁厚均匀而形状简单的铸件时,壁厚变化所造成的抗拉强度的变化,可从本表查出参考性数据;当铸件壁厚不均匀或有型芯时,此表仅能近似地给出不同壁厚处抗拉强度值,铸件设计应根据关键部位实测值进行。

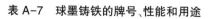

表 A-7 球墨铸铁的牌号、性能和用途

牌号	基体组织	性能				用途举例
		σ_b/MPa	$\sigma_{0.2}$/MPa	δ/%	硬度/HBS	
		不小于				
QT400-18	铁素体	400	250	18	130~180	承受冲击、振动的零件（如汽车、拖拉机的轮毂、驱动桥壳、差速器壳、拨叉），农机具零件，中低压阀门，上、下水及输气管道，压缩机上高低压汽缸，电机机壳、齿轮箱、飞轮壳等
QT400-15	铁素体	400	250	15	130~180	
QT400-10	铁素体	450	310	10	160~210	
QTS00-7	铁素体+珠光体	500	320	7	170~230	机器座架、传动轴、飞轮、电动机架、内燃机的机油泵齿轮、铁路机车车辆轴瓦等
QT600-3	珠光体+铁素体	600	370	3	190~270	载荷大、受力复杂的零件（如汽车、拖拉机的曲轴、连杆、凸轮轴、汽缸套），部分磨床、铣床、车床的主轴，机床蜗杆、蜗轮，轧钢机轧辊、大齿轮、小型水轮机主轴、汽缸体、桥式起重机大小滚轮等
QT700-2	珠光体	700	420	2	225~305	
QT800-2	珠光体或回火组织	800	480	2	245~335	
QT900-2	贝式体或回火马氏体	900	600	2	280~360	高强度齿轮，如汽车后桥螺旋锥齿轮、大减速器齿轮、内燃机曲轴、凸轮轴等

表 A-8 黑心可锻铸铁和珠光体可锻铸铁的牌号、性能及用途

种类	牌号	试样直径/mm	性能				用途举例
			σ_b/MPa	$\sigma_{0.2}$/MPa	δ/%	硬度/HBS	
			不小于				
黑心可锻铸铁	KTH300-06	12 或 15	300	200	6	≤150	弯头、三通管件、中低压阀门等
	KTH330-08		330		8		扳手、犁刀、犁柱、车轮壳等
	KTH350-10		350		10		汽车、拖拉机前后轮壳、减速器壳、转向节壳、制动器及铁道零件等
	KTH370-12		370		12		
珠光体可锻铸铁	KTZ450-06	12 或 15	450	270	6	150~200	载荷较高和耐磨损零件，如曲轴、凸轮轴、连杆、齿轮、活塞环、轴套、耙片、万向接头、棘轮、扳手、传动链条等
	KTZ550-04		550	340	4	180~250	
	KTZ650-02		650	430	2	210~260	
	KTZ700-02		700	530	2	240~290	

表 A-9　美国钢号的表示方法

钢种		钢号举例	表示方法说明
结构钢	碳素钢	1030 1045H 1132 1135	
	镍钢	2517	
	镍铬钢	3310	
	钼钢	4042 4419 4520 4140H 4340 4718H 4621 4815	
	铬钢	5051 5135 5140H	
	铬钒钢	6150	
	低镍铬钢	8115 8617H 8720 8822H	
	其他钢类	9262 9440	

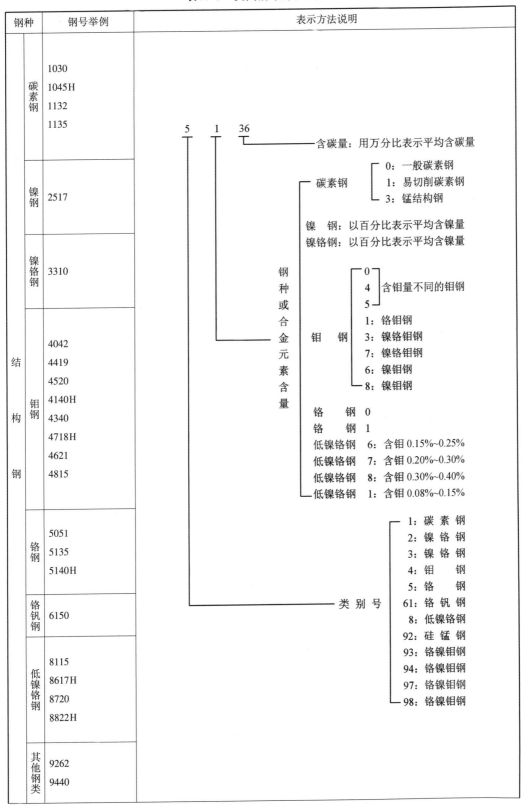

5　1　36

含碳量：用万分比表示平均含碳量

碳素钢
- 0：一般碳素钢
- 1：易切削碳素钢
- 3：锰结构钢

镍　钢：以百分比表示平均含镍量
镍铬钢：以百分比表示平均含镍量

钢种或合金元素含量

钼　钢
- 0
- 4　含钼量不同的钼钢
- 5
- 1：铬钼钢
- 3：镍铬钼钢
- 7：镍铬钼钢
- 6：镍钼钢
- 8：镍钼钢

铬　钢　0
铬　钢　1
低镍铬钢　6：含钼 0.15%~0.25%
低镍铬钢　7：含钼 0.20%~0.30%
低镍铬钢　8：含钼 0.30%~0.40%
低镍铬钢　1：含钼 0.08%~0.15%

类别号
- 1：碳素钢
- 2：镍铬钢
- 3：镍铬钢
- 4：钼　钢
- 5：铬　钢
- 61：铬钒钢
- 8：低镍铬钢
- 92：硅锰钢
- 93：铬镍钼钢
- 94：铬镍钼钢
- 97：铬镍钼钢
- 98：铬镍钼钢

钢种	钢号举例	表示方法说明
铬轴承钢	50100 51100 52100	5 2 100 含碳量：以万分比表示 含铬量： 0：低铬（平均含量 0.50%） 1：中铬（平均含量 1.00%） 2：高铬（平均含量 1.45%） 钢符号：钢号一律冠以 5
工具钢	A2. A6. A10 D2. D4. D7 F1. F2 H10. H13. H19 H21. H23. H26 H43. H44 L2. L7 4M1. M41. M50 O1. O7 P2. P5. P20 S1. S5. S7 T1. T5. T15 W5. W110 W310	A 10 顺序号 材料类别 A：空冷硬化中合金冷作工具钢 D：高碳高铬型冷作工具钢 F：碳钨工具钢 H1：中碳高铬型热作模具钢 H2：钨系热作模具钢 H4：钼系热作模具钢 L：低合金特种用途工具钢 M：钼系高速工具钢 Q：油淬冷作工具钢 P：低碳型工具钢 S：耐冲击工具钢 T：钨系高速工具钢 W：水淬工具钢（含少量 Cr、V 的一般碳素工具钢）
不锈钢和耐热钢	210. 202 302. 30302 410. 51410 501. 51501 316. 60316 334. 70334	3 02 材料顺序号 <table><tr><th>SAE</th><th>AISI</th><th></th></tr><tr><td></td><td>2</td><td>Cr-Mn-Ni-N奥氏体</td></tr><tr><td>303</td><td>3</td><td>Cr-Ni奥氏体</td></tr><tr><td>514</td><td>4</td><td>高Cr马氏体和低C铁素体不锈耐热钢</td></tr><tr><td>515</td><td>5</td><td>低Cr马氏体钢</td></tr><tr><td>60</td><td>2.3</td><td>用于650℃以下的耐热钢（铸钢）</td></tr><tr><td>70</td><td>4.5</td><td>用于650℃以上的耐热钢（铸钢）</td></tr></table>
电工用硅钢	M36 M8	M:代表钢种的符号 数字:代表最大铁损失

表 A-10 常用合金渗碳钢的牌号、化学成分、热处理、性能及用途

类别	钢号	化学成分 w/%							热处理温度/℃				性能（不小于）					毛坯尺寸/mm	用途举例
		C	Mn	Si	Cr	Ni	V	其他	渗碳	预备处理	淬火	回火	σ_b/MPa	σ_s/MPa	δ/%	ψ/%	A_k/J	尺寸/mm	
中淬透性	20Mn2	0.17~0.24	1.40~1.80	0.17~0.37					930	850~870	770~800油	200	785	590	10	40	47	15	小齿轮、小轴、活塞销等
	20Cr	0.17~0.24	0.50~0.80	0.20~0.40	0.70~1.00				930	880 水、油	780~820 水、油	200	835	540	10	40	47	15	齿轮、小轴、活塞销等
	20MnV	0.17~0.24	1.30~1.60	0.1~0.37			0.07~0.12		930		880 水、油	200	785	590	10	40	55	15	齿轮、小轴、活塞销等，也用作锅炉、高压容器管道等
	20CrMn	0.17~0.23	0.90~1.20	0.17~0.37	0.90~1.20				930		850 油	200	930	735	10	45	47	15	齿轮、轴、蜗杆、轴销、活塞销、摩擦轮
	20CrMnTi	0.17~0.23	0.80~1.10	0.17~0.37	1.00~1.30			Ti 0.04~0.10	930	880 油	870 油	200	1080	850	10	45	55	15	汽车、拖拉机上的变速箱齿轮
	20MnTiB	0.17~0.24	1.30~1.60	0.17~0.37				Ti 0.04~0.10 B 0.0005~0.0035	930		860 油	200	1130	930	10	45	55	15	代替 20CrMnTi
高淬透性	18Cr2Ni4WA	0.13~0.19	0.30~0.60	0.17~0.37	1.35~1.65	4.00~4.50		W 0.80~1.20	930	950 空	850 空	200	1180	835	10	45	78	15	大型渗碳齿轮和轴类件
	20Cr2Ni4	0.17~0.23	0.30~0.60	0.17~0.37	1.25~1.65	3.25~3.65			930	880 油	780 油	200	1180	1080	10	45	63	15	大型渗碳齿轮和轴类件

表 A-11　常用调质钢化学成分、热处理、性能及用途

类别	钢号	化学成分 w/%								热处理			性能（不小于）						用途举例
		C	Mn	Si	Cr	Ni	Mo	V	其他	淬火/℃	回火/℃	毛坯尺寸/mm	σ_b/MPa	σ_s/MPa	δ_5/%	ψ/%	A_k/J	退火状态/HB	
低淬透性钢	40MnB	0.37~0.44	1.10~1.40	0.17~0.37					B 0.0005~0.0035	850 油	500 水,油	25	980	785	10	45	47	207	主轴、曲轴、齿轮、柱塞、汽车连杆等
	40MnVB	0.37~0.44	1.10~1.40	0.17~0.37				0.05~0.10	B 0.0005~0.0035	850 油	520 水,油	25	980	785	10	45	47	207	可代替40Cr及部分代替40CrNi作重要零件，也可代替38CrSi作重要销钉
	40Cr	0.37~0.44	0.50~0.80	0.17~0.37	0.80~1.10		0.07~0.12			850 油	520 水,油	25	980	785	9	45	47	207	作重要调质件，如轴类件、连杆螺栓、进气阀和重要齿轮等
	38CrSi	0.35~0.43	0.30~0.60	1.00~1.30	1.30~1.60					900 油	600 水,油	25	980	835	12	50	55	255	作载荷大的轴类件及车辆上的重要调质件
中淬透性钢	30CrMnSi	0.27~0.34	0.80~1.10	0.90~1.20	0.80~1.10					880 油	520 水,油	25	1080	885	10	45	39	229	高强度钢，作高速载荷砂轮轴、车辆上内外摩擦片等
	35CrMo	0.32~0.40	0.40~0.70	0.17~0.37	0.80~1.10		0.15~0.25			850 油	550 水,油	25	980	835	12	45	63	229	重要调质件，如曲轴、连杆及代40CrNi作大截面轴类件
	38CrMoAl	0.35~0.42	0.30~0.60	0.20~0.45	1.35~1.65		0.15~0.25		Al 0.70~1.10	940 水,油	640 水,油	30	980	835	14	50	71	229	作氮化零件，如高压阀门、缸套等

续表

类别	钢号	化学成分 w/%								热处理			性能(不小于)					退火状态/HB	用途举例
		C	Mn	Si	Cr	Ni	Mo	V	其他	淬火/℃	回火/℃	毛坯尺寸/mm	σ_b/MPa	σ_s/MPa	δ_5/%	ψ/%	A_k/J		
高淬透性钢	37CrNi3	0.34~0.41	0.30~0.60	0.17~0.37	1.20~1.60	3.00~3.50				820 油	500 水,油	25	1130	980	10	50	47	269	作大截面并要求高强度、高韧性的零件
	40CrMnMo	0.37~0.45	0.90~1.20	0.17~0.37	0.90~1.20		0.20~0.30			850 油	600 水,油	25	980	785	10	45	63	217	相当于40CrNiMo的高级调质钢
	25Cr2Ni4WA	0.21~0.28	0.30~0.60	0.17~0.37	1.35~1.65	4.00~4.50			W 0.80~1.20	850 油	550 水	25	1080	930	11	45	71	369	作机械性能要求很高的大断面零件
	40CrNiMoA	0.37~0.44	0.50~0.80	0.17~0.37	0.60~0.90	1.25~1.65	0.15~0.25			850 油	600 水,油	25	980	835	12	55	78	269	作高强度零件，如航空发动机轴，在<500℃工作的喷气发动机承载零件

表 A-12　常用合金弹簧钢的牌号、化学成分、热处理、性能及用途

钢号	化学成分 w/%					热处理温度 /℃		性能				应用范围
	C	Mn	Si	Cr	其他	淬火	回火	σ_s/MPa	σ_b/MPa	δ_{10}/%	ψ/%	
65Mn	0.62 ~ 0.70	0.90 ~ 1.20	0.17 ~ 0.37	≤0.25		830 油	540	800	1000	8	30	截面 ≤25mm 的弹簧，如车箱缓冲卷簧
55Si2Mn	0.52 ~ 0.65	0.60 ~ 0.90	1.50 ~ 2.00	≤0.35		870 油或水	480	1200	1300	6	30	
60Si2Mn	0.56 ~ 0.64	0.60 ~ 0.90	1.50 ~ 2.00	≤0.35		870 油	480	1200	1300	5	25	
55Si2MnB	0.52 ~ 0.60	0.60 ~ 0.90	1.50 ~ 2.00	≤0.35	B 0.0005 ~ 0.004	870 油	480	1200	1300	6	30	
60Si2CrA	0.56 ~ 0.64	0.40 ~ 0.70	1.40 ~ 1.80	0.70 ~ 1.00		870 油	420	1600	1800	6	20	截面 ≤30mm 的重要弹簧，如小型汽车、载重车板簧、扭杆簧，低于 350℃ 的耐热弹簧
60Si2CrVA	0.56 ~ 0.64	0.40 ~ 0.70	1.40 ~ 1.80	0.90 ~ 1.20	V 0.1 ~ 0.2	850 油	410	1700	1900	6	20	
50CrVA	0.46 ~ 0.54	0.50 ~ 0.80	0.17 ~ 0.37	0.80 ~ 1.10		850 油	500	1150	1300	9	40	
55CrMnA	0.52 ~ 0.60	0.65 ~ 0.95	0.17 ~ 0.37	0.65 ~ 0.95	V 0.1 ~ 0.2	850 油	500	1100	1250	6	35	

表 A-13 滚动轴承钢的钢号、化学成分、热处理和用途

钢号	化学成分 w/%							热处理			用途举例
	C	Cr	Si	Mn	V	Mo	Re	淬火/℃	回火/℃	回火后/HRC	
GCr4	0.95～1.05	0.35～0.50	0.15～0.30	0.15～0.30				800～820	150～170	62～66	<100mm 的滚珠、滚柱和滚针
GCr15	0.95～1.05	1.40～1.65	0.15～0.35	0.25～0.45				820～840	150～160	62～66	同 GCr9SiMn
GCr15SiMn	0.95～1.05	1.40～1.65	0.45～0.75	0.95～1.25				820～840	170～200	>60	壁厚≥14mm、外径 250mm 的套圈，直径 20～200mm 的钢球，其他同 GCr15
GMnMoVRe	0.95～1.05		0.15～0.40	1.10～1.40	0.15～0.25	0.4～0.6	0.05～0.01	770～810	170±5	≥62	代替 GCr15 用于军工和民用方面的轴承
GSiMoMnV	0.95～1.10		0.45～0.65	0.75～1.05	0.2～0.3	0.2～0.4		780～820	175～200	≥62	同 GMnMoVRe

表 A-14　常用合金刃具钢的牌号、化学成分、热处理和用途

类别	钢号	化学成分 w/%							热处理					用途举例
									淬火			回火		
		C	Mn	Si	Cr	W	V	Mo	淬火加热温度/℃	冷却介质	硬度/HRC	回火温度/℃	硬度/HRC	
低合金刃具钢	9SiCr	0.85～0.95	0.30～0.60	1.20～1.60	0.95～1.25				850～870	油	≥62	190～200	60～63	板牙、丝锥、钻头、铰刀、齿轮铣刀、冷冲模、冷轧辊等
	Cr2	0.95～1.10	≤0.40	≤0.40	1.30～1.65				830～860	油	≥62	150～170	61～63	车刀、铣刀、插刀、铰刀等、测量工具、样板等、凸轮销、偏心轮、冷轧辊等
	CrWMn	0.9～1.05	0.8～1.1	0.15～0.35	0.9～1.2	1.2～1.6			820～840	油	≥62	140～160	62～65	长线锥、长铰刀、板牙、拉刀、量具、冷冲模等
	9Mn2V	0.85～0.95	1.70～2.00	≤0.4			0.1～0.25		780～810	油	≥62	150～200	60～62	变形小、形状复杂的刀具，如丝锥、专用铣刀、高精度冷冲模
高速钢	W18Cr4V (18-4-1)	0.70～0.80	0.10～0.40	0.20～0.40	3.80～4.40	17.50～19.00	1.00～1.40		1270～1285	油	≥63	550～570 (三次)	≥63	制造一般高速切削用车刀、刨刀、钻头、铣刀等
	W6Mo5Cr4V2 (6-5-4-2)	0.80～0.90	0.15～0.40	0.20～0.45	3.80～4.40	5.50～6.75	1.75～2.20	4.75～5.50	1210～1230	油	≥63	540～560 (三次)	≥63	制造要求耐磨性和韧性很好配合的切削刀具，如丝锥、钻头等，并适合于采用轧制、扭制热变形加工成形新工艺制造钻头
	W6Mo5Cr4V3 (6-5-4-3)	1.00～1.10	0.15～0.40	0.20～0.45	3.75～4.50	5.00～6.75	2.25～2.75	4.75～6.50	1200～1220	油	≥63	540～560 (三次)	≥64	制造要求耐磨性和热硬性较高的、耐磨性和韧性好配合的、形状稍为复杂的刀具，如拉刀、铣刀等

表 A-15 常用马氏体不锈钢牌号、化学成分、热处理、性能和用途

牌号	化学成分 w/%	热处理	σ_b /MPa	$\sigma_{0.2}$ /MPa	δ_s /%	A_k /(J/cm²)	硬度	用途举例
1Cr13	0.08~0.15(C)，12~14(Cr)	1000℃~1050℃，淬水（油）回火750℃，水	600	420	20	90	185HB	不锈钢齿轮、螺栓等
2Cr13	0.16~0.25(C)，12~14(Cr)	1025℃，淬油（水）回火650℃，水	850	650	16	60	230HB	
3Cr13	0.24~0.34(C)，12~14(Cr)	1025℃，淬油回火250℃	1600	1300	3		50HRC	不锈弹性元件
4Cr13	0.35~0.45(C)，12~14(Cr)	1070℃，淬油回火250℃					56HRC	不锈轴、弹簧等
1Cr17Ni2	0.14(C)，17(Cr)，1.5~2.5(Ni)	1000℃，淬油回火300℃	1100	850	10	50	321HB	压气机外环等
1Cr11Ni2W2-MoVA	0.13(C)，11(Cr)，1.6(Ni)，1.7(W)，0.4(Mo)，0.24(V)	1000℃，淬油回火580℃	1150	1000	12	80	321HB	压气机叶片等
9Cr18	0.9~1.0(C)，17~19(Cr)，≤0.8(Si)，≤0.8(Mn)	1025℃，淬油200℃~250℃回火					55HRC	不锈轴承等

表 A-16 奥氏体不锈钢牌号、化学成分、热处理、性能和用途

牌号	化学成分 w/%	热处理	σ_b /MPa	$\sigma_{0.2}$ /MPa	δ_s /%	ψ/%	用途举例
0Cr18Ni9	≤0.08(C)，17~19(Cr)，8~11(Ni)	固溶处理（1100℃，水冷）	500	200	45	60	不锈管道、飞机蒙皮、隔热板等
1Cr18Ni9	≤0.14(C)，17~19(Cr)，8~11(Ni)		500	200	45	50	
1Cr18Ni9Ti	≤0.12(C)，17~19(Cr)，8~11(Ni)，0.8(Ti)		550	200	40	55	发动机环形件、燃气管、液氧瓶等，耐酸容器、抗磁仪表、医疗器械等
1Cr18Mn8Ni5N	≤0.1(C)，17~19(Cr)，4~6(Ni)，7.5~10(Mn)，0.2(N)		650	300	45	60	
0Cr18Ni9Ti	≤0.08(C)，17~19(Cr)，8~11(Ni)，0.7(Ti)	1100℃~1150℃（固溶处理，水淬）	560	200	40	55	
1Cr21Ni5Ti	0.09~0.14(C)，21(Cr)，5(Ni)，0.8(Ti)	950℃~1100℃（水或空淬）	600	350	20	40	硝酸及硝铵工业设备及管道
0Cr15Ni7Mo2	≤0.09(C)，15(Cr)，7(Ni)，1.15(Al)，2.5(Mo)，≤1.0(Si)，≤1.0(Mn)	1050℃固溶+955℃调整+冷处理+510℃时效强化	1790	1640	5.0		300℃以下要求抗蚀的超高强度结构件

表 A-17　常用抗氧化钢的牌号、化学成分、热处理及用途

类别	牌号	化学成分 w/%						热处理/℃	用途举例
		C	Mn	Si	Ni	Cr	其他		
铁素体钢	2Cr25N	≤0.20	≤1.50	≤1.00		23.00 ~ 27.00	N≤0.25	退火 780 ~ 880 快冷	耐高温腐蚀性强，1082℃以下不产生易剥落的氧化皮，用于燃烧室
	0Cr13Al	≤0.08	≤1.00	≤1.00		11.50 ~ 14.50	Al 0.10 ~ 0.30	退火 780 ~ 880 空冷或缓慢冷却	燃气透平压缩机叶片、退火箱、淬火台架
奥氏体钢	0Cr25Ni20	≤0.08	≤2.00	≤1.50	19.00 ~ 22.00	24.00 ~ 26.00		固溶处理 1030 ~ 1180 快冷	可承受1035℃加热，用于炉用材料、汽车净化装置用材料
	1Cr16Ni35	≤0.15	≤2.00	≤1.50	23.00 ~ 37.00	14.00 ~ 17.00		固溶处理 1030 ~ 1180 快冷	抗渗碳、氮化性大的钢种，1035℃以下反复加热，用于炉用钢料、石油裂解装置
	3Cr18Mn12Si2N	0.22 ~ 0.30	10.50 ~ 12.50	1.40 ~ 2.20		17.00 ~ 19.00	N 0.22 ~ 0.33	固溶处理 1100 ~ 1150 快冷	用于吊挂支架、渗碳炉构件、加热炉传送带、料盘炉爪
	2Cr20Mn9Ni2Si2N	0.17 ~ 0.26	8.50 ~ 11.00	1.80 ~ 2.70	2.00 ~ 3.00	18.00 ~ 21.00	N 0.20 ~ 0.30	固溶处理 1100 ~ 1150 快冷	最高使用温度1050℃，用途同上；还可制造盐浴坩埚、加热炉管道

表 A-18　常用热强钢的牌号、化学成分、热处理及使用温度

类别	牌号	化学成分 w/%						热处理/℃		最高使用温度/℃	
		C	Si	Cr	Mo	W	其他	淬火温度	回火温度	抗氧化	热强性
珠光体钢	15CrMo[①]	0.12 ~ 0.18	0.17 ~ 0.37	0.80 ~ 1.10	0.40 ~ 0.55			900 空冷	650 空冷	<560	
	35CrMoV[①]	0.30 ~ 0.38	0.17 ~ 0.37	1.00 ~ 1.30	0.20 ~ 0.30		V 0.10 ~ 0.20	900 油	630 水、油	<580	

类别	牌号	化学成分 w/%						热处理/℃		最高使用温度/℃	
		C	Si	Cr	Mo	W	其他	淬火温度	回火温度	抗氧化	热强性
马氏体钢	1Cr13	≤0.15	≤1.00	11.50 ~ 13.50				950 ~ 1000 油	700 ~ 750 快冷	800	480
	1Cr13Mo	0.08 ~ 0.18	≤0.60	11.50 ~ 14.00				970 ~ 1020 油	650 ~ 750 快冷	800	50
	1Cr11MoV	0.11 ~ 0.18	≤0.50	10.00 ~ 11.50	0.50 ~ 0.70			1050 ~ 1100 空冷	720 ~ 740 空冷	750	540
	4Cr9Si2	0.35 ~ 0.45	2.00 ~ 3.00	8.00 ~ 10.00				1020 ~ 1040 油	700 ~ 780 油	800	650
奥氏体钢	0Cr18Ni10Ti[②]	≤0.08	≤1.00	17.00 ~ 19.00			Ni 9.00 ~ 12.00	固溶处理 920 ~ 1150 快冷		850	650
	4Cr14Ni14W2Mo	0.40 ~ 0.50	≤0.80	13.00 ~ 15.00	0.25 ~ 0.40	2.00 ~ 2.75	Ni 13.00 ~ 15.00	退火 820 ~ 850 快冷		850	750

注:1. 15CrMo、35CrMoV 为 GB/T 3077—1999 牌号(按合金结构钢牌号表示)。

2. 0Cr18Ni11Ti 中,$\omega_{Ti} \geq 5 \times \omega_C$,$\omega_{Mn} \leq 2\%$。

表 A-19 我国与美国变形铝合金牌号对照表

类别	中国		美国	类别	中国		美国
	旧牌号	新牌号			旧牌号	新牌号	
工业纯铝				硬铝	LY1	2A01	2217
	L1		1070		LY6	2A02	
	L2		1060		LY4	2A04	
	LB2	1A50	1050		LY6	2A06	
	L5-1		1100		LY8	2B11	
	L5		1200		LY9	2B12	
	LG1	1A85	1080		LY10	2A10	
					LY11	2A11	2017
	LG2	1A90	1090		LY12	2A12	2024
	LG3	1A93			LY13	2A13	
		1A95			LY16	2A16	2319
	LG4	1A97	1197		LY17	2A17	
	LG5	1A99	1199		LY19		2219
					LY20	2A20	

续表

类别	中国		美国	类别	中国		美国
	旧牌号	新牌号			旧牌号	新牌号	
防锈铝	LF2	5A02	5052	锻铝	LD2	6A02	6165
	LF3	5A03	5154		LD7		2618
	LF4	5A04	5083		LD8	2A80	
	LF5	5A05	5046		LD9	2A90	2018
	LF5-1	5A06	5056		LD10	2A14	2014
	LF7				LD11		4032
	LF8				LD30		6061
	LF9				LD31		6063
	LF10	5B05		超硬铝	LC3	7A03	7174
	LF11				LC4	7A04	
	LF12	5A12			LC5	7A05	7076
	LF13	5A13			LC9	7A09	7075
	LF14	5B06			LC10	7A10	7079
	LF15	5A01			LC12		7003
	LF16	5A30	5456		LC15	7A15	
	LF21	3A21	3003		LC19	7A19	
	LF33	5A33			LC52	7A52	

表 A-20　世界主要生产厂颗粒增强金属基复合材料性能

生产厂及工艺	合金及增强相	σ_b/ MPa	$\sigma_{0.2}$/ MPa	δ/%	E/GPa
Dural Duralcan T6	10% Al_2O_3/6061	338	297	7.6	81
	15% Al_2O_3/6061	359	317	5.4	88
	20% Al_2O_3/6061	379	359	2.1	99
	10% Al_2O_3/2014	517	483	3.3	84
	15% Al_2O_3/2014	503	476	2.3	92
	20% Al_2O_3/2014	503	483	0.9	101
	10% SiC_p/A356	303	283	0.6	81
	15% SiC_p/A356	331	324	0.3	90
	20% SiC_p/A356	352	331	0.4	97
粉冶+T6 热挤压 Alcan Ceracon	20% SiC_p/6061	498	415	6	97
	20% SiC_w/6061	585	440	4	120
	30% SiC_w/6061	795	570	2	140

生产厂及工艺	合金及增强相	σ_b/ MPa	$\sigma_{0.2}$/ MPa	δ/%	E/GPa
喷射沉积 Cospray Alean	15% SiC$_p$/7075-T6	601	556	3	95
	15% SiC$_p$/7049-T6	643	598	2	90
	29% SiC$_p$/7090-T6	735	665	2	105
	13% SiC$_p$/8090-T4	520	455	4	101
	13% SiC$_p$/8090-T6	547	499	3	101
	17% SiC$_p$/8090-T4	460	310	4 ~ 7	103
	17% SiC$_p$/8090-T6	540	450	3 ~ 4	103
普通铸造	6061-T6	310	275	20	69
	2014-T6	524	476	13	73
	7075-T6	570	505	10	72
	8090-T6	485	415	7	80
	A356-T6	220	205	6	76

参 考 文 献

[1] 北京航空材料研究所. 航空材料学[M]. 上海:上海科学技术出版社,1984.

[2] 张耀良. 航空材料学[M]. 哈尔滨:哈尔滨工程大学出版社,2002.

[3] 李成功,傅恒志,于翘. 航空航天材料[M]. 北京:国防工业出版社,2002.

[4] 赵熹华. 焊接检验[M]. 北京:机械工业出版社,2011.

[5] 李荣雪. 焊接检验[M]. 北京:机械工业出版社,2015.

[6] 闫康平. 工程材料[M]. 北京:化学工业出版社,2017.

[7] 丁仁亮. 工程材料[M]. 北京:机械工业出版社,2006.

[8] 王于林. 工程材料学[M]. 北京:航空工业出版社,1992.

[9] 马泗春. 材料科学基础[M]. 西安:陕西科学技术出版社,1998.

[10] 徐自立. 工程材料及应用[M]. 武汉:华中科技大学出版社,2007.

[11] 于永泗,齐民. 机械工程材料[M]. 第6版. 大连:大连理工大学出版社,2006.

[12] 吕烨,许德珠. 机械工程材料[M]. 北京:高等教育出版社,2014.

[13] 朱莉,王运炎. 机械工程材料[M]. 北京:机械工业出版社,2005.

[14] 王纪安. 工程材料与材料成形工艺[M]. 北京:高等教育出版社,2004.

[15] 张至丰. 机械工程材料及成形工艺基础[M]. 北京:机械工业出版社,2007.

[16] 齐乐华. 工程材料及成形工艺基础[M]. 西安:西北工业大学出版社,2002.

[17] 梁耀能. 工程材料及加工工程[M]. 北京:机械工业出版社,2006.

[18] 金南威. 工程材料及金属热加工基础[M]. 北京:航空工业出版社,1995.

[19] 郑章耕. 工程材料及热加工工艺基础[M]. 重庆:重庆大学出版社,1997.

[20] 杨瑞成. 工程结构材料[M]. 重庆:重庆大学出版社,2007.

[21] 谢希文,过梅丽. 材料工程基础[M]. 北京:北京航空航天大学出版社,1999.

[22] 张至丰. 金属工艺学[M]. 北京:机械工业出版社,2009.

[23] 丁德全. 金属工艺学[M]. 北京:机械工业出版社,2011.

[24] 王雅然. 金属工艺学[M]. 北京:机械工业出版社,2005.

[25] 司乃钧,许德珠. 金属工艺学[M]. 北京:高等教育出版社,2007.

[26] 徐桂兰. 新编金属工艺学[M]. 北京:北京大学出版社,2006.

[27] 严绍华. 材料成形工艺基础[M]. 北京:清华大学出版社,2001.

[28] 周瑞发,韩雅芳,李树索. 高温结构材料[M]. 北京:国防工业出版社,2006.

[29]《中国航空材料手册》编辑委员会. 中国航空材料手册[M]. 第6卷(复合材料胶黏剂). 第2版. 北京:中国标准出版社,2002.

[30]《中国航空材料手册》编辑委员会. 中国航空材料手册[M]. 第2卷(变形高温合金、铸造高温合金). 北京:中国标准出版社,1989.

[31]《中国航空材料手册》编辑委员会. 中国航空材料手册[M]. 第3卷(铝合金、镁合金、钛合金). 北京:中国标准出版社,1989.

[32]《中国航空材料手册》编辑委员会. 中国航空材料手册[M]. 第4卷(铜合金). 北京:中国标准出版社,1989.

[33] 邱家骏. 工程力学[M]. 北京:机械工业出版社,2004.

[34] 杜洪增. 飞机结构疲劳强度与断裂分析[M]. 天津:中国民航出版社,1996.

[35] 颜鸣皋. 航空材料技术的发展现状与展望[J]. 航空国际合作与交流,2004,14(1):21-24.

[36] 张尔东. 航空煤油输送管线的防腐技术[J]. 林业科技情报,2004,36(1):26-27.

[37] 航空航天工业部第604研究所. MD-82飞机设计分析[M]. 北京:航空工业出版社,1990.

[38] 航空工业部第301研究所. MIL-HDBK-5D(美国军用手册)航空与航天飞行器结构用金属材料与元件[M]. 北京:航空工业部第301研究所,1985.

[39] 姜波. 飞机检测与维修实用手册[M]. 吉林:吉林科学技术出版社,2013.

[40] 肖智清. 机械制造基础[M]. 北京:机械工业出版社,2013.

[41] H. J. Gough. The Fatigue of Metals. London,1924.

华信SPOC官方公众号

欢迎广大院校师生 **免费** 注册应用

www. hxspoc. cn

华信SPOC在线学习平台

专注教学

数百门精品课
数万种教学资源

教学课件
师生实时同步

多种在线工具
轻松翻转课堂

电脑端和手机端（微信）使用

测试、讨论、
投票、弹幕……
互动手段多样

一键引用，快捷开课
自主上传，个性建课

教学数据全记录
专业分析，便捷导出

登录 www. hxspoc. cn 检索 华信SPOC 使用教程 获取更多

华信SPOC宣传片

教学服务QQ群： 1042940196
教学服务电话：010-88254578/010-88254481
教学服务邮箱：hxspoc@phei.com.cn

电子工业出版社.
PUBLISHING HOUSE OF ELECTRONICS INDUSTRY
华信教育研究所